U0258826

本书得到梦周文教基金会大力支持，
谨致谢忱！

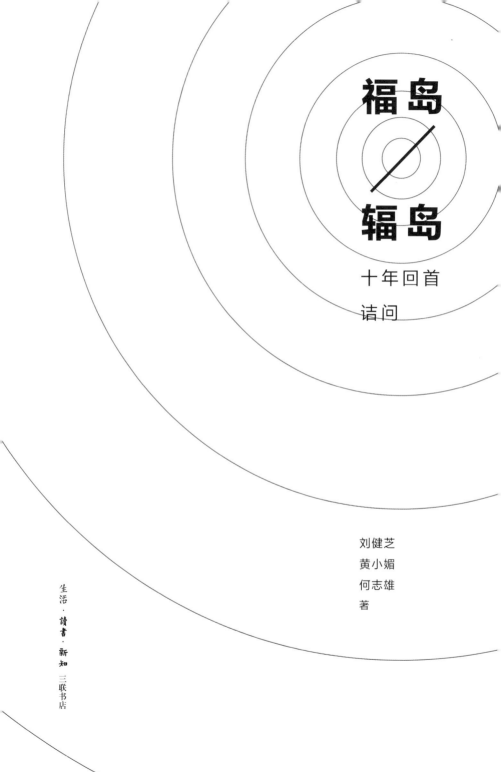

福岛／辐岛

十年回首
诘问

刘健芝
黄小媚
何志雄
著

生活·讀書·新知 三联书店

图书在版编目（CIP）数据

福岛/辐岛：十年回首诘问/刘健芝，黄小媚，何志雄著. —北京：
生活·读书·新知三联书店，2021.5
ISBN 978 - 7 - 108 - 07130 - 9

Ⅰ. ①福… Ⅱ. ①刘… ②黄… ③何… Ⅲ. ①反应堆事故分析－日本－ 2011
Ⅳ. ① TL364

中国版本图书馆 CIP 数据核字（2021）第 054286 号

责任编辑　叶　彤
装帧设计　薛　宇
责任校对　常高峰　张国荣
责任印制　徐　方
出版发行　生活·讀書·新知 三联书店
　　　　　（北京市东城区美术馆东街 22 号　100010）
网　　址　www.sdxjpc.com
经　　销　新华书店
印　　刷　北京隆昌伟业印刷有限公司
版　　次　2021 年 5 月北京第 1 版
　　　　　2021 年 5 月北京第 1 次印刷
开　　本　880 毫米×1230 毫米　1/32　印张 11.25
字　　数　260 千字　图 82 幅
印　　数　0,001 - 6,000 册
定　　价　68.00 元
（印装查询：01064002715；邮购查询：01084010542）

目　录

1

附　录

序

无解当前，知其不可为而为之 / 刘健芝

2012 年 10 月 12 日。

秋高气爽，蓝天白云，诗意的田园风貌。我摇下车窗，想拍路边风景。车里的日本朋友顾不了平常的礼貌，尖叫着说："健芝老师，请赶快关窗。"车里面，人手一个的辐射测量器，同时尖叫。仅几秒工夫，车内的辐射量就猛升了几倍。

外面出奇地宁谧，车内的人却是忐忑不安。我们来自中国、印度和泰国的三位外宾，在日本朋友大桥正明教授、藤冈惠美子女士和竹内俊之先生的带领下，到福岛的几个地点看望村民。这里晚上还没解禁，白天容许进入。在南相马市小高区农户根本洸一先生家里，他们夫妻边奉上热茶和苹果，边诉说怎样每天从城镇的临时住所开一小时的车回到这里，耕种不会也不能出售的农作物。不种地，怎么打发日子？平静的话中，听不出无奈或愤怒。我们心照不宣地勉强吃上一块切开的苹果，慢慢喝茶，免得主人热情添茶。煮茶的水，是从这里的水井中打的；苹果是房子后面的树上摘下来的。

一行人接着去饭馆村一个奶牛户的家。到了一座别致的房子

从左到右：藤冈惠美子、根本洸一夫妇　南相马市小高区

上：长谷川建二回不去的
家　刘健芝摄
下：长谷川建二废弃的牛奶
厂　刘健芝摄

前面，车停下来，我们可以下车，但要在两分钟内回到车里。

人去屋空，牛去棚空。我们在房子前面的花丛量度得到的辐射量，是每小时 3.35 微希沃特。日本政府订立的安全标准是每小时 0.23 微希沃特，即超标 15 倍。赶快上车。开到临时安置区，见到房子的主人长谷川建二夫妇。他们讲述了地震、海啸、核电站爆炸、撤离的经过；展示了政府的清污计划：房子屋顶外墙会用水冲洗，说之后可以搬回去住，但冲洗下来的辐射物留在田间地头，政府不负责清除，也不建议村民在外活动。村民意见分两派，长谷川建二夫妇觉得无法回去，希望政府把全村人一起迁居，好歹仍然聚在一起。但村长属意等待回迁。

长谷川建二先生放映图片给我们解说，最让我震撼的，是他的同行菅野重清先生的故事。核事故发生后，奶牛全被送进了屠宰场；送走牛只后，菅野重清先生哭着在空荡荡的牛棚里立了祭奠牛魂的牌位，留言交代了后事，请姐姐代为还款给木工师傅，然后自杀了。

我没法抹去奶农祭奠牛魂然后随之而去的画面。要赎罪的，不该是奶农。

福岛之行，只有一天。日本朋友生怕我们暴露在无色无味的核辐射中，旅途中处处照应提点，反而让我们诚惶诚恐。临别前在福岛市的晚餐，却让我看到了纯美和希望。

与藤冈惠美子女士聊天，她说本来住在东京，丈夫在基金会有一份美差，自己生活无忧。"3·11"发生后，她参加志愿者的支援行动，来到这里接触了当地的妇女、儿童、老人后，很想出力协助他们重建家园，不想回东京了。丈夫不愿意随行，两人离了婚。我问，尽管这里是福岛市，但是辐射也是超标的，更何况你经常跑

上：长谷川建二夫妇在临时安置区公用办公室　刘健芝摄
中：长谷川建二放映的照片。图中菅野重清先生在送牛只上车去屠宰场　刘健芝摄
下：空荡荡的牛棚里，竖立着祭奠牛魂的牌位　长谷川建二提供照片

从左到右：刘健芝、大桥正明、长谷川建二、Vinod Raina（印度）、Supara Janchitfah（泰国）

灾区农村，不担心辐射吗？她淡然地说，我已经40岁了，不怕辐射，我希望孩子一代能过上好生活。朴素的话中，没有高昂的英雄气概，没有赴死牺牲的悲情。正值壮年，却视死如归。非为自己的父母儿女，却及人之老、及人之幼。她，是那么平凡，又是那么不平凡。

这一天，在晴朗的环境里我处处看到无色无形的辐射阴霾，在交往的普通人身上却看到不屈的勇气。当前无解又如何？他人的错误带来伤痛和死亡，我们只能愤恨和恐惧吗？我看到的是对习惯性的苟且而活的拒绝。悲剧唤起不屈的勇气，触发了生命力和创造力的升华。承受痛苦又如何？面对死亡又如何？随心而死得其所，可以了。

百感交集，翻阅整理中英文资料，编了两本文集与朋友同学私下分享，后来我想，何不正式出版，让更多人关心、思考、行动？这个想法先后得到多位中、日朋友的支持，在此特别鸣谢孙歌、田

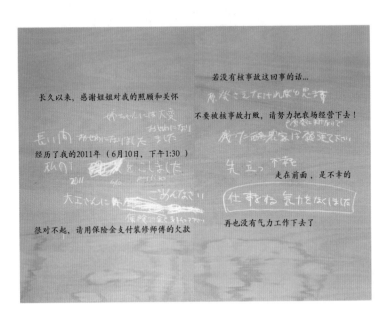

长久以来，感谢姐姐对我的照顾和关怀

经历了我的2011年（6月10日，下午1:30）

很对不起，请用保险金支付装修师傅的欠款

若没有核事故这回事的话...

不要被核事故打败，请努力把农场经营下去！

走在前面，是不幸的

再也没有气力工作下去了

死者遗言 长谷川建二提供照片

松、王选、戴锦华、温铁军、滕威、叶彤、赵玲、林子敏、王平、武藤一羊、大桥正明、藤冈惠美子、竹内俊之、蓝原宽子、池上善彦、安藤中雄……衷心感谢两位合作写作者黄小媚、何志雄，以及共事多年默默耕耘的全球大学团队——靳培云、薛翠、欧阳丽嫦、陈燕文、潘婷婷、口皓、徐惠璇、许兆麟、刘健青、严晓辉、张怡松、黄钰书、李翘志、许统一，还有未及列出的一众志愿者。

当我们谈论核能时，我们在谈论什么 / 黄小媚

2019 年 6 月，全球大学举办的第六届南南论坛邀请到诺贝尔和平奖获得者、国际废核运动创始主席黎贝卡·约翰逊（Rebecca Johnson）来香港举办为期三天的夏令营，主题是"核武器与核能：挑战与应对"。承蒙刘健芝教授抬爱，让我帮着做了英语 / 中文的同声传译。要知道，我是个文科生，实打实的文学女青年，连电是怎么发的都一知半解，结果那几天认真学了怎么做原子弹。

后来在为这本书收集资料而看电影《家路》的时候，我哭了好几次。看《潘多拉》的时候，明知那是韩式煽情，也哭了。不过两者不一样。弥漫在《家路》里的是对故土一草一木的不舍，个人命运在大灾难面前的飘零和无力，以及明知无用却仍要以个人的方式去抗争的无可奈何；《潘多拉》煽的情主要是国难当前时亲情和爱情的羁绊。

你记得 2011 年 3 月 11 日那天自己做了什么吗？我竟然一点儿印象也没有。掐指一算，我尚在南京大学未毕业。那是个春天，以我文学女青年的本性，估计是拿着书到一棵树下读书了。对听到这个爆炸性新闻时，我是什么反应，没有任何印象——好歹是个大学生，竟然无知麻木到这个地步。当时的我肯定也没想到，十年后我们还在纠结于这个问题，还在为核事故后核废料的处置问题头痛，还要费劲地、晓之以理动之以情地说服别人：核能，不能。因为这件事本来应该很直白：效率低，辐射又危险，出事儿了还无药

从左到右：大桥正明、Vinod Raina、藤冈惠美子；右一：竹内俊之

可救，谁那么傻要去发展核电呢？

果真有人犯傻。人还不少。

不知在哪本书上看过这一段挥之不去的插曲。在一个反核能的讲座上，一个小孩对一众大人说：你们都是伪君子！明明知道核废料要我们将来去面对，却还放任核电站继续发电！是的，在核能这件事上，保持沉默就是犯错。

所以还是得用一本书来告诉各位读者：发生了什么和为什么。感谢刘健芝老师引我去思考，给我以教导。希望各位也能从中获益。

顺便说一句：原子弹可以怎么做呢？从核能发电的废弃物里提炼出钚（读音和"不"一样）就可以啦。比如一座100万千瓦的核发电站大约会产生30吨核废料，而仅仅从中提取200千克的钚，就能制造20枚以上摧毁长崎的"胖子"原子弹。

导致家破人亡的原子弹，与导致家破人亡的核灾难之间的距离，并没有我想象中的那么遥远。事实上，很近很近。

我们就在临界状态 / 何志雄

日本"3·11"大地震和海啸已经过去十年了，但引发的福岛核危机还远未结束。作为一个远离事故核心区的普通人，因为没受到什么影响，也就更加容易忘记和忽视，以为随着媒体报道的远去，核事故就此结束了。当我接触了日本朋友的介绍并开始查阅相关资料时，才发现我们普通大众对核的认识实在太简单了。最初，我对核危机不以为然，以为即使发生了事故，大不了关掉核电站就是。深受理工科思维影响的我，兴趣点在于从技术上去反思核危机的可怕。

大家要知道，核反应堆停止工作需要一个过程，不是简单按一下按钮的问题。即使核反应堆正常停堆，核裂变反应也不会完全停止，堆芯仍然会继续产生热量，如果热量积累达到一定的临界温度，核反应堆还会重新爆发。所以停堆后需要冷却系统保证反应堆处于低温状态，如果反应堆不能冷却的话，就会慢慢过热，然后导致堆芯熔化这种严重的核灾难事故。日本人一直号称是最遵守纪律和做事严谨的民族，然而在此次核事故中却表现得狼狈不堪、一错再错。这更加说明了核能利用对于人类来说存在巨大的风险，以及核事故进程的不可控性。

福岛核危机发生时堆芯熔毁，大量的核燃料残渣如今在什么位置，是什么状况，以后还会不会发生核临界反应，还都难以搞清楚。海啸造成的大量瓦砾的清理工作，因对辐射污染的疑虑而进展缓慢。冷却反应堆产生的大量核废水还在不断产生，很快就没有更多的容器来存储了，该怎么办？除污工作中收集的核污染土壤和其他垃圾，数量更是庞大，甚至多到找不到地方堆放。除污，说得很好听，实际上要完全去除污染是不可能的。大部分的情形只是移动污染物而已。而收集与移动废弃物的过程，其实增加了人受曝的可能性，危险从未远去。

正如当年切尔诺贝利核事故所造成的深远影响一样，福岛核事故的后遗症也已经开始不断显现，令各种危机频发，预计在漫长的岁月里都很难消除。这也意味着，将有很大数量人口的生活会长期受到影响。他们也许会遭受核污染歧视，也许会遭受核辐射疾病的困扰，也许会遭受颠沛流离的艰辛……

或者说，临界状态已经成为东部日本人的一种生活"常态"——他们随时可能从"正常的生活"中被拖入核污染所带来的非正常状态，因而东部日本人不得不小心谨慎地选择食物、改变生活方式，以尽量减轻受害的程度。"临界状态"原本是核反应过程中的一个概念，但用在这里描述遭受核影响的人们的生活状态真的非常准确。临界，是因为他们始终生活在一种随时会改变性质的动态之中。

为了仍然在筹备的东京奥运会，日本媒体刻意营造出举国欢腾的景象。当它们把"相互理解、友谊、团结和公平竞争的奥林匹克精神"成功嫁接给福岛时，其实是试图掩饰那里正在发生的核危机。日本的"核电村"精英集团，通过掌控的媒体一再宣传"核电安全"的神话，或者试图淡化福岛核危机来避免对核危机的反思与追责。东京电力公司（简称"东电"）和日本当局的有关部门，应对民众起诉的方式仅仅是赔钱了事，对仍在继续的核污染没有有效的处理办法，且工作效率低下。日本民间的反核抗议运动因此接连不断，民众极为不满。

这场核危机还远未结束，危险就在附近，关于福岛核事故的真相和责任，以及日本核危机的历史，都不应该被人们遗忘。

编辑本书，就是希望读者能够更深入了解核事故的严重性，从而吸取教训，多掌握一些有关核防护的基本知识。毕竟，我们生活在现代文明中的每一个人，离核都不遥远。

福島 / 辐岛

前　言

　　福岛是位于日本东北的一个县，距离东京的车程仅一个半小时。日本的第一级行政区划是"都、道、府、县"：一都（东京都）、一道（北海道）、二府（大阪府、京都府）、四十三县；第二级即地方行政区划是"市、町、村、特别区"。所以可以把日本的"县"理解为中国的省，福岛县的地位大致相当于黑龙江省。和黑龙江省刚好类似的是，它面积大，1.38万平方千米（47个行政县中排行第三），下辖61个市、町、村，"3·11"事故前人口约230万。福岛的农业和煤矿业在日本国内赫赫有名，特产有桃、米（如出名的越光米）、梨、樱桃、苹果、高丽参等；鲅鳞鱼，甚至会津的马肉，以及年轻人喜爱的喜多方拉面及白河拉面，都产自福岛。

　　倘若在中文网站查看关于福岛的资料，关于2011年之前的历史就只有寥寥数语：明治维新之前，属于陆奥国；明治维新后，成为福岛县，是养蚕业中心，铁路开通后，煤矿业得到发展。紧接着就到了充满伤痛的2011年以及至今的灾后处理情况。可以预想2021年、2031年、2041年也会是一些类似的记录。福岛的历史将以2011年为分水岭，以核泄漏为关键词继续书写。只不过，福岛人，本应为福岛书写这寓意着"幸福之岛"的历史的作者，却永远地被抹去了。福岛，不幸地，却因为灾难而被世人以"辐岛"所铭记。

现在在任何搜索引擎上键入"福岛"两个字，排在最前面的毫不例外地都是"福岛核泄漏事故""福岛第一核电站事故""福岛核灾"，诸如此类。什么叫"事故"？事故，一般是指当事人违反法律法规或由于疏忽失误造成的意外死亡、疾病、伤害、损坏或者其他严重损失的情况。那么，福岛核事故有"当事人"吗？有。有"疏忽失误"吗？也有。那么"当事人"受到责罚了吗？没有。

为什么？

这其中还有太多的"为什么"。除了问为什么，还要问我们学到了什么？当我们做错了事，会说"痛定思痛"之类的话来安慰自己，希望以后不会再犯同样的错。可是在福岛核危机这件人类犯错的大事上，是这样的吗？

十年过去了。日本以外，还有多少人在追问这些问题？铺天盖地都是关于新冠肺炎的新闻，人们可能更关心自己何时能像以前那样不戴口罩就出游；提到日本，好奇的也可能是被延迟到2021年的奥运会能不能举办，而没有发觉，原来福岛的人们被迫背井离乡已经整整十年了。

一　福岛发生了什么

2011 年 3 月 11 日星期五那天，你记得自己做了些什么吗？

对于大多数读者而言，那可能只是平凡的一天，没什么大事值得写下。或许有哪个婴儿降生，或许有谁结婚，或许有谁死去。欢喜与哀愁，太阳底下无新事。但离我们不远的日本东北部，遭遇了其有现代观测记录以来最大的地震，这场里氏 9.0 级的地震又引发了日本有史以来最大规模的海啸。当时在场的人们只是错愕地看着海上陡然增高的巨浪，问："那面黑色的墙是什么？"在强大的自然力面前，人如蝼蚁，不堪一击。事情已经够糟了，偏偏在福岛县双叶郡大熊町的福岛第一核电站因高至 15 米的海啸来袭，冲破防洪堤，导致电力系统、紧急备用发电系统和冷却系统均告失效。此后发生的一切就像多米诺骨牌，一块又一块，无可挽回地倒下了。

对于日本东北海岸的人们而言，生命自此改辙。核电站所在地的时钟指针将永远停留在那一刻，因为未来，已经不会再来。

要了解整个事件发生的脉络，就要先明白核电站是怎么发电的。

核能发电的原理是利用核分裂时产生的大量热能让水沸腾，再由水蒸气推动涡轮运转产生电能。某种程度上，核电站就是一个巨大的热水器。但和热水器的不同之处在于，它在发热的同时也在释

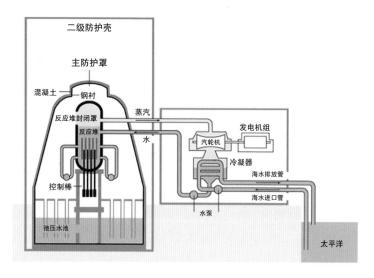

核电站工作原理示意图

放放射线，最后的产物除了电能还有钚239——制作原子弹的原料。这台巨大的热水器实际上浪费了三分之二的热能，因为核燃料棒中心的温度约为2800℃，而驱动核电站涡轮的蒸汽只需400℃左右。多余的热能直接作废。

当然，核电站的设计必须附带安全机制，毕竟它不是一个安全的热水器，而且造价昂贵。"3·11"地震发生时，传感器探测到地面震动，并按设计触发了保护系统，使正在运行的福岛1号至3号机组的反应堆自动停堆。但在停堆的情况下，反应堆堆芯仍继续产生热（称为衰变热）。正常情况下会有冷却系统帮它降温，但当时是非正常情况——停电了。于是最直接的办法就是从外部向堆芯注水。

想象一下，此时此刻，因为地震加海啸，原本秩序井然的核电站到处是一团糟：海水带来的杂物堆满了整个厂区，沟渠的盖子已经消失，地上到处都是孔洞，建筑物内部和道路或抬高或下沉或垮塌，进入厂区或在厂区行走变得异常困难。双重意义上举步维艰的应急工作还被间歇性的余震和海啸打断。断电还导致监视设备不可用，主控室控制功能也丧失了。此外，照明和通信系统同样受到影响。于是，事故的响应完全靠现场操作人员手动操作。《安全手册》——假如有这样的东西的话——上有类似的情况可遵循吗？没有。现场人员只能"摸黑"操作，而时间就是生命。

在全核电站断电超出 17.5 个小时以后，才成功建立起一条管线，开始直接从消防淡水箱向 1 号机组堆芯连续注入淡水。但是 11 个小时后，淡水耗尽了。福岛核电站就在海边，为什么不用海水呢？聪明的读者可能要问。在场人员当然也想到了这个最方便可取的水源，而且注入海水的安排在短短半个多小时内就完成了，但并没有立即开始操作，而是在近 4 个小时后才启动。❶ 事后得知是因为东京电力公司，即核电站的大东家，不愿引入未经处理的海水，因为这会导致核反应堆永久报废。

不及时使堆芯降温的后果是什么呢？没有循环冷却水，核反应堆堆芯中的水就会被燃料棒加热并迅速蒸发，导致核燃料棒"干烧"、熔化直至堆芯熔毁，接着会熔穿压力槽底部、外部安全壳，进而造成放射线外泄，发生重大的环境灾难。也就是说，当时应当考虑的，是把防止环境的放射性污染灾难放在首位，还是把核电公司的经济利益放在首位。事后看来，大财团当时的抉择是可耻的。

与 1 号机组类似，在确认 2 号机组堆芯冷却功能丧失以后，现场管理人员最后只能尝试通过消防系统注入海水，但对消防车泵而

---

❶ 国际原子能机构（IAEA）：《福岛第一核电站事故——总干事的报告》，2015 年。

言，反应堆的压力太高了，海水无法注入。因此，决定使用卸压阀给反应堆减压，以便能够在低压条件下注水。但是这一决定也导致了2号机组的密封性下降。

由于2号机组的通风一直无法实现，安全壳的压力继续上升，严重影响了向反应堆注水的行动。3月15日6时14分，现场听到了爆炸声，紧接着是2号机组安全壳的压力读数下降。这一情况表明，2号机组安全壳可能失效而且出现了不受控制的放射线释放。也就是说，大量的放射性物质从反应堆安全壳泄漏出来。事后，日本首相助理细野豪志透露，向2号机组核反应堆压力容器注入冷却水的作业曾中断了约6个半小时。❷

至于同样丧失了冷却水的3号机组，一条通过消防线从反冲洗阀井向3号机组堆芯注入海水的管线在1个小时内就准备好了。关于是否立刻启用海水降温，出现了不同的说法。比较可信的是2012年福岛核事故独立调查委员会发表的《福岛核事故独立调查委员会正式报告》里的描述：尽管东电总部明确要求吉田厂长不准用海水，但吉田着眼大局，以冷却反应堆的安全为重，表面上服从上级指令，还是偷偷用了海水。另一个说法是，由于有来自东电总部的通知，现场主管推迟了对该管线的使用，注水管线也被改回到通过消防车组成的消防线提供含硼淡水源。与2号机组类似，为将反应堆压力降低到低于消防车水泵压力以保持注水，需要启动卸压阀。最终，到通过打开附加的安全卸压阀实现反应堆减压时，3号机组已经4个多小时没有进行冷却了。

---

❷ 《日本福岛核电站2、3号机组可能发生堆芯熔化》，http://www.hi.chinanews.com/hnnew/2011-05-17/148794.html。

上：福岛第一核电站 1 号机组爆炸，机组的外部防护壳被摧毁

下：爆炸后的 3 号机组

或许幸好因为在场的吉田厂长的明智才没有导致更大灾难的发生，但至少可以肯定一点：东电上层最关心的是经济利益。

随后，因为3号机组反应堆厂房的上部发生爆炸，造成了服务层上方结构的损坏和工人的受伤。暂停两小时后，才重新开始了注入海水的工作，这一次是直接从海洋抽取海水。

1号、3号和地震时正停堆检修的4号机组都发生了氢爆炸，损坏或完全破坏了屋顶，导致了辐射泄漏，对核电站及其周边地区产生了大面积的污染。其中，2011年3月12日，核电站1号机组反应堆厂房的服务层发生爆炸，核电站正门附近的辐射量达到正常值的70倍以上，1号机组中央控制室辐射量则升至正常值的约1000倍。日本政府首次确认该核电站放射性物质泄漏。

福岛第一核电站一共有6个机组，"3·11"当天正在运行的是1号至3号机组。在这一连串事件期间，1号至3号机组的基本安全功能要么丧失，要么严重恶化，最终导致最严重的堆芯熔毁核灾难。东京电力公司在事故发生2个月后的2011年5月才承认堆芯熔毁，此前则一直解释称"没有判断熔毁的依据"，其实是在有意隐瞒和淡化事故的严重程度。直到2016年5月30日的一次记者会上，东京电力公司核能选址总部长姉川尚史才公开承认，过去五年有关福岛第一核电站辐射泄漏事故相关反应堆"堆芯损伤"的说法，是隐瞒了事实。东京电力公司总部的《核能灾害应对手册》中写明了堆芯损伤比例超过5%时即可判定为堆芯熔毁，而非此前一直声称的不掌握标准。东电在当天的记者会上道歉称："对照标准，在事故发生第4天即2011年3月14日就已经能判断出堆芯熔毁了。"

最不想看到的事情发生了：堆芯熔毁。这意味着什么呢？

堆芯熔毁可能导致反应堆底部熔穿，熔化的核燃料残渣因此掉

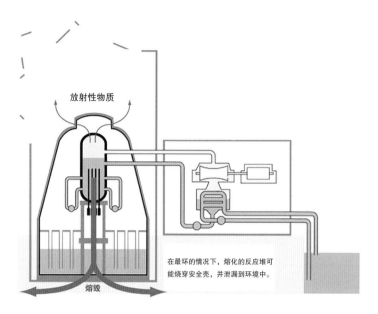

放射性物质

在最坏的情况下，熔化的反应堆可能烧穿安全壳，并泄漏到环境中。

熔毁

堆芯熔毁示意图

落到安全壳下的地面上，进而缓慢下沉到地下污染地下水，甚至出现更严重的灾难。2011 年 5 月底，国际原子能机构派出专家调查团对福岛第一核电站事故进行调查后出具的报告指出，1 号至 3 号机组燃料棒熔毁后坠落，一部分可能已通过压力容器上的漏洞堆积在了安全壳的底部，发生了"熔穿"。但直到十年后的今天，依旧没有人知道熔穿的具体位置在哪里，也没有人知道，熔融的核辐射物有多少。因为，从来都没有人想到，会发生这样的事故。

在犹如灾难片场的核电站发生着这一切的时候，遭受地震与海啸双重打击的人们还不知道，灭顶之灾才刚刚拉开帷幕。

二 / 地震、海啸是天灾，核炉熔毁是人祸

日语的"想定外"意思就是，没想到。

"没想到"会有 15 米高的海啸——所以核电站外的防洪堤只有 5.7 米。

"没想到"核电站的供电系统和后备柴油发电机会同时失效——所以在断电的情况下一筹莫展。

"没想到"所谓的"自动启动应急冷却机"没能发挥多大用处——所以堆芯还是熔毁了。

"没想到"……

"没想到"以"工匠精神"和高科技闻名于世的日本人在福岛核电站遭遇天灾时，没能及时采取必要的措施；"没想到"自称本国核电绝对安全可靠、以效率著称的日本政府，没能有效阻止灾害的进一步扩大，导致辐射物质泄漏，14 万多人 ❶ 流离失所，沿岸海域遭受污染，而且污染范围可能扩大至全球。牵一发而动全身，在这样的大灾害前没有孤岛。无数的"没想到"，最终酿成了无可挽回的灾难。

然而，这或许是"意料之外"，但绝不是意外。

---

❶ 蓝原宽子：《核事故至今八年：福岛的现况及课题》，张怡松译。蓝原宽子出生在距离核电站爆炸区域约 65 公里的福岛市。

2012 年 6 月，由核电专家、放射线医学专家、司法专家和民间人士等十人组成的日本国会事故调查委员会（下称"调查委员会"），拥有能任意传唤作证人（如当时的首相菅直人）和要求提供资料的强大权限。在不受政府影响的独立调查后，调查委员会发表了《东京电力公司福岛核电站事故调查报告》。报告明确指出："此次事故属于'人灾'已得到明确，其原因在于历届政府、管理当局以及业主东京电力公司缺少对保护人的生命和社会的责任感。"❷

在直接的技术层面，"根据本次调查委员会的调查，在'3·11'这一时点，推测福岛第一核电站不具备防御地震和海啸的保证能力，处于一种设施脆弱的危险状态。针对地震、海啸可能带来的灾害、自然现象引发的严重事故对策以及大量放射性物质释放时对居民的保护，作为业主的东京电力公司和作为管理当局的内阁府核能安全委员会（下称'安全委员会'）、经济产业省核能安全保安院（下称'保安院'），在此之前不具备应该具备的能力并且没有采取应该采取的措施"❸。2006 年安全委员会修改了抗震标准，东电非但没有根据新的标准对机组进行加固，还将原定于 2009 年的抗震检查延迟到了 2016 年。而事实告诉我们，那已经太晚了。

更可怕的是，早在 2006 年，"保安院与东电之间已有以下共同认识：在超过福岛第一核电站厂址高度的海啸到来的情况下，会出现所有电源丧失的情况；在超过土木工程学会的海啸评价小组评价的海啸到来时，海水泵的功能会丧失，存在堆芯损伤的危险。保安院对于东电没有做出及时响应表示了认可，也没有做出明确的指示

❷ 载《国外核动力》，2012 年第 5 期，汪胜国译。
❸ 同上。

要求"❹。也就是说，之前所以为的那些"意料之外"，其实早就被预测到了。但在核电站的安全指南上，没有考虑完全丧失电力的可能性，也不提海啸的情况，因为负责人不把它们当一回事，认为"所有电源丧失"的可能性不大（因为日本的供电比美国还稳定，20年来只停过30分钟电）；而且可笑的是，有"日本核电界忌讳禁语"❺，所以海啸也好，地震也好，断电也好，这一类的"不吉之语"是不会被列入考虑范围的。1995年1月17日，日本发生里氏7.3级的阪神大地震。当年2月在大阪召开了"反对启动文殊快中子增殖反应堆❻"讨论会，有民众问到："若当地发生与阪神淡路大地震相同规模的震灾，文殊反应堆会怎样？"官方的回答是："那里不会发生这样的地震。"同年年底，虽然不是地震，但文殊反应堆发生了钠外泄失火的意外，被手动紧急关停。由此可以瞥见负责人对意外状况闭目塞听的心态。

大自然"故意"跟我们开了个玩笑，嘲笑人类的愚蠢与狂妄。日本土木工程学会的海啸评价小组在2008年根据一个长期测算标准测定，福岛核电站会遭遇的海啸可能达到15米。但是东电的高层认为，长期评价是假定数字，如按15米的标准建防波堤，将需要四年的时间，花几百亿日元的资金，因此没有采取相应的对策。正面教材是与福岛相邻的茨城县东海村东海第二核电站。东海第二核电站在2010年9月将原来的4.9米堤提高到了6.1米，2011年3

---

❹ 载《国外核动力》，2012年第5期，汪胜国译。
❺ 陈弘美：《日本311默示》。
❻ 位于福井县敦贺市的文殊反应堆没有受到其名（文殊菩萨）的荫庇，可谓命途多舛。1970年动工建设，耗费超过10000亿日元，但因事故频发，2016年12月日本政府决定将其除役，总计运行时间仅250天。在此期间的两次事故中，还发生了一位事故调查团队负责人及一位事故负责人自杀身亡的不幸事件。

月 11 日茨城的海啸高度达到了 5.4 米，差距仅在咫尺之间。❼

福岛灾难现场，一片慌乱。因为之前从来没出过类似事故，紧急系统 40 年来从没发过警报，所以当报警系统喷出大量蒸汽的时候，居然没有工作人员第一时间意识到反应堆出现了问题。核电站供电装置和备用供电装置同时失灵的状况，超出设计者预计，令东电措手不及。之后，燃料棒失去冷却水，很快就造成了堆芯熔毁。

东电派出的第一辆应急供电车因交通阻塞，没能抵达核电站；第二辆应急供电车晚上 11 时才抵达，但因电缆太短而无法与机组联机。费了九牛二虎之力终于接上了，又发现原来福岛第一核电站用的是旧式配电盘和 6900 伏高压电流，和电源车不合，也没有变压器可用；接着又发现核电站的配电盘被海啸冲坏了。没办法，要求送电池过来，用于启动堆芯冷却系统，但送来的电池型号居然又是错的。后来工作人员不得不把现场汽车的电池拆下来。这一过程浪费了很多宝贵的时间。东电高层为使机组可继续使用，坚持使用淡水注入；但现场根本没有足够的淡水，打电话要求送来 4000 吨，结果送来的却是 4000 升。

要释放安全壳内的压力以防氢爆，但因需要电源才能启动的排气阀无法打开，只能选择人工操作。现场人员慌作一团，急忙找出手动阀门操作指南来研究，却又发现指南上面没有提到断电时的手动操作方法。于是，工作人员不得不找来设计图纸研究如何手动打开阀门。"连图纸都没有，紧迫的情况下还要四处寻找图纸，加大了在手电筒照明下开展工作的难度。"听上去很荒谬，但却是事实。因

此报告称："掌握到推迟抗震工程和错失采取应对海啸措施的事实，可以认为东电经营层面已意识到福岛第一核电站脆弱性危险的存在，所以，某种程度上事前就应该能想象到灾害时现场的状态。东电总部和核电站的领导在这种状态下最起码也应做好现场应急响应准备。考虑到以上因素，这不是运行人员和工作人员的个人问题，应该是东电的组织问题。"❽

从一开始，东京电力公司就在犯错，而且一错到底：地震发生后，没有在第一时间发布福岛核电站冷却系统失灵的消息；12 日，福岛核电站 1 号机组爆炸后，也没有第一时间向日本当局汇报。连首相菅直人也是通过电视报道，才获知发生了爆炸，相关报告过了大约一个小时才被送到他的办公室。危机当前，不是以防止核灾难的发生为首要目标，没有及时用海水冷却堆芯，种种的时机延误与混乱对策，导致堆芯熔毁，酿成了更大的生态灾难。❾

以上是在技术层面和组织层面的人为失误。但这些都还只是表层的直接原因。倘若核电站事故不发生在福岛的话，依旧可能在其他地方发生。通过此次事故，埋藏在更深层次的联结也被暴露了出来。

❽ 载《国外核动力》，2012 年第 5 期，汪胜国译。
❾ 《东京电力被指"六宗罪" 篡改数据隐瞒事故》，《广州日报》，2011 年 4 月 10 日。

三

铁臂阿童木的童话

　　《东京电力公司福岛核电站事故调查报告》明确指出："在政府、财团齐心协力,将核能作为国策而努力实现这一共同目标的过程中,滋生出了错综复杂的'管理傀儡'(Regulatory Capture,又译为规制俘虏)。……对于进入公司或进入政府机构通过论资排辈被晋升的'单一路线的头目',一个重要的使命就是传承过去,维护组织的利益。这种使命比保护国民的生命更加重要和优先,即使是了解到世界核能安全发展的动向,也不屑一顾,错失了安全措施的落实。"具体来说:"本来属于核能管理对象的东电在市场规律不发挥作用的过程中,以情报信息的优越性为武器,通过电联会之类的组织,向历届管理当局施压,以延期执行相关的管理规定,或者是放宽标准等。这种压力的源泉来自电力事业监管机构与核能政策推进组织经济产业省的密切关系,在这种大的组织构架中,与经济产业省管辖下的保安院之间的关系占有一定的位置。由于管理当局偏向于业主的信息、自身组织优先之类的原因,等于是在帮助业主主张'保持现有反应堆的运行''应对诉讼要求的无错性'。……结果是核能安全的监视与监督功能崩溃,管理当局成为傀儡,偏向被管理业主的利益

上：2011 年发生核事故前的福岛第一核电站全景。远远地看上去，一切都很美好

下：东京电力公司前高管就福岛核事故鞠躬道歉

福岛 ╱ 辐岛

最大化，也可以解释为所谓的'管理傀儡'。"❶

报告没有进一步指出的是，以管理傀儡为中心，还有一个更大的利益共同体，其中包括核电制造商、经济产业省、文化科学省、媒体、主流学者等因推动核电而获利的各方。这个核能利益联盟在政界、财经界、学术界、大众媒体中产生了强大的影响力，且具有排他性，于是被嘲讽为"核能村"或者"原子村"。

以福岛为例。

福岛核电站作为全世界最大的核电站之一，生产的电力并不供应给本地，而是用来供应 200 千米外的东京圈的。1960 年，引进福岛第一核电站的计划发表后，当地政府认为，引进了核电站，还可吸引其他产业前来设厂，有利于振兴地方经济，因而表示欢迎。东电把地方领导和政府职员等，都卷入与土地所有权人洽谈收购或交涉渔业权的补偿金等问题之中。2014 年的日本电影《家路》是一部诗意的灾难片，讲述了核电事故后，一户普通福岛居民的凄美故事。其中，主角已过世的父亲当年就是提着喇叭、以宣传核电为竞选口号的町议会议员候选人。东电甚至还利用黑帮处理土地收购问题。一位黑道大哥对潜入福岛核电站进行调查的铃木智彦大言不惭："对于黑社会的我们来说，核电站是一座点石成金的宝库。"❷ 当地对于核电站的担忧和反对的意见，被"放射线既不危险也没有危害"的声浪淹没了。

❶ 《东京电力被指"六宗罪" 篡改数据隐瞒事故》，《广州日报》，2011 年 4 月 10 日。
❷ 《福岛 50 死士，员工悲惨代价》，《香港 01》，https://www.hk01.com/%E9%9B%BB%E5%BD%B1/489985/%E7%A6%8F%E5%B3%B650%E6%AD%BB%E5%A3%AB-%E5%93%A1%E5%B7%A5%E6%82%B2%E6%85%98%E4%BB%A3%E5%83%B9-%E6%A0%B8%E9%9B%BB%E5%BB%A0%E6%9A%97%E7%A4%BA-%E6%89%E4%BA%9B%E6%AD%BB%E4%BA%86%E4%B9%9F%E4%B8%8D%E8%A6%81%E7%B7%8A%E7%9A%84%E4%BA%BA%E4%BE%86。

1974 年，日本又出台了被统称为"电源三法"的法律。据此，核电站所在地的地方政府可获得高额的补助金及固定资产税，作为接受危险的核电站的代价。补助金，被形象地称为"核能钞票"，多用于兴建华丽的公共设施，的确似乎在短时间内促进了地方经济发展。然而，建设核电站的 20 年后，相关税收与补助金锐减，为了维护公共设施，地方政府陷入了不得不依赖建设新核电站的困境。❸

在筹备建立福岛第一核电站的 1960 年代，政府、东电、大众媒体都一致唱颂"核电是安全、干净的梦幻能源"。这种众口一词的宣传与其自身的利益密不可分。在日本政界，官员退休后可以到下属或者关联企业拿个头衔领取丰厚的薪水。这种做法，在日本被形象地称为"下凡"（天下り）。东京电力公司，作为垄断日本一都七县、为接近一半的日本人口供电的老牌电力公司，正是此道老手。不少经济产业省的退休官僚，都在这家公司成为董事：比如原通商产业省（现已经更名为经济产业省）能源厅长官增田实、原能源厅次长白川进等，从政府部门退休之后，就摇身一变，成为东电董事会成员。2011 年的一项调查发现，在过去 50 年间，一共有 68 名从经济产业省退休的高级官僚被东电雇用。❹ 在位的国会议员不分党派都有核电族。核电是公共钱包，是政治家的现金来源，核能成为国策是大家彼此互惠互肥的结果。

日本政府通过立法确立了总成本定价制度。如果电力的总成本提高，电价就相应调整。随着用电量增加，电力部门可以获得稳定收益。核电站的建设费用巨大，承建商的巨额信贷给银行带来了安

---

❸ 福岛手册委员会编：《福岛十大教训——为守护民众远离核灾》。
❹ 周琪：《东京电力只是一家企业吗？》，载《观察者》，2013 年 3 月 29 日。

全而稳定的收益。围绕核电建设，电力公司、承建商和银行形成了利益共同体。

日本经济学家青木昌彦指出，福岛核危机真正的罪魁祸首是盘踞在日本核工业联合体内部的区域垄断电力公司，它们为追求利润最大化而损害了公共安全。哈佛大学法学院教授马克·拉姆塞耶（J. Mark Ramseyer）指出，在私有产权下，电力公司的股东享受核反应堆带来的收入，但有限责任制度使他们能逃脱任何可能的损害责任，责任都由公共开支承担。政治家、官僚、财界形成的"铁三角"具有对政策过程决定性的影响力，并从中获益。

在财经界，电力公司是龙头，呼风唤雨。其股东主要由保险公司、银行、政府和大企业构成，只有 10% 是个人。创立于 1951 年的东京电力公司，是绝对的巨型企业，集发电、输电、配电于一体，总市值达 14 万亿日元（约 1.1 万亿元人民币），员工人数超过 4 万，被称为世界最大的民营核电公司。

在学术界，大学本应捍卫学术的纯正，却一致欢迎拥核派的学者，因为这些为核电辩护的学者是核能村的御用学者，能带来大笔研究经费。理工科的研究本身需要庞大资金，而核能村有的是钱。日本《宝岛别册》杂志曾刊登了日本全国国立大学教授从核能机构接受的资金的一览表，金额从百万日元到千万日元不等。❺ 相反，针砭时弊的反核派则被打压。例如京都大学小出裕章因为不屈不挠地反核，在京都大学做了 45 年的助理教授，到退休的时候也无法升为教授。他所写的反核的书在"3·11"之前无人问津，在出事后才一跃成为畅销书。

---

❺ 陈弘美：《日本 311 默示》。

在传媒界，政府每年拨三亿日元税金给宣传核能安全的机构"原子力文化、振兴与财团"，对百姓灌输核能神话。该机构每年花费十亿日元用学者和形象好的艺人宣传核电。电力公司也投入巨额的广告费（东电在"3·11"之前的广告费是每年500亿日元），通过电视、广播、报纸、杂志、学校教育等渠道大肆宣传"核电是绝对安全的"。❻在日本，电力公司按区域分服务区，似乎不需要浪费钱去打广告，尤其是像东电这样的"老大哥"。其实对电力公司而言，这是一箭三雕的美事：一、三人成虎，同样的话（"核电是安全的、环保的、便宜的、有光明未来的能源"）反复说，群众也就信以为真了。二、成了电视台和报纸的广告金主，媒体就不敢对核能说不，不敢发表任何反核言论或邀请反核人士上节目。三、日本电力公司的利润是加在成本上的。意思就是，其利润与成本成正比。成本越高，赚的也就越多。打的广告越多，它非但不花钱，反而更赚钱。这等好事谁不做？在"3·11"之前，日本五大全国性媒体（《朝日新闻》《读卖新闻》《每日新闻》《产经新闻》《日本经济新闻》）无一敢旗帜鲜明地挑战"核能村"利益集团，在报纸上整版出现核电公司广告的状况也屡见不鲜。它们绝不报道核电的负面信息，只给核电唱赞歌。

30年来媒体不仅封锁反核学者的言论，反核的艺人也遭封杀：例如艺人山本太郎因为公开反核，其出演的电视剧被撤换；歌手忌野清志郎的CD刚上市，唱片公司便将其全部下架禁售，只因为一句歌词"电太多了，不需要，不需要，核电不需要"。甚至在"3·11"核危机后，由于报纸《东京新闻》大力批评核电、直截了当地反核，

---

❻ 福岛手册委员会编：《福岛十大教训——为守护民众远离核灾》。

许多企业纷纷撤掉了给它的广告。

　　日本核能集团作为阻碍电力改革又无法触碰的势力，并没有因为"3·11"闯了大祸而受到制约。"3·11"灾难后，首相菅直人提出了两个改革方案，试图削弱这股势力。第一个方案，"电力买取义务"，规定电力公司有义务购买小型民间企业的电力，如太阳能、风力发的电，使电力来源多元化。第二个方案，发电、送电分离，把送电网的设备、基础设施、使用权开放给民间企业。最终，菅直人以自己下台为交换条件通过了"电力买取义务"法案。核能安全保安院也脱离原属的经产省，改隶环境省，与过去的勾结切割。可是，安倍晋三上台后，财雄势大的"核能村"又重新取得了稳固的来自政府的支持。

　　在 20 世纪 50—70 年代将核能成功引进世界上唯一遭受过原子弹轰炸国家的日本，并从日本推广到全球，是极其反讽的，政府和传媒在其中扮演了不可或缺的角色。日本的核能开发是由在广岛、长崎投下原子弹的美国推动的。在 1950 年代，美国为了能够向日本出口核能技术，通过日本（乃至全世界）发行量最大的《读卖新闻》大力宣传"和平利用核能"，进行"国民核电教育"，成功令日本人对核能的印象大为改观。

　　数十年下来，除了通过媒体宣传，再加上各类演讲、进修、宣传资料、学校参观等渠道的影响，民众也就深信核电是安全的了。在广岛的原子弹爆炸资料馆里，在昏暗的、残酷的原子弹爆炸受害展示厅的隔壁就是一个异常明亮的"和平利用核能"的展厅，展品来自 1956 年美国所组织的、"充满善意的"、"和平利用核能博览会"

的捐赠。❼ 早期充满热情与自信投身核电厂建设的日本工程人员中，不乏遭受过原爆的广岛人。他们将之视为"真正男人的工作"。❽ 在电影《福岛50勇士》中也可以看到学校组织集体参观核电站的场景。讲解人员热情洋溢地对孩子们说：这是清洁无害的能源哦！在这部主要是为了歌颂现场人员奋不顾身的英雄主义电影里，这个场景是为了体现勇士们的责任感与职业操守的由来。

"核能是光明未来的能源"，这是照片里依旧飘扬在空无一人的街道上的标语。电影《家路》大部分的场景是工作人员冒着被辐射的危险，在被遗弃的福岛摄取的，其中也特意拍摄了这条充满残酷反讽意味的标语，并且借电影中的人物之口，很讽刺地说出了"这是我上小学时参加核能口号写作比赛时的获奖作品"这样的话。类似的话也出现在2016年上映的韩国电影《潘多拉》里。这部以核电站事故为题材的灾难故事片中处处可见福岛核电站事故的影子。在核电站工作的人员、当地的孩子、政府官员都将核电视为"永不熄灭的光"，是"科学送给人类的最好的礼物"。但犹如其名，这潘多拉魔盒不是礼物，释放出来的也非人类所能控制的自然力，这"永不熄灭的光"也成了万年的辐射威胁。

诞生于20世纪60年代并流行至今的动画人物铁臂阿童木，现在依旧高举着右手要为21世纪（也就是当时的"未来"）的人类福祉而战，殊不知原来阿童木和当时的"和平利用核电"的发展战略息息相关。"阿童木"这个名字来源于英文Atom，即原子。漫画里的阿童木还有个妹妹叫小兰，虽然不及哥哥出名，但她的名字Uran

---

❼ 参考武藤一羊：《潜在的核保有与战后国家》。
❽ 《我们的岛：从广岛到福岛》，公视，2011年9月19日。

双叶町，2014 年 3 月，当地居民拍摄

也很厉害，是从英语的 Uranium 来的，即用来发核电、可做核弹的铀。无形的洗脑比直接的宣传更有穿透力、更恐怖。从小就接受这样的说法而不去质疑"人定胜天"的科技迷信，导致核灾刚发生时，当地居民还不当一回事：因为他们相信那么"高科技"的东西不会在地震、海啸等自然灾害面前出错；即使出错了，他们也信任政府，信任那些言之凿凿的专家能够解决问题。殊不知专家和政府官员要么是出于自己的利益信口雌黄，要么是根本就不知道自己说的是些什么——前者的可能性更大。那么，他们制造出来的核电神话——更环保、更安全、更便宜——究竟在哪里忽悠了人？

四
核电三问

经常会看到这样的论调：不能因为一场核事故就因噎废食。我们当然不能因为"一场事故"就否定一切，所以让我们认真看看这"食"究竟是美食还是毒药。

一问：核电环保吗？

诚然，核能在发电时，不会产生二氧化碳。但是，发电前后呢？

核电是从开采铀矿开始的。整个流程是挖掘—搬运—精炼—浓缩—加工—建核反应堆—再处理—核废料运送—核废料处理。很多步骤都要耗费大量的石油燃料，核电只不过是换了个形式的石油燃料电力罢了。❶尤其是核电站需要更厚的钢筋和水泥的铜墙铁壁，而当它退役时，就变成了百无是处的巨大辐射源，拆除核电站要花上比建立时多得多的人力物力。截至 2019 年年中，在全世界已经关停的 181 座核反应堆中，仅 19 座做到了完全除役，其中也只有 10 座达到"可开发新地皮"的标准。但即使是这些有限的案例中也显示出了高达五分之一的极不确定性。❷目前"聪明"的人类所能想出

---

❶ 陈弘美：《日本 311 默示》。
❷ 《世界核废料报告 2019》，德国海因里希·伯尔基金会，郑永妍译。

来的最简便的报废核电站的处理方法就是:盖个大棺材,把它埋起来。石棺的建造也需要使用石油燃料,也排放二氧化碳;而且这个棺材也不是一劳永逸的,还需要定期维护。这些工作,都需要使用大量的能量。

核电站运行中,产生的不是二氧化碳,是放射性污染物。比如,核电站高耸的排气管,一天 24 个小时持续排出放射性废气。核反应堆还会排出大量的冷却水。这些水不能被重复使用,需要的量又很大,这也是为何核电站喜欢选址在海边(或河边)的原因——海水被视为"取之不尽用之不竭"的资源。核电站每年做一次年检,"保养"结束后,几十吨的放射性废水会被直接排入大海。在正常运转时,每分钟也会有数十吨的废热水被排进海洋。❸ 冷却水温度很高,使海水升温,二氧化碳被释放出来。清洗工人穿过的防护衣的水,和其他废水一样入海。废水入海口处的放射线值高得离谱,渔民却一无所知地在那里养鱼。❹

最无法忽视的污染是大量核废料,这将是徘徊在人类世界长达数十万年的梦魇。根据世界核协会(WNA)的统计,至 2013 年底全世界约有 25 万吨高放射性核废料(乏燃料)等待进一步处理,而且每年还会新增 1 万吨。日本各核电站都把乏燃料"临时"存放在反应堆上方的核废料冷却池里。而一旦冷却池发生泄漏,后果会很严重。2005 年 8 月,里氏 7.2 级的地震就导致了福岛第一和第二核电站的核废料冷却池池水外溢。当不稳定的高放射性核废料用几十年的时间完成冷却、部分被循环再利用后,后续的处置方式就是"掩

---

❸ 平井宪夫 :《核电员工的最后遗言》。
❹ 同上。

埋和丢弃"。不仅把它们埋在哪儿是个问题，掩埋后问题也依然没有解决，留给了子孙后代。也就是说，我们吃好拿好了，把垃圾和废物留给子孙后代去处理，自己眼不见为净。

福岛核电站事故发生后，德国决定在 2022 年之前关闭所有核电站，但其面临的最大困境是如何以永久和安全方式掩埋具高辐射性的核废料。目前德国有 2000 个储存高放射性核废料的容器，面临三个难题：一、如何找到可以永久和安全掩埋这些核废料的地下位置（不能发生地层渗水或地震）——例如，德国一处原为盐矿的阿西二号（Asse Ⅱ）核废料处置库就不断遭受地表水的涌入，22 万立方米处理过的核废料和盐的混合物亟待回收，这一任务不仅复杂且代价高昂——由于放射性废料和盐混合在一起，现存核废料数量已是最初的 5 倍。❺ 二、如何安全运送核废料到指定地点。三、如何把核废料的危险性信息通过有效方式传递给未来的人类。

三个难题都很让人头疼，这说明现今的人类根本就没有能力安全使用核能。最令人讶异、恍如科幻小说般荒谬的是第三个难题：如何告诉我们的子孙？"你们的祖先给你们留下了一些遗产——哦，是一些我们不知道该怎么处理的高放射性物质，放射性衰减的时间跨度可能长达十万年。"现今人类创造的宏伟建筑、人文奇观，有多少能保留一万年、五万年、十万年？到时不知多少文明都已经灰飞烟灭，而那些高放射性物质将兀自岿然不动。拉丁美洲原住民认为，我们不是要把地球"遗留"给子孙后代，我们仅仅是向他们借用。可是我们这一代人，借而不还，或者还的时候已经是千疮百孔。

---

❺ 《世界核废料报告 2019》，德国海因里西·伯尔基金会，郑永妍译。

退一步说，真正要做到环保，应该是从改变消费主义模式、减少电力使用做起，而不是自相矛盾地鼓励使用另一种形式的能源。

二问：核电安全吗？

对于这个问题，福岛核灾难给出了不言自明的答案。核电不只是电，核电还是核。"核安全"是个吊诡的词。有核就会有隐患，所谓的"安全"，大多是推广发展核电的政府、制造商、电力公司旗下的专家，依据对自己立场有利的数据资料制造出来的美丽泡沫。

没有不可能的灾害。"3·11"当天的海啸不仅使福岛第一核电站发生意外，距离它15千米的福岛第二核电站也发生了国际三级核事件；邻县宫城县的女川核电站也一度出现火情，进入紧急事态；女川核电站2千米外的灾难对策中心完全被海啸冲毁，不但无法因应核电站的紧急状况，对外沟通联系的功能也完全丧失，外界无法了解厂区发生的意外。数百亿日元造价的核电站，在排山倒海的自然力面前完全中看不中用，像个漂亮的花瓶，一推就倒。我们生活的地球，成了核电的实验室。福岛第一核电站据称设计成可以抵抗七级震灾，专家们说只不过没想到来的是九级的超强地震，所以出事了。也就是说，核电站的设计没出错，出错的是强震。但谁能保证下一秒不会来一场十级地震加20米高的海啸呢？我们无法预测地震、海啸这些自然灾害何时何地会发生，但它们一定会发生。当诸如板块移动的不可抗力与人类尚不能控制的核能结合在一起时，发生的灭顶之灾只能说是人类自找的。

就算没有自然力，人为因素也增加了核电站的不稳定性——是人就难免犯错误。人造的系统越复杂，失误的可能性就越高，修复就越困难，杀伤力也越强。让人瞠目结舌的操作由致力于反核运动的平井宪夫在《核电员工的最后遗言》（1995 年）里披露了出来。平井宪夫生前是东电的一级技工，在 20 年的职业生涯里曾在包括福岛核电站在内的很多一线岗位工作过，负责监督配管工程的定期检查，1997 年因癌症病逝。

他举了一些亲身经历：电力公司为了降低成本和分摊利益，把许多工程向外承包，造成诸多问题。比如管道由不同公司制作，但因不同公司采取的小数点后的舍入标准不同，以至于设备器件不能对接。当时文殊炉有一根配管无论如何也装不进去，请他去看。他打开设计图后发现，由于文殊炉由日立、东芝、三菱、富士电机等厂商共同设计，其中日立的设计图把 0.5 毫米以下的部分无条件舍去，而东芝和三菱却是无条件计入，虽说只是小小的半个毫米，但几百个地方累积起来就变成相当大的误差，最后导致配管无法安装。魔鬼在细节。

核电站里面，令人啼笑皆非的人为疏失并不少见。为什么会这样？因为工程现场里"有真功夫的师傅"实在是太少了。不管核电设备设计得多完美，实际施工时却无法做到与原设计一模一样。核电设备的设计蓝图，总是以技术顶尖的工人的精准施工为绝对前提。1991 年日本美滨核电站因为细管破碎差点酿成大灾难，最后调查时才发现，原来是一组零件在事故发生时未能及时插入机组，导致原反应堆在温度攀升的情形下没有自动停机。这是施工上的失误，但从来没有人发现这座已运转 20 年以上的机组存在这个致命缺失。这也代表当初建设时根本没按照原设计施工。太长的就切掉，太短的就硬拉，这些设计师意料不到的事情，却在施工现场理所当然地发生着，导致核电事故层出不穷。老师傅逐渐凋零，建设公司在征人广告上会以"经验不拘"作为求才条件。这些没经验的"素人"，不知道核事故的可怕，也不知道自己负责的工作有多重要。福岛核电站先前也曾因铁丝掉进核反应堆，差点发生重大事故。

核电站很难在现场培育人才。作业现场既暗且热，又必须穿戴防护衣罩，作业员彼此无法直接做语言沟通，这样怎么能把技术传给新人呢？更何况技术越好的师傅，就代表他进入高污染区的频率越高。这样，他们很快就会超过规定的辐射曝晒量，无法再进核电站作业，所以菜鸟工会越来越多。

迷途知返的核电员工不止是平井宪夫。在 1970 年代踌躇满志响应"和平利用核能"的号召，先后加入福岛第一核电站 6 号机组设计及 1 号机组改造的前工程师菊地洋一发现，核能技术并不是成熟的技术，到处都是变更设计。他越是深入了解，心里越是不安，最后选择离开这一行当，并加入反核行动，呼吁废止不安全的核电机组。其他能源行业事故，比如石油管道破裂了，加油站着火了，煤矿塌方了，这些事故也很不幸，但至少灾害不是全球性的，可以立刻着手直接处理。核电站呢？核电站一出事故，就跟个核武器差不多，带来的灾难很可能是毁灭性的。

辐射危险是真正"杀人于无形"的危险。放射性物质一旦泄漏，难以遏制，无味无声，无色无形，无孔不入，人类只能靠仪器来测得辐射量有多少。福岛核电站发生事故后，日本各地"出乎意料"的核辐射污染层出不穷。比如，非福岛产的牛肉。追根溯源时发现，原来有问题的是牛在屠宰前一个月食用的稻草，被检验出辐射量高达 9000 贝可勒尔，但稻草的来源离核电站却足足有 170 千米远。深究下去，原来 3 月 15 日风向那个方向吹，此时正是农家春天晒稻草的时节。❻

---

❻ 陈弘美：《日本 311 默示》。

被隐瞒的受辐射真相

渡边孝先生（化名，33 岁）出生于距离福岛市车程约 30 分钟的阿武隈山地的一个村庄。他和 31 岁的妻子与两个女儿（7 岁及 4 岁），还有父母双亲一起生活，养了约 20 头奶牛。事故发生后，妻子很担心孩子们受到辐射，但因为东京来的医生与政府的人都说没有危险，所以他硬是说服妻子留了下来。然而，就在 1 个月后全村决定撤离，他只能抛下奶牛，开始过着与双亲两地避难的生活。妻子最近跟他说，根据县政府的调查，推估事故发生后 4 个月中受辐射量累计达 5 毫希沃特以上的县民里，大部分是他们村里的人。听了这些，渡边觉得羞愧难当，无法正视妻子。

——福岛手册委员会编：《福岛十大教训——为守护民众远离核灾》

人类历史上发生过的核事故还不多吗？生命被伤害得还不算惨重吗？切尔诺贝利事故发生不过 25 年，当时的惨剧尚历历在目，事件亲历者还在经历着未完的伤痛，故事还在被讲述，人类历史上却又多了一个反面教材。我们难道还想要下一个福岛、下一个切尔诺贝利吗？❼

日本的核能专家、反核运动人士高木仁三郎在 24 年前就已经清楚地预见："原子时代的终焉将会是：由于人类的不正当管理，加上机械老化，当十多米高的海啸来袭时，一切电源丧失导致堆芯熔毁，大量的辐射外泄……"❽ 这不是杞人忧天，已经成为眼前事实。难道我们还要继续蒙起眼睛、堵上耳朵吗？

---

❼ 参见本书附录《历史上发生的重大核事故》。
❽ 陈弘美：《日本 311 默示》。

三问：核电便宜吗？

核电的便宜，只是对电力公司而言，其他的成本都落在政府和公众身上。

首先，核电之所以给人以便宜的错觉，是由于电力公司只公布最表面的铀原料和运作时的费用而已——就算是铀原料，80% 的储备也被发达国家所控制，其价格和原油一样，会有上下波动。更重要的是，使用核电需要长年累月收买当地居民、支付灌输教育及其他宣传活动的费用。而且，为了解决修建选址的问题，还要给当地村自治体支付"地方交付税"和"固定资产税"，这是一笔千百亿日元的政府税金。

其次，核电另一个巨大的成本是处理废堆和核废料的费用。废堆做到完全除役，费用高得离谱：在美国，不同反应堆的除役费用在每千瓦 280 美元到 1500 美元，而美国的居民电价，以 2020 年 3 月为例，是每千瓦时 0.147 美元。在德国，一座反应堆的除役费用是每千瓦 1900 美元，而另一座则是每千瓦 10500 美元，而 2019 年德国的居民电价是每千瓦时 0.35 美元。❾

除了退役时的废炉费用，核废料不停产生，处理起来需要花费大量的金钱和时间。也因此，核能的能源投入产出转化率低到 4：1，即 1 份核能产出 4 份能量，刚好和烧木材的能源转化率一样。与之相较，煤炭的转化率是 10：1，石油一开始是 150：1，直到因为石油资源越发枯竭，钻取的难度加大，才降低到 100：1。❿ 在经济效益和能源效率上，核能完败。无怪乎在 2010 年《纽约时报》上，美国反核

❾ 《世界核废料报告 2019》，德国海因里西·伯尔基金会，郑永妍译。
❿ Clayton Crockett, Jeffrey W. Robbins: *Religion, Politics, and the Earth.*

先驱迈克尔·马里奥特（Michael Mariotte）写道："核能发电，在经济上一点儿道理也没有。"⓫ 美国政府估计其国内核废料处理需要70年的时间，花费3900亿美元。而日本在处理核废料上已花费近40万亿日元。不止在日本，几乎每一个国家的政府都声称遵循"谁污染谁治理"的原则，要求运营商承担管理、贮存和处置核废料的费用，但实际情况是，只要最终处置设施关闭，无论出现任何问题，核电站运营商都不会被要求承担财务责任。德国阿西二号（Asse II）就是这种情况，从该处置设施中回收大量核废料的费用由纳税人承担。

关于"3·11"，日本政府经济产业部门2016年给出的事故处理预算是22万亿日元（折合人民币约1.4万亿元）。数据的计算以2050年为限。这颇有争议的22万亿日元能从哪儿来呢？16万亿日元由东京电力公司支出（可想而知居民的电费会上涨），2万亿日元由日本政府负责，用于除污工作，剩余费用由其余各家电力公司以及在电力市场自由化后加入的电力从业者负担。换算下来，转嫁到日本国民身上的金额为2.4万亿日元。就算是使用其他电力公司而非东电电力的电的消费者也会分摊这笔费用。⓬

与被政府低估的事故处理预算对比，此为日本经济研究中心的事故处理费用估算报告。

其中，费用最高的计算方法一指的是：废堆，而且不把污染水

⓫ Clayton Crockett, Jeffrey W. Robbins: *Religion, Politics, and the Earth*.
⓬ 张郁婕：《福岛第一核电厂事故处理费用》，日文新闻编译平台，https://changyuchieh.com/2019/03/15/%e7%a6%8f%e5%b3%b6%e7%ac%ac%e4%b8%80%e6%a0%b8%e9%9b%bb%e5%bb%a0%e4%ba%8b%e6%95%85%e8%99%95%e7%90%86%e8%b2%bb%e7%94%a8by%e6%97%a5%e6%9c%ac%e7%b6%93%e6%bf%9f%e7%a0%94%e7%a9%b6%e4%b8%ad%e5%bf%83/。

2019 年版福岛第一核电厂事故处理费用

单位：万亿日元	经济研究中心 2017 年版		经济研究中心 2019 年版		
	计算方法一	计算方法二	计算方法一	计算方法二	计算方法三
废炉、污染水处理	32	11	51	11	4.3
赔偿金	8	8.3	10	10.3	10.3
除辐射污染	30	30	20	20	20
总计	70	49.3	81	41.3	34.6

排放到海洋里；计算方法二是：废堆，但把污染水稀释后排入海洋；2019 年新增的计算方法三是：不废堆，即不取出熔融的核燃料，而且把污染水排放到海洋中。对污染水的不同处理方式会给事故处理带来几十万亿日元的差异，其本身也是国际关注的焦点之一。此点将在下文着重论述。但不论采取何种处理方式，政府提出的 22 万亿日元都是远远不够的。

　　日本有一部《核能损害赔偿法》，但这部法律却提出了"保护受害者"与"促进核能事业健全发展"这两个背道而驰的目标。该法规定灾害发生后，企业应负最主要的赔偿责任；若无法负担，则国家须提供资金援助。针对福岛核事故，日本中央政府决议的损害赔偿框架是，以让对事故负有责任的东京电力存活为前提，由其他电力公司与政府提供赔偿金的不足部分。这些资金的缺口最终通过调涨电价与投放税金来填补，实际上把赔偿的责任与负担转嫁到了国民身上。[13]2012 年 6 月 27 日，为了弥补因为核事故带来的损失，

---

[13] 福岛手册委员会编：《福岛十大教训——为守护民众远离核灾》。

和预计将接踵而至的对居民的赔偿，东电从日本政府得到了 1 万亿日元的融资，注入了损害与赔偿支援机构！ **⓮** 核电的这些成本，最终由全国民众在不知不觉中一起被迫支付和承担了。

除了核电之外，没有其他供电方法吗？当然不是，只是日本政府不愿意选择。

福岛事故前，日本的火力发电只有 50% 的设备在运转，一半的产能在闲置。其实只要多用 20%，就可以补足全日本 54 个核电机组的发电量，但是核能集团不同意。足以说明问题的是，2012 年4 月，日本的总发电量达到了 2011 年同期的 102.7%。其中，水电设备使用率是 2011 年同期的 128%，火电是 144.6%，核电是 4%。也就是说，去掉核电，日本也能承受。

从 2015 年 8 月到 2019 年 9 月，日本重启了 9 台核电机组。目前，化石燃料发电占比仍高达 80%，核能发电在能源结构中仅占 3%。

可是，2018 年 7 月 3 日，日本政府公布了"第五次能源基本计划"，能源结构的目标仍然是"可再生能源 22%—24%""核能20%—22%""火电 56%"这一比例，为此需要启动 30 台以上核电机组。 **⓯**

核电不环保、不安全，也不便宜，但是隐蔽性与封闭性使其成为一部能产生巨大利润而且缺乏监督的印钞机。政府和企业的核能利益集团开着这部印钞机，为自己源源不断地印钱，置隐患于不顾，甚而

⓮ 周琪：《东京电力只是一家企业吗？》，载《观察者》，2013 年 3 月 29 日。
⓯ 《完全重启核电，安倍晋三突然辞任后留下悬念》，https://dy.163.com/article/FLN48C6B05377I79.html。

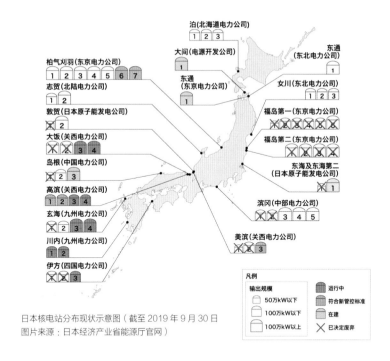

泊(北海道电力公司)
大间(电源开发公司)
东通(东北电力公司)
柏气刈羽(东京电力公司)
东通(东京电力公司)
志贺(北陆电力公司)
女川(东北电力公司)
敦贺(日本原子能发电公司)
福岛第一(东京电力公司)
大饭(关西电力公司)
福岛第二(东京电力公司)
岛根(中国电力公司)
东海及东海第二(日本原子能发电公司)
高滨(关西电力公司)
玄海(九州电力公司)
滨冈(中部电力公司)
川内(九州电力公司)
美滨(关西电力公司)
伊方(四国电力公司)

凡例
输出规模
50万kW以下
100万kW以下
100万kW以上
运行中
符合新管控标准
在建
已决定废弃

日本核电站分布现状示意图（截至 2019 年 9 月 30 日
图片来源：日本经济产业省能源厅官网）

在灾难发生后，依然想息事宁人，本应全力救灾善后却决定申请举办奥运会，借以转移公众注意力，还美其名曰：要在精神上抚慰民众。

在对灾难的处理上，比如避难地区的人员疏散、受辐射地区的去污行动等，信息不透明、行政命令不到位等问题导致直到十年后的今天，灾后重建依然是进行时，受灾民众的返乡进程依然进展缓慢。福岛核危机从未结束，依然在发生中。

北京师范大学哲学和科学史教授田松博士在其文章《太阳之光还是炼狱之火》中总结说：核电问题不是能源问题，是文明问题——工业文明自身的问题。❶

———————
❶ 参考本书附录。

..

五 / 漫漫归乡路

"3·11"核事故发生后，日本政府对市民做出了避难指示，但在核电站周边的地方政府中，仅有极少数直接收到了中央政府下达的疏散撤离通知，竟然有很多地方领导人是通过电视才知道有避难指示的，因而在接到上级的正式通知之前也自行决定，对居民下达了撤离通知。大部分居民在未获得充分信息的情况下，甚至有些人是在不知道已经发生核电站事故的情况下撤离的。正是因为中央政府的相关负责人在电视上一再重复"现在情况并不危急，这是为了保险起见而发出的撤离通知"，所以不少居民误以为很快就可以回家，撤离时只是穿着身上的衣服，没有带贵重物品与重要证明文件，或很悲惨地把家畜和宠物留在家中任其自生自灭，就开始了长期无法返回家乡的疏散生活。❶

整个人员疏散的过程绝不是电影《福岛 50 勇士》所一笔带过的那么畅通无阻。地震发生时，因为汽油供应不足使得有些民众未能马上撤离，人们大排长龙等着加油。此外，福岛县沿海地区通往内陆的道路因挤满撤离群众的车辆而严重拥堵。随着灾情的严重程度

---

❶ 福岛手册委员会编：《福岛十大教训——为守护民众远离核灾》。

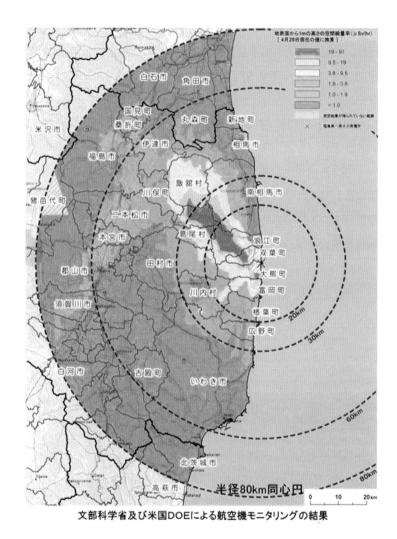

地表面から1mの高さの空間線量率（μSv/hr）
【4月29日現在の値に換算】

	19 - 91
	9.5 - 19
	3.8 - 9.5
	1.9 - 3.8
	1.0 - 1.9
	< 1.0

測定結果が得られていない範囲

× 福島第一原子力発電所

半径80km同心円

文部科学省及び米国DOEによる航空機モニタリングの結果

2011 年 4 月 29 日探测到的辐射水平 (微希沃特 / 小时)

逐步明朗，政府下达的疏散撤离指示的范围，也逐渐从半径 2 千米扩大到 10 千米、20 千米。难道放射线也懂数学，在 20 千米的半径线内驻足不前？当然不是。位于福岛第一核电站西北方向约 30 千米的饭馆村曾因山清水秀而被誉为"日本最美村落"之一，因为不在 20 千米的避难指示范围内，全村 1700 个家庭 6200 多人在稀里糊涂受灾两个月后，才知道事故发生时的东南风，早就把辐射物带到这里了。

与之形成对比的是，2011 年 3 月 14 日，在核电站发生氢爆后，美军直升机在距离核电站 100 多千米的地方发现了放射性物质——包括碘 -131（可能会引发甲状腺疾病）和铯 -137（造成人体造血系统和神经系统损伤）；美国核能管理委员会 3 月 16 日要求在福岛

福岛县伊达郡川俣町隔离区。"立入禁止"的警示牌和栅栏后，阳光灿烂，空无一人。蓝原宽子《核事故至今八年：福岛的现况及课题》

跨越县境的放射线

佐藤隆志先生（化名，38 岁），住在宫城县紧邻福岛县北部的一个村庄。他是 10 年前因向往乡下生活，从东京搬过来的。核灾发生时，他本来觉得那不是自己居住的县，与自己无关。但隔壁的福岛县的村子却因为辐射问题而混乱起来。后来朋友拿出盖革计数器进行检测后，告诉他“事态很严重”，于是他赶紧让孩子和妻子撤离到双亲居住的宫城县的中心城市仙台市。虽然同样遭到辐射污染，但很荒谬的是，他们因为居住地不属于福岛县，所以完全没有得到县或国家的任何补偿。因为这样的经验，隆志先生充分认识到“辐射的扩散与人为制定的行政区域界线无关”。

——福岛手册委员会编 :《福岛十大教训——为守护民众远离核灾》

第一核电站周围 80 千米之内的美国公民实施避难[2]。但日本政府一直没有再扩大半径 20 千米的避难范围，只是呼吁 20—30 千米半径范围内的居民留在家中避难，不过要记得全天候紧闭门窗。就算如此，全福岛县 230 万人口中，也有 150 万人要避难，而收容所只能容纳 15 万人。许多人必须数度转换收容所，有的人因为过于疲累而病倒。收容所人多拥挤，对于带着小孩的母亲、老年人和残疾人来说，环境不佳，入夏后气温高达 35 摄氏度也没有空调。对于住院病人和敬老院的老年人来说更是艰难，很多人受不了长时间的疏散旅程，在途中辞世。

在离核电站 50 千米左右的地区，比如在福岛县的县政府所在

---

[2] 《美国撤离在日本外交官和军人家属》，环球网，2011 年 3 月 20 日。

2020 年，福岛磐城市的震灾纪念碑。路透社图

地福岛市、郡山市等地，都没有下达撤离通知，但有不少群众，主要是有小孩的家庭，因为在当地可以在水、土中测出高出正常水平的放射性物质，为了身体健康而自主撤离了。

自主撤离者几乎得不到东京电力公司的任何赔偿或官方的支援，他们被迫自行承担因撤离而造成的损失。也有不少家庭是父亲留下来继续工作，只有母亲带着孩子撤离，即"母子撤离"，这样的家庭被迫承受双重的生活重担。不少夫妻面对福岛核事故是否该去避难、该去哪里避难、要避难到什么时候等问题时发现彼此的价值观不同，妻子带着孩子离开福岛"自主避难"，和丈夫分隔两地，也有不少夫妻最终走向离婚这条路，从而出现"核离婚"一词。

福岛县及其周边地区，原来有很多两代同堂、三代同堂的住户。事故发生后，撤离原居住地的家庭中约有半数家庭成员被迫分开居住。

未直接受害于地震或海啸，却在之后的避难生活中因健康恶化等间接原因致死的情况，被称为"地震相关死亡"，其人数在东日本大地震主要受灾的三个县里，岩手县有441人，宫城县有889人，福岛县则有1704人（2014年3月末统计）。因家乡的放射性污染对看不到未来的疏散生活心生绝望而自杀的人数也包含在其中。❸

更可怕的是，与一般的自然灾害不同，核灾害的影响是四维的，不仅影响到整个空间，还会在时间轴上长久持续。放射性物质的半衰期有的是几千年，有的则长达几万年。比如从核废料中提炼出来做原子弹的钚-239，半衰期超过2万年。开创放射性理论、获得诺贝尔物理学奖和化学奖的居里夫人在1934年去世，她自己在当时虽然患上多种慢性疾病，但也还不知道放射性物质对人体有这么大的危害。她的论文手稿、在实验室使用的笔记本直到今日还具有放射性，参阅者必须在全副武装保护下才能看。她发现的放射性元素镭的半衰期是1600年，所以要等到1500年后，这些笔记本和手稿的放射性才会减半。

如果你也是不得不避难的千千万万的人之一，离家时会带走什么呢？核灾三个月后，灾民首次被允许回家拿东西。但是因为辐射量仍然很高，因此限时两个小时，而且只能装满一个75平方厘米的袋子。❹多么残忍啊。你呢？你会拿些什么东西呢？在三个月前被地震震毁、海啸冲坏、充满辐射的自己的家里，你又能找回一些什么呢？

在电影《家路》中，有一个再正当不过的质询："他们污染了我们的土地，杀了我们的牛，为什么不可以把他们抓起来？"警察的回答却是："因为没有给他们定罪的法律。认命接受赔偿吧。"有多

---

❸ 福岛手册委员会编：《福岛十大教训——为守护民众远离核灾》。
❹ 陈弘美：《日本311默示》。

上：初现老年痴呆征症状的母亲在一排排一模一样方方正正的灰色避难屋群中找不到自己的避难屋，在没有指示牌的森林里却能清楚地辨识回家的路

下："疏散撤离区"人去楼空，牛也饿死了。2011年4月，丰田直巳摄

少钱，能买回自己的家乡，买回珍贵的回忆，买回健康的身体，买回田里的稻苗，买回弱小的、只能被牺牲的动物？能把这一切都贴上价格标签吗？

然而，的确很多人被迫认命。电影里一边是因为失去了一切、被迫带着家人逃离故乡而心灰意懒的哥哥，浑浑噩噩过日子，嘟囔着："那片土地还能干什么？什么都没有了。"另一边则是本在东京打工，却逆着逃难的人群回老家的弟弟。数年前弟弟在为哥哥顶替罪名被放逐出村时，曾信誓旦旦：再也不回来了。可是为什么却在家乡已成危险之地时独身一人回乡呢？在哥哥不解地询问他时，他回答：因为它们在召唤着我。水田、旱地、牛、山，都在叫我，快点儿回来吧。影片的最后，他背着本已撤离的母亲，穿过森林回家，回到那片被遗弃的土地上耕耘。

弟弟在东京的打工生活，被总结成一首小调，不无辛酸地写出了城市打工仔的心声："星期一找工作，星期二找吃的东西，星期三找住的地方，星期四找乐子，星期五找绳子，星期六找大树，星期天得天下。"一边是资本主义把人异化的生产生活模式，一边是被辐射污染但曾经自给自足的家乡。他选择后者，选择有尊严地活着——尽管连这份尊严也被核电所污染，必须付出身体健康和生命的代价。

真的什么都没有了吗？曾有人说过，倘若核战争爆发，所有人类和人造建筑都被抹除后，自然还在，它会继续呼吸，用足够的耐心，用几十万、几百万、几千万年的时间来恢复生机。

但人类，作为一个物种，是无法从中恢复的。大自然不会犯第二次错误。

六 / 复兴？清零？

　　东日本大地震发生后，日本政府将灾后重建期限设为十年，并设立了主管灾后重建及核事故处理工作的临时机构——复兴厅。2020 年 3 月 2 日，日本农林水产部公布了地震灾区的重建情况，截至 1 月底，大部分灾区的重建工程已基本完成，但福岛县的重建率仍旧只有 71%。于是复兴厅将继续存在到 2031 年 3 月。

　　根据日本媒体相关的灾后重建报道，地震灾区岩手县、宫城县以及福岛县的 42 个城市中有 15 个表示灾后重建工作在 2020 年年底前无法完成，还有 11 个城市表示，2021 年之后也不一定能够完成。导致这一局面的原因不仅是政府的不作为，还有受灾地区政府官员的腐败，6.5 万亿日元的赈灾援助并没能全部用于建设，有大量资金不翼而飞。

　　在 2013 年 9 月日本申奥成功后，为了保证奥运设施的建设，日本政府抽调了大量的工程师和建筑工人前往东京支援，这导致灾区劳动力短缺、建筑材料价格飞速上涨。毫无疑问，日本政府此举让本已举步维艰的重建工作雪上加霜。时任首相的安倍晋三却口出狂言："要在 2020 年把避难者数字清零！"因为 2020 年 7 月是预定的东京奥运会举办的时间。

　　2020 年已过，清零了吗？让我们看看主流传媒较少关注的普通老百姓的物质和精神状况。

东日本大地震造成的死亡和失踪、间接死亡人数超过 2.2 万人，目前仍有超过 4 万人（统计至 2020 年 3 月，福岛复兴厅）分散至日本全国各地避难未归。并且，尽管目前在福岛县内只剩最靠近核电站的 2.7% 的土地（371 平方千米）尚未解除避难指示（统计至 2020 年 3 月，福岛复兴厅），复兴厅调查结果却显示，仍有超过 6 成的受访者表示"决定不再回去"。目前，解除避难指示地区的居住人口总数与核灾前相比大为减少。9 年间，背井离乡的福岛人大都已在新环境下安定下来，返回福岛居住的意愿较低。

日本广播协会针对核泄漏事件避难地区的原居民进行了四年的跟踪调查，结果是 42% 的人决定再也不回去了。被问到"是什么时候决定不回去的"时，18% 的人回答是事故发生一年以内；20% 的人是一年至两年；25% 的人是两年至三年；33% 的人是在 2015 年即四年后决定不回去的。由此可见，随着时间的推移，当地原居民对于家乡的重建越来越没有信心。❶

日本政府制定的"复兴与创生期"已结束，但是距离真正的复兴似乎还有很长的一段距离。不仅灾后重建方面进展缓慢，福岛核危机的除污问题和次生灾害依然形势严峻，难以解决。然而，为了营造福岛已然"复苏"、恢复常态的形象，日本政府采取多种措施要求灾民返乡，并从 2017 年 3 月起，不再对从指定疏散区域以外的地区自行逃离的个人提供住房补贴。除了 7 个市、町、村之外，政府也在 2018 年结束了除污工作。❷

---

❶ Chavin:《福岛核泄漏多年后的现在》, https://zhuanlan.zhihu.com/p/20259639。
❷ 《99% 核污染土将被再利用?》, 载《日经中文网》https://cn.nikkei.com/politics aeconomy/politicsasociety/35423-2019-05-06-05-01-00.html。

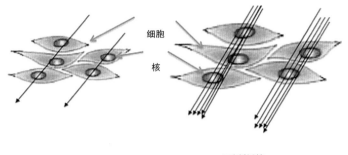

1 毫希沃特　　　　　　　　　　　　5 毫希沃特

　　可是，大量地区的辐射水平还是很高，不宜人居。灾民们普遍
觉得，政府这是在"强制返乡"。福岛核事故发生后，2011 年 3 月
14 日，日本政府迅速将居民可接受的辐射水平从每年 1 毫希沃特提
高到每年 20 毫希沃特。相较之下，苏联在切尔诺贝利事故后，将每
年 5 毫希沃特以上的地方就设为"强制撤离区域"。

　　什么是毫希沃特（mSv）？希沃特（Sv）是衡量辐射剂量的一
个单位，1 希沃特等于 1000 毫希沃特，1 毫希沃特等于 1000 微希沃特。
国际放射线防护委员会（ICRP）规定，一般民众一年的放射线曝晒容
许量上限为 1 毫希沃特，许多国家都采用这个数值作为基准。人体受
1 毫希沃特曝晒意味着什么呢？如上图所示，这表示每个细胞核平均
有 1 道放射线贯穿。成人的身体约由 60 万亿个细胞组成，如果一年
内受到 1 毫希沃特的放射线曝晒，意味着 1 年内全身的细胞核平均有
1 道放射线贯穿。若全身暴露于 7000 毫希沃特的放射线，DNA 将被
切碎，无药可医，所有人都会死亡。遭受 4000 毫希沃特辐射时，会
有 50% 的人死亡。❸

---

❸　福岛手册委员会编：《福岛十大教训——为守护民众远离核灾》。

切尔诺贝利事故后一个月内死亡的工人最少接受的辐射量

周六下午在福岛核电站周围探测出的辐射量
1.015 mSv

从事放射性工作的工人5年间接受的辐射总量上限
6000 mSv

接受一次全身CT扫描的辐射量
100 mSv

常人5年里接受到的辐射量上限
10 mSv

胸部X光透视的辐射量
5 mSv

0.1 mSv

mSv：毫希沃特，辐射单位

此图来自：网易探索

　　核辐射的特殊性及严重性在于，不像其他实体攻击，它无法被稀释，而且会累积。田松教授的解释很形象："一支利箭，可以穿膛而过，如果把它的力量分成一万份，让这支箭一万次蜗牛般地触碰你的身体，你会毫发无损。……但是，如果这支箭变成一万支小竹签，每支保持原来的速度，同样可能击穿身体，如果击中要害，依然致命。"❹ 体内受到的辐射不会睡一觉后就归零，而是会不断地累积。短时间内可能看不出有什么异样，长此以往，等出现白血病等癌症症状时就为时已晚。讽刺的是，关于受辐射后人的身体会出现什么病变的研究，调查得最多的对象就是广岛、长崎遭受原子弹袭击后的幸存者。1950年美国在那里设置了名为"原子弹伤亡委员会"的研究所，让这些幸存者每年接受体检，但不给予任何治疗。有些人突然哪一年没回去体检，多半是因为得了白血病或什么癌症去世了。

　　德国政府曾建议日本将可接受的辐射标准重新降回每年1毫希沃特的水平，日本政府也"答应开展后续工作"，但这一建议并未得到

---

❹　田松：《太阳之光还是炼狱之火》。可参考本书附录。

国立大学教授的困惑

福岛核电事故发生前，普通人被允许接受的放射剂量上限为每年 1 毫希沃特。事故发生后，这个标准被提高了 20 倍。很多人因不愿生活在高放射剂量中而撤离至今。原本住在福岛大学附近的权田纯子女士（化名，43 岁），与她16 岁、13 岁的孩子在核灾之后离开福岛撤离到东京。然而，她的丈夫次郎先生（化名，46 岁）在福岛大学担任副教授，因为该校是国立大学，必须遵从政府制定的安全标准。于是次郎不得不一个人居住在大学附近，与家人分居两地给他带来了很大的精神压力。而且对次郎先生来说更难以忍受的是，他在学校负责招生宣传、招揽年轻的高中毕业生到福岛大学就读。自己 16 岁的孩子都撤离到外地，却要招揽别人家的 17、18 岁的小孩到福岛来，次郎先生感受到难以承受的困惑和深重的罪恶感。

——福岛手册委员会编：《福岛十大教训——为守护民众远离核灾》

现年（2016 年）58 岁的楢叶町居民押钟玲子极其渴望重新回归往日的生活，为此她不惜放弃了一份很好的工作。当年的海啸淹没了她距离大海500 米远的房子。现在，她和丈夫重新修好了房子，并努力克服对核辐射的恐惧。她说："我对自己说，一切都会好起来的。反正我也只能再活 30 年。"她的话听起来有些玩世不恭，但是很理智。

重返楢叶町的唯一一位医生青木薰认为昔日居民的忧虑不无道理。他说："我们日本人所听到的一直是核能是安全的，但是却发生这样可怕的灾难。"他说，现在大多数人不再相信政府。

青木薰医生说，因为核辐射看不到也闻不到，可能会很容易令人忘记它给健康带来的危险。不过所有居民都随身带着一个测量仪。此外楢叶町周边很多地方都堆放着装有核污染垃圾的黑色塑料袋。青木薰医生说："要想把居民请回来，就必须先将这些垃圾运走。"

——《首个解禁的福岛核事故小镇》，载《德国之声》

落实。❺2018 年，联合国危险物质及废料的无害环境管理和处置对人权的影响问题特别报告员通贾克（Baskut Tuncak）表示，日本政府在福岛灾后将公众可接受的辐射水平，从每年 1 毫希沃特提高到每年 20 毫希沃特，提高了 20 倍，令人深感不安；"2017 年联合国人权监督机制提出，希望日本将可接受的辐射量降回灾难发生前的水平，对于这一建议，日本政府似乎完全置若罔闻，这一点令人失望"。❻日本政府将一年放射剂量在 5.2 毫希沃特以上的场所划为"放射线管制区域"，同时鼓励人们在放射线管制区域内过"正常"生活。法律规定 18 岁以下孩童不得在辐射量达每小时 0.6 微希沃特以上的地区活动，但游乐场如今的核安全标准，却相当于这一数值的六倍。❼

为打造恢复正常的形象，日本政府大力推动解除福岛核电站周边的"居住限制区"等核污染区域的居住禁令，这涉及 5.5 万名民众的生活。2016 年 6 月 12 日，福岛县首次解除核辐射水平比较高的一个"居住限制区"的避难指令，允许避难者返回受核泄漏污染的原居住地。2018 年 3 月政府停发民众的避难补贴。灾民对核辐射的担忧未消，指出政府急于解禁核污染区是为东京奥运会造势。愿意返乡的居民以老年人为主，很多带着孩子的年轻夫妇不愿返回仍在核事故阴影下的故乡，对政府"解禁"的依据表示不能接受。比如 2016 年 9 月就已经全町解禁的楢叶町，为了鼓励因疫情失去工作的人回归，承诺来楢叶町住就一定有工作，还会提供补助金，但

❺《人权专家：福岛核辐射威胁仍在 政府须停止回迁工作》，联合国新闻网站，2018 年 10 月 25 日。
❻《联合国危险物质及废料的无害环境管理和处置对人权的影响问题特别报告》，2018 年 10 月 25 日。
❼《福岛降低学校核安全标准辐射容忍度为震前 20 倍》，http://roll.sohu.com/ 20110525/n308431775.shtml。

应者寥寥。❽

再以 2017 年 4 月 1 日解除避难指示的福岛县双叶郡富冈町为例。这里离福岛第一核电站 15 千米，恰好是福岛第二核电站所在地。当地有一个小火车站，在海啸中被冲毁了，但是基本结构还在。当地居民仲山女士说，大家每次回富冈町（年辐射剂量低于 20 毫希沃特，被政府划分为"避难指示解除准备区域"，如同字面意义，被划为准备区域就要向解除避难指示的方向迈进。在被划分为"避难指示解除准备区域"期间，居民可以暂时回到旧家整理环境但不能过夜），就会去看一下富冈车站，因为那是往日的一部分。原本大家以为可以一起讨论如何把车站保存下来，没想到有一天突然在新闻上看到东日本旅客铁路公司决定拆掉旧车站，在原址附近建一个新的富冈车站。

仲山小姐这才意识到，原来车站不是居民的东西，而是铁路公司的，东日本旅客铁路公司想盖就盖，想拆就拆，完全取决于公司的意思。当初也并没有打算要重建，因为用的人少，重建不符合其经济效益。最后应该是在东电和日本政府的要求下，才决定重建一个具有象征意义的新车站。仲山小姐认为，解除禁令和新车站的设立，都是政府在"命令"大家回去。对比事故前后当地的人口组成，在 2011 年 3 月 11 日，富冈町的户籍人口为 15827 人，老龄化的比例是 21.6%，和东京差不多；解除避难禁令两年后的 2019 年 1 月 1 日，户籍上登记有 13027 人，老龄化比例超过 40%，而实际住在富冈町的也只有 1000 多人。仲山女士满怀期待地回到故乡，却发现记忆中的故乡早已不在，她也失去了原本的社交圈。她原以为

---

❽ 张郁婕:《福岛县楢叶町解除避难指示五周年现状简述》，日文新闻编译平台，https://changyuchieh.com/2020/09/05/naraha/。

日本政府在除污工作方面的进展似乎表现得胸有成竹——或者是为了营造出进展顺利的假象——其无知的自信让人咂舌。2017 年《德国之声》的记者在福岛六年祭参观福岛第一核电站时，被东电领团的高管告知："这里的辐射值和东京银座的商场一样低。"所有的参观者的防护措施仅是"一副口罩、一块毛巾、一个头盔、一副手套，脚上再穿两层袜子"。结果当大巴抵达目的地时，辐射计量器发出刺耳的警报，显示辐射强度达 160 至 170 毫希沃特 / 小时，超标将近 2000 倍。此时，东电人员才警告说："此处不宜久留。"在参观过程中，访客的狐疑与官方人员的自信形成了鲜明对比。

——《福岛六周年："一切正常"只是白日梦》，载《德国之声中文网》

大家会回富冈町一起生活，但实际回来的人很少。❾

　　2011 年 "3 · 11" 地震所引发的海啸也导致福岛第二核电站发生事故，反应堆的冷却功能也一度丧失，幸而最终完成了冷停机工作，否则若发生和第一核电站类似的情形，后果不堪设想。本次事故根据国际核事件分级表被列为第 3 级（可参见本书"附录"部分）。2019 年 7 月，东电决定将福岛第二核电站的 4 个机组除役。

　　又比如，在已撤销疏散令的浪江町，一片与幼儿园和小学仅一街之隔的森林，平均辐射水平高达每小时 1.8 微希沃特。这片森林里的 1584 个检测点，核辐射水平全数超出日本政府所定每小时 0.23 微希沃特的长期目标值。当中有 28% 的检测点的辐射水平更较国际

❾ 张郁婕：《再访福岛二：富冈町钟表店的仲山小姐》，https://medium.com/kyosei-in-fukushima/nakayama-89bd02862603。

组织建议的儿童每年可接受的辐射剂量上限，高出 10 至 20 倍。❿

就像很多流行病暴发时，来自疫区的人不论健康与否都被怀疑有传染风险而被歧视一样，在外的福岛人不论是否曾暴露在辐射中、是否来自灾区，也都遭遇了被歧视的不公正待遇。比如发生过来自福岛的车车身上被莫名其妙地写字、加油站不让加油、停车场不让停车，从福岛转学来的学生被歧视等现象。甚至在避难者之间也有某种微妙的酸葡萄心理，上文提到的仲山女士就有过亲身经历。

来自家宅被划入警戒区域、不得返家的福岛灾民有三个选择：留在避难所、借住亲友家或是在警戒区域以外的地方自己租房子。平常在媒体上常常看到记者跑去采访那些住临时住宅的人，但实际上住临时住宅的人是少数，只有一成左右，而且有小孩的家庭还不能入住。最多的应该是像仲山女士这样自己在福岛县内的其他非警戒地区租屋的"县内避难"者，而且在县内租屋可以获得补助。次多的是搬到福岛县外生活的，约占三成。

仲山女士避难时因为带有宠物，不能留在避难所，刚好又有亲友愿意让他们一家借住一段时间，所以最后落脚于亲友家。回忆起当时的情况，同样都是离开家乡开启"避难生活"的人，有的人除了避难所外无处可去，也有像仲山女士这样刚好可以借住亲友家的灾民，他们彼此之间难免就会出现比较心态：可以住在亲友家多好，哪像我们无处可去，只能住在避难所。仲山女士说，借住亲友家才不像大家想象的那样有床、有房间可以好好休息，其实他们是睡在亲友家的地板上简单地用纸板搭起来的"床"上。纵使是留在避难

❿ 《绿色和平揭日本政府误导联合国 罔顾儿童与除核污工人安危》，绿色和平组织，https://www.huanbao-world.com/NGO/90216.html。

所内的，这种比较心态还是存在：你来自那个町啊，你们那个町和我住的町比起来受到的辐射影响还轻／重呢。明明同是天涯沦落人，但因为比较心态而产生的酸葡萄心理无所不在。[11]

　　民众回了家后还要时刻警惕辐射，随身带着辐射计量器，满大街也都是辐射计量表。提心吊胆地生活在面目全非的家乡，心里当然很不是滋味。有小孩的家庭更是要担心更多的方面，首先就是一日三餐。日本小学生多半会在学校吃营养午餐，而且政府推行当地食材自产自销的政策——这本来是非常值得肯定的，但在福岛县却增加了父母的忧虑。据《产经新闻》和《朝日新闻》报道，福岛县在核事故发生之后，营养午餐中使用福岛县农产品的比率一度降到18.3%，但2019年1月公布的报告书显示，2018年福岛县内学生营养午餐使用福岛县农产品的比例上升到了40.8%，甚至高于2010年的36.1%。福岛县教育厅表示，这是因为营养午餐当中，福岛县产的水果和一次加工食品的食材增加了。《朝日新闻》指出，日本政府鼓励各地方政府在2020年度营养午餐中使用超过30%的当地食材，福岛县还单独推出补助：福岛县的二级地方政府如果想要针对营养午餐进行放射性物质的检查，可以委托福岛县政府实施，而且只要在营养午餐当中使用八成以上福岛县产的食材，福岛县政府就会提供每一名学童500日元的补助。

　　一方面是政府大力鼓励福岛农业"正常化"，另一方面则是民间的担心。由于先生工作的关系不得不带着孩子回到福岛县磐城居住的高桥小姐，上街采购食材时都会特别留意产地，尽可能不采购

---

❶ 张郁婕：《再访福岛二：富冈町钟表店的仲山小姐》，日文新闻编译平台，https://medium.com/kyosei-in-fukushima/nakayama-89bd02862603。

福岛县产的食材，至少要让孩子吃得安心。虽然学校并没有强制规定所有学生都必须吃学校的营养午餐，但班上只有高桥小姐的孩子一个人自备便当，难免会引来同学的侧目，最后高桥小姐不得不让孩子转学到其他有比较多孩子自备便当的小学。按高桥小姐的说法，其实有不少家长和她一样担心孩子吃下的食物的安全性，但像她这样给孩子自备便当的家长很少。多数家长会以"孩子对牛奶过敏"为由，让孩子可以和其他同学一起吃营养午餐，但至少不用喝福岛产的牛奶。就高桥小姐的观察，现在"对牛奶过敏"的学生有很高的比例，其实不是真的过敏，而是家长拜托医生帮忙开诊断证明书，让孩子在学校不用喝牛奶。❷

　　妈妈们的担心也并不是毫无道理。福岛二本松市离核电站35—70千米，从2011年11月到2017年12月，市政府邀请市民把自家吃的自种、山里采集或本地市场购买的食材送样本去检验，由市政府受训人员帮忙检测铯-134和铯-137的含量，检测结果反馈给市民。日本政府在2011年3月17日颁布的蔬果肉奶等食品的可接受辐射量是500贝可勒尔/千克，在公众反对声中，2012年4月1日标准改为100贝可勒尔/千克。二本松市在长达六年的量度后，发现超标最厉害的是野生蘑菇，其次是山里的野菜。土豆、蔬菜、牛奶等在2015年后基本没有超标，可是板栗、白果等种子类的食物，2014年后的辐射含量却增加了。❸

　　"为了支持福岛重建，我会买福岛产的农产品，但是我不想让自

❷ 张郁婕：《再访福岛三：地方妈妈的担忧：福岛还是那个适合孩子成长的环境吗？》，日文新闻编译平台。
❸ https://www.ncbi.nlm.nih.gov/pmc/articles/PMC6210092/.

64 岁的菅野宗夫是少数几个回到饭馆村进行恢复性农业生产试验的农民。他每天白天回村劳动,晚上开车回伊达市里的临时住宅睡觉。以前,菅野宗夫家里生产的豆腐特供东京银座的高级餐馆。核事故发生后,祖孙四代7 口人在外避难。92 岁的老父亲在邻近的宫城县租了一块地,把收获的粮食分给他人。不为卖钱,只因耕作一生离不开土地。儿子一家去了外地。妻子在村里的养老院照顾 40 多个走不了或不愿走的老人。

在明治大学农学院老师的帮助下,菅野宗夫在家门口搭起了一个白色塑料大棚,试着用以色列的无土栽培技术种一些生菜、小松菜。"耕种最重要的是水源,现在水和地被污染了,再按过去的方式种菜行不通了。"

即使对回乡抱着坚强信念的菅野也承认,村里的行政、医疗、学校等基础设施处于停运状态,社区已完全瘫痪。许多年轻人在外面找到了工作,开始了新生活,不愿再回来。在菅野眼里,政府除了搞几个样板工程,并不真正关心饭馆村的未来。环境省和农林水产省各自为政,拿不出重建的具体计划。

菅野告诉记者,支撑他回到家乡的是父亲在田里耕作的背影。事故发生后,政府下令不准触碰土地、待在家里不要外出,但父亲仍然习惯性地跑去后院伺弄蔬菜。那一刻他明白了土地对农民的意义。菅野仍在重建的路上坚持,但他知道,回到过去的生活已不可能,更不清楚明天会是怎样。

——《日本福岛核辐射区饭馆村:大部分农田长满杂草》,
载《人民日报》,2015 年 7 月 23 日

她叫静香。在福岛事件之前，她是个主妇，她是个奶奶，没有学历没有文化。

那次事件之后，她的整个人生改变了。她哭了半年，每天哭。她恨了东电一年，每天和东电的人吵架。她每天都不知道该做什么，每天都在想明天去哪里避难。

她恨了一年之后，决定不能再这样下去，觉得要帮助人。她去做志愿者了。她决定要为回到自己原来的生活而努力。她不想离开自己的家，住了四十几年的家。

她的家在核电站 20 公里区域之内。20 公里区域内分三块，离核电站最近的区域，国家永远不允许人们再回去住了。住在这个区域的一家四口可以从东电拿到一亿日元（大约 600 万元人民币）的赔偿金。稍微远一点的区域规定五年不能回去住，可以拿到六千万日元赔偿金。她的家稍微远一点，属于第三区域，明年之内可以住人，可以拿四千万日元（255 万元人民币）。每个月东电给他们汇十万日元（大约 6395 元人民币），有人戏称他们为十万元户。[注：东京电力公司在 2017 年度末停止向"居住限制区域"和"避难指示解除准备区域"的居民支付精神损失费（抚慰金）。]

有了这笔钱，他们的生活发生了改变。她变得有钱，不用担心自己老后的生活，东电给的钱够他们活得很自在了。有的人开始买奢侈品，有的人开始去海外旅游，有的人整天出入游戏机房。

有些家庭的矛盾也随之出现了。因为不签字就不能拿钱，兄弟出现了矛盾，子女和父母也发生了矛盾。刚发生事件的时候，所有的人都同情他们，你们真可怜。知道他们开始有钱后，亲戚变得酸溜溜了，半开玩笑地说你们从东电拿钱，就是东电的员工，真好。她还有一次被朋友指着鼻子骂说他们全家偷纳税人的钱。朋友也开始疏远起来。她不敢太花钱，因为花钱的时候知道这是东电的钱，是曾经恨了一年的东电每个月给他们汇的工资。

现在她是一个非营利组织的理事长了。三个主妇建立的团体现在在全国也变得有名。她的生活也变得规律了，工作，做饭，睡觉。她决定尽一切可能回到自己的家。自从事故以来每个人都拿着测辐射仪器生活。当她决定要回家的时候她决定再也不看仪器，不看的话哪里都一样，她想要的只是正常的生活。

现在的她对辐射的知识了如指掌。虽然是个主妇，却知道多少单位以下是正常的，多少以下对人体是没有影响的。

来福岛的志愿者、参观者络绎不绝。她想要告诉大家，不要觉得他们很可怜，因为他们现在生活得很富裕，甚至比参观者当中的很多人还要富裕。他们的生活发生了巨大的改变，是好是坏他们也不知道，也没有时间和精力去想。他们只是想回到自己的家，不想再去过"第二天到哪儿去避难"的生活。有的人选择了新的家，有的人选择回到自己以前的家。到这里来的人们请你们用自己的眼睛和身体了解一下现状就好了，回去后珍惜自己现在的生活，知道自己比很多人都幸福就足够了，她说。

过一会儿她又要去和环境省奋战了。环境省改变了标准，不帮这些地区除污染了，她觉得这不公平。

我们和她都分在一个普通的住宅区。虽然没有被指定不能住，但是这里的人都选择不回到福岛。干净整洁的街道上没有一个人。夕阳照射在街道上显得有些凄凉。电线杆、指示牌上到处都绑着粉红色的丝带，绑着这些带子的物品都是将来要被除污染的。

——Chavin：《福岛核泄漏多年后的现在》

己的孙辈去吃，建议年轻人最好少买福岛及附近的农产品。"一名年过七旬的日本人对人民网的记者如是说。**❶**回到故乡生活的原因有很多，但离开的原因只有一个：担心辐射。无形的威胁让人们就算回到家乡，也无法安居乐业。政府的保证也好，东电的"抚慰金"也好，都无法抚慰这片受伤的土地上为核能神话付出沉重代价的人们。

---

❶ 《日本东北灾区重建路漫漫（第一现场）》，人民网，2019年3月20日。

七 / 奥运火炬点燃希望？

在各种细节上，日本政府精心设计，力图通过 2020 年东京奥运会推广"福岛复苏"的主题。此届奥运会被称为"重建的奥运"，而奥运火炬则被直接命名为"复兴之火"。福岛 J-Village（日本村）综合体育馆被定为东京奥运会火炬传递的首站。建于 1997 年的 J-Village 是一个体育训练基地，在福岛第一核电站以南仅 20 千米。"3·11"灾难发生后，它成为处理核泄漏的救灾人员的集结场所，每天数千名身穿辐射防护服、戴着防毒面具和计量器的工作人员，从 J-Village 去往第一核电站工作。J-Village 运动场被用作直升机停机坪、净化中心、工人的临时房屋，也是装甲车和消防员驻扎的停车场。计划中，J-Village 将会引来全球关注：在希腊采集奥运圣火后，运到日本，从 J-Village 出发，由 1 万名火炬手传递 121 天，最后到达举行奥运开幕式的东京新国立竞技场。

其他为福岛县带来的"新机遇"包括：棒球、垒球等部分奥运赛事放在福岛举办，带动住宿、观光；使用福岛木材建设奥运场馆；赛期内采购、使用福岛生产的食材和氢能源；将福岛特色手工艺品制成奥运特许商品；等等。

这些安排似乎在日本国内起到了转移群众注意力的作用：据日本 2019 年 12 月的民调显示，86% 的民众"认为举办东京奥运会对日本是一件好事"❶，但国际上对此有不少非议。比如，计划向参加奥运会的各国代表团提供产自福岛的餐饮食材，引起了国际社会的担忧。日本政府宣称，2015年以后福岛出产的大米辐射量没有超标，"仅仅河鱼和野菜被发现超标"；❷ 前首相安倍晋三宣称自己每天都在吃福岛灾区生产的大米。但这并不能让公众释怀。韩国曾经针对福岛水产品进出口问题在世贸组织胜诉，这次又强烈要求日本政府承担让世界了解东京奥运会暗藏的放射性污染问题的责任，并扬言韩国代表团会自带食物和饮用水。国际环保组织"绿色和平"称，2019年10月26日检测了J-Village附近数个区域，包括传递圣火的福岛饭馆村、郎江町、大熊町，发现辐射读数偏高：地面监测显示J-Village辐射水平高达71微希沃特/小时，比2011年3月核事故发生前高出1775倍；离地10厘米是32微希沃特/小时；离地50厘米是6微希沃特/小时；离地1米是1.7微希沃特/小时。而日本全国安全标准是0.23微希沃特/小时。"绿色和平"认为，短期暴露在这些辐射中不会致命，但按照人体每年可承受最大辐射量2000—3000微希沃特计算，在J-Village附近待上两天就要超过这一极限。❸

然而来势汹汹的新冠疫情改变了一切计划。

在全球各地为抗击新型冠状病毒疫情而采取封锁隔离措施，以及各项体育赛事和公众活动先后延期或取消的背景下，东京奥运会

❶ 《筹备投入巨大，疫情二次来袭：延期的东京奥运还能顺利举行吗？》，载《人民日报海外版》，2020年8月15日，第6版。http://paper.people.com.cn/rmrbhwb/html/2020-08/15/content_2003482.htm。

❷ 《让运动员睡"纸板床"、吃福岛米：东京奥运创造节俭神话》，载《第一财经》，2019年11月27日。https://www.yicai.com/news/100418111.html。

❸ https://www.greenpeace.org/hongkong/issues/climate/update/14474/辐射威胁未除%e3%80%80奥運聖火如何照亮核災陰霾%ef%bc%9f/。

上：韩国街头嘲讽东京奥运会的海报

下："新国立竞技场" 2012 年成功中标的设计图。最初计划建设成本为 10.5 亿美元，其后估算成本攀升至 20 亿美元。2015 年被撤，重新招标

右页：2019 年竣工的 "新国立竞技场"，使用来自全日本 47 个都道府县的木材，花费 1569 亿日元（约 100 亿元人民币），是日本首座造价破千亿日元的体育场

福岛 ／ 辐岛

在 2020 年 3 月宣告延期一年举办。

如果说奥运会是集体育精神、民族精神和国际主义精神于一身的世界运动盛会，象征着世界的和平、友谊和团结的话，那么，核辐射也是不带歧视地、"平等地"影响全世界的——无人能置身事外。或许福岛已经无可奈何地成了陆上孤岛，而福岛核事故遗留下来的辐射物则将长远地影响地球上所有的生命。

污染物何去何从

　　2019 年 9 月 19 日，东京地方法院就东电三名高层人员（前董事长胜俣恒久、前副社长武黑一郎与前副社长武藤荣）是否因业务上的过失造成福岛第一核电站事故引发死伤一事做出判决。一审判决结果是，这三个人无罪。判决结果出炉后，东电领导层与三名被告向社会及福岛县民鞠躬致歉。东电表示，"公司方面不会就本次诉讼结果发表评论，东电会以'复兴福岛'作为原点，诚心诚意全力地进行损害赔偿、废堆与消除辐射污染工程，并强化核电站的安全，绝对不会临阵脱逃背弃社会大众" ❶。

　　东电真的在全心全意地帮助福岛"复兴"吗？

　　核事故发生后，现场及周边所有的一切都成了必须清理的辐射污染物：堆芯熔毁后形成的核燃料残渣以及储存中的废弃核燃料棒；核电站爆炸直接产生的大量核污染的瓦砾和各种建筑废料；为了避免堆芯熔毁后核燃料残渣继续升温，必须用水进行冷却，导致数以百万吨计的核废水产生；核电站方圆十几千米范围内被污染的大量土壤和树枝等杂物；大批核污染清理人员每天废弃的大量防护装备，包括受

---

❶ 张郁婕：《福岛第一核电厂事故后，东电高层一审获判无罪：完全解说日本首件核电厂事故刑事诉讼》，日文新闻编译平台。

到核污染的防护服、鞋子；等等。怎么放？放在哪里？都是"细思极恐"的问题。核事故只是个开始，善后问题才是大头，而人类对这个问题所能采取的解决方式相当原始粗暴。国境线阻挡不了放射性物质，这也不只是日本自己的问题，这是全球生命要共同面对的问题。

日本经济产业省声称，完全将现场清理干净需要半个世纪！到那时大多数危险的放射物质已衰变。但是，由于日本没有永久的核废料存储场所，所以致命的核燃料碎片将要储存在何处还没有明确的答案。

所有这些不断储存起来的被核辐射污染的物质，是人类亲手制造又亲手埋下的一颗颗定时炸弹。

从 89 公顷植被中砍伐下来的树枝和树干 [2]

核电站周围曾经栽满树木，其中一部分树林甚至被指定为鸟类保护区。由于核爆炸的辐射污染，工人需要砍掉约 89 公顷的树木植被。核电站附近还有一条出名的赏樱大道，无数的樱花树也只能被砍伐。

3519 箱放射性污泥 [3]

净化核废水的过程中所残留的放射性污泥留在了过滤器中，并被存储在 3519 个大小不同的容器里。东京电力公司表示，它无法估算放射性污泥的总量，但公司正在根据放射性污泥的处理方案进行试验，其中包括将放射性污泥掺入水泥或铁中，然后再决定之后的存储问题。

----

[2] Motoko Rich：《震后六年，福岛的核废料困局仍然无解》，《纽约时报》中文网，2017 年 3 月 13 日。

[3] 同上。

20 万立方米的放射性瓦砾 ❹

堆芯熔毁事故期间发生的爆炸让现场充满了瓦砾。工人和机器人正在慢慢地试图清理废墟中混杂的混凝土碎石、管道、软管和金属。

东京电力公司估计，到 2017 年为止，共清理了超过 20.04 万立方米的瓦砾（均含有放射性），这些瓦砾被存储在定制的钢箱中，总量相当于 3000 多个 12.2 米宽的标准规格海运集装箱。

还有因为地震产生的其他瓦砾。现行的"广域处理"办法是将瓦砾送到灾区以外的地区进行处理和存放，忧心辐射污染问题的民众对此高度关注。然而，环境省却以闭门会议的方式召开相关的研讨会，不但不让民众旁听，连会议记录也不公开。2011 年起的两年内，单单震灾瓦砾处理这一项的预算就高达一万亿日元。

废弃的防护服

每一天，约 6000 名清理工人在现场穿戴上新的防护装备。在每个班次结束后，这些防护工作服、口罩、橡胶手套和鞋套会被扔掉。被废弃的防护装备被压缩和存储在 1000 个钢制箱子里，堆放在核电站附近，截至 2017 年，已经达到 6.47 万立方米。❺

由于数量巨大，日本政府决定让各个都道府县帮忙，把这些放射性垃圾分配到全国各地去，然后由各地焚烧处理。为了让各地有判断依据，政府临时出台了一项标准：焚烧后的灰烬，每千克含放射性物质不超过 8000 贝可勒尔就算合格。但是政府并没有公布焚

---

❹ Motoko Rich：《震后六年，福岛的核废料困局仍然无解》，《纽约时报》中文网，2017 年 3 月 13 日。
❺ 同上。

上：工作人员在清理福岛核电站周围的树木

下：用来装载瓦砾的"集装箱"。图：Ko Sasaki /《纽约时报》

左：核事故后工作人员清理瓦砾等杂物

右：一名员工正在穿工作保护服

PODNIESINSKI.PL

波兰记者 Arkadiusz Podniesinski 于 2015 年拍摄 ❻

（注解见 82 页）

烧时的标准，而焚烧是直接接触空气的，这不啻是一个全国性的人
为污染计划。

1400万立方米的核污染土壤

核事故后，大量的放射性物质（碘-131、铯-134、铯-137
等）外泄到大气中，随风飘散，遇到山岭和降雨，落到地表，土壤
很容易吸附这些放射性物质，因此受到辐射污染。所以除污的第一
步就是要把这些受到辐射污染的土壤集中起来。用什么盛放？不是
什么高科技的神物，而是我们并不陌生的塑料袋。

这些装满含有放射性的土砂等废弃物的塑料袋，被汇集起来，
存放地点由各市、町、村决定。协调过程并不顺利，迫不得已最终
只能放在"临时"的贮存场，如学校、公园、居民家的庭院中"暂时"
保管。❼ 从2015年开始，受到核污染的土壤再次被搬运到福岛第一
核电站所在地的大熊町和双叶町的贮存场，到2019年3月已存了
约235万立方米，预计到2021年达到1400万立方米。❽ 计划30
年后再送往福岛县外贮存，但要送到何处至今未定。在福岛的马路
上会看到很多绿色的卡车（正式名称是"中间贮藏输送车辆"），车
上装满这种大塑料袋，出发地和目的地都是"国家机密"。

2019年10月，台风"海贝思"给日本带来的大雨引发了洪水，
导致福岛县田村市都路町岩井泽核污染物临时放置场受灾，装有去

---

❻ https://www.podniesinski.pl/portal/fukushima/.
❼ 《福岛核污染土壤难以处理，日本政府称99%可二次利用》，载《环球时报》2019
   年2月26日。
❽ 《日本拟循环再利用福岛核污染土》，生态环境部核与辐射安全中心，2019年3月
   6日。

上：一袋袋核污染土壤被存储在堆积场，触目惊心

下：临时存储核污染土壤的中转场大门口的辐射水平

污工作中产生的放射性物质等废弃物的 2667 个集装袋，最大的每袋重 1.3 吨左右，被冲入当地的河流古道川；古道川又与高濑川合流，在浪江町流入太平洋。❾

按日本政府的说法，政府征收在福岛第一核电站周边放射线量值高的民有和公有土地作为辐射污染土的"中间贮藏地"，直到铯-137 的半衰期（约 30 年）过后，再进行最终处理。听起来不可思议——因数量庞大，人类无法处理的问题，就留给时间来解决吧。那 30 年后怎么进行最终处理呢？哪里是"最终贮藏地"呢？尚不可知。虽然说是除污，实际上要完全清除污染是不可能的。多数情况只是移动污染物而已。

在此情况下，负责此项工作的环境省"另辟蹊径"，在 2016 年 6 月确定了将放射性元素铯活度在 1 千克 5000 至 8000 贝可勒尔或以下的核污染土壤用于全国道路及防波堤等公共设施工程中。然而，因为各地居民的抗议及作为"试验场"的福岛县南相马市民众的强烈反对，方案实施受阻。2017 年 3 月 27 日，环境省又确定了新的核污染土壤处理方案，计划将污染土壤用于填埋因工程取土等形成的洼地并建造绿地公园。与 2016 年的方案引起日本民众强烈反对一样，此次出台的方案再次在民众中掀起轩然大波，各地民众纷纷抗议，抵制将核污染土壤扩散到自己居住的区域。

日本民众对于环境省前后两次方案的担忧主要集中在以下几个方面。首先，日本相关法律规定，对于核电站拆除后产生的废弃物的再利用，放射性元素铯的浓度不得高于每千克 100 贝可勒尔，但

---

❾ 日本共同社 2019 年 10 月 14 日报道。

无论是环境省 2016 年设定的用于建设防波堤和道路路基的核污染土壤放射量不得高于 8000 贝可勒尔，还是 2017 年下调后的 7000 贝可勒尔的标准，都远高于法律规定；其次，使用核污染土壤建设的绿地、防波堤、道路路基可能遭受洪水、海啸和地震等自然灾害的侵袭，造成核污染扩散的危险；再者，用于建设绿地、防波堤、道路路基的核污染土壤的核放射值在大自然中衰退至法律规定的安全值最少需要 170 年，而在这一过程中核污染将通过地下水或植物吸收、蒸发循环到河流、空气中，对环境造成污染；最后，因为核污染土壤将被用于日本各地的绿地、防波堤、道路路基建设，这意味着核污染将被扩散至日本全国。❿

---

❿ 《福岛核污染土壤将用于建绿地公园》，http://news.eastday.com/eastday/ 13news/auto/news/china/20170401/u7ai6652313.html。

黑暗之心——熔毁的堆芯

2011 年 12 月 16 日，日本政府声称反应堆已达到低温停止状态，恬不知耻地宣布："核电站的事故已经结束了。"且不论核电站周边地区仍然是"返乡困难区域"（多么委婉的词），只要看看核电站内部的严峻情况，就知道这是睁着眼撒弥天大谎。拖到 2012 年，对事故负直接责任的东京电力公司才姗姗来迟地宣布，对受到巨大损毁的福岛第一核电站的 1 号至 4 号反应堆实施报废。仿佛在 2011 年 3 月 11 日这样的灾难发生之后，他们还冀望反应堆起死回生。

时任首相的安倍晋三在 2012 年 12 月访问福岛第一核电站时说："关停拆除核电站的工作是人类历史上前所未有的挑战。"这一点他倒是说对了。十年后的今天，福岛核灾仍未落幕。

事故后的福岛第一核电站是一个定时炸弹。要拆除，必须清除里面的核燃料、核废料及不断生成的辐射物。这个任务被证明是超乎想象的困难。潘多拉的盒子打开了，十年后，东电才刚刚触及问题的表面。

人们甚至很长时间看不到什么有关福岛第一核电站废堆的消息，因为要在这里取得进展实在是太难了。见诸报端的多是可见的装满污染土的成堆的黑色垃圾袋，或是存储辐射污水的排列整齐的巨型铁罐；同时，公众的注意力被转移到以奥运复兴福岛的举措上。核

用于存储废弃核燃料棒的冷却池

电站的内部，是镁光灯照不到的黑暗。

我们到现在才带读者一窥究竟，并不是因为发生爆炸的核电站不是重点，而是因为它太沉重了，沉重到让人难以呼吸。

核废料清理的最终目标是冷却以及——如果可能的话——清除这三个反应堆内部在事故发生时所含有的铀和钚燃料。日本经济产业省和东电 2019 年 2 月 25 日在东京举行联合记者会，介绍福岛第一核电站报废工作进展情况。东电福岛第一核电站废堆工作负责人小野明介绍，1 号至 4 号反应堆全都处于低温停止状态，5 号、6 号机组由于备用电源未被摧毁，受损较小，已于 2014 年 1 月做报废处理（东电原本不想报废 5 号和 6 号机组的，是在 2013 年首相提出后，经过"内部认真研究"才不情不愿地决定报废）。事故发生时没有运转的 4 号反应堆乏燃料池中的 1535 根燃料棒已于 2014 年底全部取出。

就是说，4 号至 6 号机组的问题已经基本解决了。可是，发生堆芯熔化的1号至3号反应堆乏燃料池中还保存着1600多根燃料棒。

废弃的乏燃料棒被存储在反应堆的冷却池中。乏燃料棒仍会释放出很强的辐射，若不持续进行冷却，会因高温而发生熔融。东京电力公司希望在清除了足够的放射性瓦砾后，可以开始清理乏燃料棒。

取出乏燃料棒的作业非常困难，然而更大的挑战是清除熔毁事故发生时反应堆堆芯正在使用的燃料。根据国际废堆研究开发机构（IRID）的研究，福岛共有257吨核燃料发生堆芯熔毁，熔毁后的燃料棒和压力容器内的其他金属物质混合起来，总重达到880吨❶，比1979年美国三哩岛核反应堆局部熔融后取出的残渣多将近6倍。问题是，没有人知道这些极具辐射性的熔化核残渣的情况和准确位置。按照计划，这些容器将被完全密封，注满水，然后使用机器人来查找并清除熔化的燃料碎片。但受到污染的瓦砾废墟、致命的辐射水平和辐射泄漏的风险，使处理工作以比蜗牛爬行更慢的速度展开。

下面让我们逐一检视每个机组的状况。

1号机组

1号机组目前仍处于调查阶段，内部残存燃料棒392根。由于发生核事故时发生了氢气爆炸，导致1500多吨被炸毁的屋顶碎块和钢筋散乱覆盖在乏燃料池上和周围，阻碍了从乏燃料池中取出核燃料棒的进度。

2017年，东电修改废堆进度表，把原定于2018年开始取出核燃料的任务推迟三年，计划在2021年底之前将1号机组的瓦砾清

---

❶ 《除了福岛核污水，日本还面临着一个人类未曾经历过的挑战……》，瞭望智库驻东京观察员，2020年11月2日。

除完毕。1号机组厂房屋顶已坍塌，为了防止燃料棒取出时造成放射性物质飞散，须设计一个大型防护罩覆盖整个厂房顶部，但防护罩预计在2023年才能完工，燃料棒取出作业也就随之顺延到2023年再开始。

又据日本共同社2019年12月20日报道，1号机组乏燃料池燃料棒的取出作业，由于工程上面临诸多问题，东电和日本政府决定，在原计划2023年启动作业的基础上，再推迟约五年，到2027—2028年再开始。❷

至于熔化的堆芯，东电此前推断，1号机组堆芯中大部分核燃料"应该"已穿透反应堆压力容器，掉入安全壳内，"很可能"堆积在安全壳底部。至于掉到了哪里，因为辐射太强，只能靠机器人去一探究竟。东电于2017年3月18日通过自动行走机器人，对1号机组反应堆安全壳内部实施了调查。这款蝎型机器人配备了测量仪和防水相机。机器人在距离安全壳底部约30厘米的污染水中，测得辐射值最高为每小时11希沃特；在距离安全壳底部约1米的污染水中，测得辐射值为每小时6.3希沃特。因为在距离安全壳底部越近的地方，辐射越强，这说明堆芯熔化后的核残渣可能落在了安全壳底部。但各种推断都没有提到一个更为可怕的可能性，就是核残渣已穿过了安全壳底部。

2019年3月28日，日本"国际反应堆报废研究开发机构"（IRID）展示了将调查1号机组反应堆的6种船型机器人。这些机器人具备潜水功能，可进行全方位拍摄。

---

❷ 《防放射性物质飞散 福岛核电站推迟取出两个机组燃料棒》，https://baijiahao. baidu.com/s?id=1653573397773351647&wfr=spider&for=pc。

日本政府和东电宣布于 2020 年制订取出 1 号机组内核残渣的方案，并计划于 2021 年内，即福岛核事故发生十年后，开始取出熔化的核残渣。预计彻底完成反应堆报废工作需要 30—40 年时间，即到 2041—2051 年才有可能完成。❸

2 号机组

2 号机组内部残存着 615 根燃料棒，一度被认为是形势最严峻的。

2017 年 2 月 16 日，由东芝企业特别设计的机器人（前后搭载摄像头，可如蝎子一般后部翘起变换拍摄角度），进入 2 号反应堆安全壳中，根据其传回的数据，发现壳内辐射剂量达到惊人的每小时 530 希沃特，是之前测得的最大数值的七倍多。人类若暴露于此处数十秒即会死亡。特制的机器人"蝎子"原来设计可以在安全壳内工作十多个小时，但在极高的辐射下，没撑过两个小时，就无法正常工作了；回收时，又因被杂物卡住，无法行走，最后陪葬在安全壳内。此次正式调查宣告失败。

东电对拍摄的影像进行了分析，推定了辐射数值，"部分"确认了 2 号反应堆内部的一些状态。比如压力容器正下方存在疑似熔化核燃料的堆积物。格栅状支架平台也有部分脱落穿孔，孔长宽各约一米，推测是因高温核燃料掉落而熔化变形造成的。这次拍摄到一个大洞，意味着核燃料已经穿透了压力容器。也就是说，核物质已经突破了第一、二层防护，从压力容器底部向第三层防护侵蚀。无人知晓第三层防护是否已被侵蚀。

---

❸《推迟 4 年多，日本今天开始取出福岛核电站 3 号机核燃料棒》，https://www.guancha.cn/internation/2019_04_15_497695.shtml。

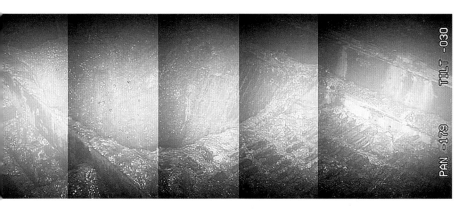

2 号机组压力容器下方的支架平台出现大洞，四周附着大量疑似核燃料

　　2019 年 2 月，东电声称调查迎来转机，对外详细描述了这次操作：调查于 2 月 13 日上午 7 时至下午 3 时进行，由于安全壳内辐射量极高，使用了可远程操作的使用两根"手指"开闭的装置，从位于反应堆压力容器正下方的网格状作业踏板脱落部分，用缆绳把导管前端装置垂吊至安全壳底部，在六处触碰堆积物，其中五处确认有数厘米大的小石状堆积物与棒状构造物可以移动，一部分最高可拿起至五厘米。这些堆积物均有一定硬度，没有坍塌或变形。

　　东电负责公关的大山胜义在记者会上表示："通过实现移动，证明了能够取出燃料碎片。然而对于无法夹住取出的物体，还需研发相关设备。"就是说，未能取出呈黏土状的堆积物。记者会给出的印象，是清理工作有大进展，高科技的机器人完成了任务。可是，细想一下，大书特书的机器人的成就，是把一个数厘米大的粒状碎片拿起至五厘米。堆积在 2 号机组里的核残渣有多少吨？这本来是理所当然要问的问题，可是镁光灯照着的却是机器人小英雄。

　　东电说，要先建燃料棒的收纳设施，因此实施取出作业还需一定的筹备期。按照政府 2019 年 12 月宣布的计划，2 号机组原计

机器人拿取福岛 2 号机组内的类似卵石的核燃料残渣

划在 2023 年启动处理作业，推迟一至三年到 2024—2026 年。

3 号机组

　　据日本广播协会 2019 年 4 月 15 日报道，3 号机组第一次燃料棒取出工作比最初的计划推迟了四年四个月。取出 3 号反应堆乏燃料池中 566 根燃料棒的计划一再延期，主要原因是 3 号机组厂房顶部辐射量未降至预期水平。同时，东电要在 3 号机组上方加盖顶罩，以防止取出乏燃料棒时放射性物质飞散。一切顺利的话，3 号机组未使用过的 52 根燃料棒将在 2021 年 3 月前全部取出。

　　东电 2017 年 7 月 19 日公布了首次使用水下机器人拍摄的 3 号机组内部的状况。机器人 30 厘米长、12 厘米宽，取名"小太阳鱼"。仅仅是把"小太阳鱼"机器人及其支持装置送入核反应堆所在的混凝土建筑内就用了两天时间。四个独立的团队轮流设置控制面板、电缆卷筒和机器人需要的其他设备，即使是穿着全套防护服，每组工作人员也只能在建筑物内待几分钟。当一个团队达到每日最大辐射剂量时，就会被其他团队取代。在进入反应堆内部的第二天，"小太阳鱼"记录到了反应堆内铀燃料棒熔化的第一个迹象。机器人拍摄到的水下画面显示，3号机组受损严重，但并未发现熔落的核燃料。

又据日本《福岛民报》2019年12月2日报道，日本政府当天公布了计划表，首次设定结束时间：移除反应堆堆芯燃料碎片的工作将从2021年开始，预计2031年结束。4号机组目前已经清理完毕，但1号到3号机组内仍有4741份核燃料残渣。这些核燃料残渣被取出后，将被放置到核电站其他建筑物内的公共水池内。可是，公共水池目前只能容纳666份残渣。

有些人认为，放射性物质可能无法被安全地清除，因此建议让它原地保留，然后像当年切尔诺贝利事故一样，修建一个混凝土和钢制的石棺，将整个福岛核电站彻底封闭起来。但到现在为止，还没有掌握反应堆里面的情况，也不知道堆芯熔化后未完全冷却的核废料残渣在哪里。所以，像切尔诺贝利核电站那样用水泥封存根本不可行。

估计所有辐射污染固体废料，加上反应堆的核残渣，到2030年总共将达77万吨。日本政府说，处理方案要等到2028年才能完成。❹

东京电力公司在2019年曾夸口说，在350万平方米的厂区里，只要穿上一件标准的连体衣，戴上一次性面罩，就可以抵达96%的

---

❹ "Japan revises Fukushima cleanup plan, delays key steps"，2019年12月27日，https://apnews.com/d1b8322355f3f3.1109dd925900dff200。

经过改进的、用于进入反应堆探测情况的机器人，看起来有点像玩具

区域。其余的 4% 高辐射区，指的就是三个被毁的反应堆。然而即使在辐射量最小的 3 号反应堆，就算装备齐全也不能在里面待超过十分钟。因此所有的希望被寄予在机器人身上。日本核能机构甚至在核电站附近建立了一个研究中心，模拟核电站内部的情况，让来自全国各地的专家尝试设计新的机器人来清理废墟。一个小时车程外还有一个机器人试验场。

不过，因辐射太强，连机器人也会"罢工"，自动关闭。机器人还会在意想不到的地方被变形的障碍物卡住，所以必须足够灵活。前文提到的机器人"蝎子"执行了两个小时的任务后，就是被熔化的金属块卡住，无法回收，葬身 2 号反应堆。为开发这款机器人，日本东芝花了两年半的时间，具体花费不详。

研究公司 ABI 的分析师莱恩·惠顿（Rian Whitton）表示："福

岛事件是一个令人羞愧的时刻。""这显示了目前机器人技术的局限性。"❺

前面提到，机器人"蝎子"跑进 2 号机组把一个数厘米大的粒状碎片成功拿起五厘米。那么，堆积在 1、2、3 号机组里的核残渣总共有多少？答案是约有 250 吨，且位置不明。如果有人问：要多少机器人工作多少年，才能把这 250 吨辐射极强的黏土状和粒状的熔化核残渣取出？取出后储存在哪里？如何储存？这些问题似乎显得有些不合时宜。

日本政府和东电没有答案。看来全球最棒的科学家，也没有答案。

东京电力公司高级顾问莱克·巴雷特（Lake Barrett）说："这相当于把人送上月球。"巴雷特曾在美国能源部民用放射性废物管理办公室担任代理主任，还负责过三哩岛核事故的清理工作。他所说的"这"，指的就是研发机器人来进行福岛第一核电站的报废工作。在科学如此"昌明"的今天，人工智能似乎可以随时取代人力，然而面对像福岛这样的核灾难残局，人类几乎束手无策，只能装扮成有进步，走一步算一步，但一着不慎，就会满盘皆输。输赢的代价是全球的生态环境和人类的存活。

---

❺ Roger Cheng: "For Fukushima's nuclear disaster, robots offer a sliver of hope", CNET, 2019 年 3 月 9 日。

我的鼻子忽然很痒。这让我本能地伸出手去挠，但被身上的整套装备挡住了。我的手指被三副手套包裹着，一副是布做的，两副是乳胶做的，它碰到的是罩住整张脸的透明塑料面罩。

我的手笨拙地握着笔记本和笔。我穿着白色的杜邦特卫强工作服，全身包裹得严严实实，头上戴着一顶亮黄色的安全帽。除此之外，我还穿了两层袜子和笨重的橡胶靴。穿着这套装备想要四处走动并不容易，让人感觉像是身处一部关于僵尸灾难的惊悚片。

——Roger Cheng: "For Fukushima's nuclear disaster,
robots offer a sliver of hope", CNET

图：James Martin/CNET

十 / "要是当初……就好了"：重回现场

面对这么一个大烂摊子，长叹之余，可能不期然会像小学生一样造句："要是当初……就好了。"要是当初把防洪堤建 15 米高就好了。要是当初把 1 号机组及时除役就好了。要是当初立刻用海水冷却堆芯就好了——就不会有天文数字般的清理费用、赔偿费用，就不会有几万人有家不能回，就不会有令人头疼的辐射污染物的处理问题，就不会有影响到万物生灵、江河湖海的核污染。可是当初为什么就是没有这么想，这么做呢？

当海水砌出一堵黑色的墙，怒吼着涌向陆地后，东京电力公司原副社长榎本聪明对着日本教育电视台的镜头喃喃自语：怎么会发生这样的事？我们这一代人什么地方出了错？我们一直觉得这种事是不会发生的。日本国会独立事故调查委员会负责人船桥洋一也发出同样的质问："我们怎么会走到这一步？这样一个拥有先进技术的国家怎么会如此措手不及？"事后的错愕与不解，不仅在日本本土，也在全世界回响。

日本广播协会曾独家采访了一百多名现场工作人员和指挥人员，收集了大量第一手文字资料、图片和音像资料，听取了许多专家的意见，努力再现当时的情景，以图尽可能还原事故的真相。❶通过采访人们才知道，事故现场指挥人员把挽救机组功能的希望都押在所谓的"自动启动应急冷却机"上。其实，它并不是什么非常先进的新鲜玩意儿，它是任何核电机组都有的"事故冷却系统"。在一般情况下，外部电源全部失效以后，它可以自动冷却反应堆，但因为它的水量有限，只能对反应堆做短暂的冷却，所以需要等待应急柴油发电机的启动。应急柴油发电机的投入，可保证堆芯的冷却，直到全场电源恢复，或堆芯被冷却到冷停堆。而在福岛核电站当时的情况下，应急柴油发电机的功能在大海啸中丧失殆尽，冷却机就算运作，也只能延缓堆芯熔毁，根本起不到保全机组功能的作用。

在日本广播协会的采访中，1号机组负责人福良昌敏大谈"两个机会"，好像要是抓住了这"两个机会"，福岛核电站放射性外泄就可以避免似的。这完全是误导。坦率地说，福良昌敏他们也许并不是真的认为，"冷却机"能够挽救核电机组。在这紧急时刻，他们失去了判断力，他们怀抱侥幸心理：这个"冷却机"没准儿真能保住机组功能。

福良昌敏所说的"机会"之一：因为现场辐射太高，无法确认冷却机是否在工作。但令人难以置信的一个大乌龙是，福岛第一核电站对策本部一直以为冷却机是开着的，而实际上并没有。美国康涅狄格州莫斯顿核电站使用的设备是马克－1型轻水反应堆，其冷却机设在核电站的四楼，电源丧失的情况下冷却机会自动关闭，需要手动把它打开。美国核能发电事故对策专家艾德·达克说，不管发

---

❶ 《日媒还原福岛核电站事故全程：2次机会被浪费》，https://news.qq.com/a/20120310/000096.htm?emfhe4。

生什么意外状况，冷却机必须而且要尽快打开。核电站通常会专门训练人员快速爬上四楼手动将蓝色阀门打开。福岛核电站 1 号机组使用的反应堆也是马克 –1 型，遗憾的是，福岛事故现场技术人员对最为基本的手动操作规则没有理解和认识。日本广播协会的记者在查看当时的现场记录时，几乎找不到关于完全断电后冷却机状态的确认记录。这说明现场人员没有注意到连接阀门已自动关闭，处于非工作状态。❷

核电事故调查报告中指责福岛核电站 1 号机组人员对于冷却机的使用"训练教育不够，东电对策本部和发电所对事故现场没有正确把握，对冷却机误认，对其机能理解不充分、操作不熟练，这对于核电站来说是非常不合适的"。

"机会"之二：随着海啸退去，被海水淹没过的蓄电池功能暂时有所恢复，中央控制室的部分显示器获得了电源。现场指挥者当场决定，立即电动打开冷却机阀门。入堆的冷却水接触核燃料棒后立刻就蒸发为水汽；他们看到水汽误以为原子炉处于安全状态。但是几分钟后，水汽就没了。现场指挥者陷入迷惘：肉眼看不到水汽的话，就意味着冷却机的冷却水可能已经干涸。为了防止冷却机无水空烧被烧坏进而引发爆炸，现场指挥者决定，立即关闭冷却机，并马上向东京电力公司对策本部报告。福良昌敏对记者说，当时我们觉得，核电机组还处于安全状态，所以在那个时间点，我们没有认识到这是一个错误的判断。这完全是自欺欺人：已经失去了包括应急柴油发电机在内的场内外电源的核电机组怎么会是安全的呢？

---

❷　离原、王选：《谎言与自负：日本核灾难真相》。

所谓"机会"，是一种转移注意力的说法。煞有介事地大谈无关紧要的"机会"，目的就是要把人们的注意力从追问他们的失误引开，完全是误导。

在接受日本广播协会采访时，他们大谈所谓"机会""判断错误"，却闭口不提向反应堆灌注海水的事。这关乎处理核事故的重中之重：冷却堆芯。后来证明，灌注海水是当时降低反应堆温度最有效、最直接的办法。可是如前文所述，为了保全自身利益，东电一直拖延着不愿向三个机组注入海水，否则，反应堆的温度可以较早地降下来，堆芯的熔化可以较早地得到制止，也许爆炸就不会发生，放射性物质外泄就不会发生，一场严重的环境灾难就可以幸免。

是否第一时间灌注海水，是这场核灾难是否会发生的关键。人们可根据这一点，来确定这场核灾难的责任。当事者深知，对环境造成的损害是他们为了保住公司利益的结果，是他们对日本公众和国际社会犯下的罪行。尽谈与"灌注海水""放射性外泄"无关的话题，只是掩盖真相、转移注意力、逃避责任。这就是日本公众和国际社会感到真相越来越模糊的原因。

据事后披露的消息，东京电力公司出于利益考虑对是否采用各种阻止事件扩大的方法犹豫不决，导致事故越来越严重。多国核专家表示，核电站出现问题之后，控制人员没有在第一时间对核电站机组采取停机、冷却、封闭等措施，从而错过了事故的最佳解决时间。在核电站发生爆炸最初的几个小时里，社长清水正孝非常担心花费巨资建立起来的核电站会毁在自己手里，于是一直犹豫是否要引入海水对反应堆进行冷却。因为注入海水之后，设备仪表会因海水腐蚀而使得核反应堆永久报废，直接影响东京电力公司的长期投资回报和既得利益，所以在缺乏淡水的情况下没有第一时间使用海水冷却。

1 号机组氢爆之后，工作人员开始给它灌注海水，效果不错，反应堆温度有所下降。谁都以为，他们会立即对 2 号、3 号的机组采取同样措施；但他们没有，而是继续等待"奇迹"出现。然后 3 号机组发生爆炸，也是在爆炸后才开始灌注海水。但仍不给 2 号机组灌注海水，直至它的安全壳也发生爆炸。可以推算，他们并非慌乱无序、无所作为。他们执行既定方针的目标很明确：坚定执行公司高层决定，力争保住各机组的功能，只要没有反应堆熔毁的信息传来，决不放弃等待。就是说，他们绝不改变不灌注海水的决定。

　　其实福岛核事故在 20 世纪就在法庭里预演过了。日本爱媛县伊方核电站设立之初，就遭到当地居民的坚决反对，因为他们以捕鱼为生，建了核电站，他们就要另谋生路。然而像在无数个地方无数次发生过的那样，当地政府漠视居民的诉求，与电力企业达成协议，核电站在居民的反对声中开建。于是 1973 年爱媛县伊方居民将当地政府告上法庭，要求对核反应堆最坏的情况——堆芯熔化的可能性给出一个说法。官司从地方法院打起，一直打到日本最高法院。

　　在法庭上，伊方居民始终追问一个核心问题："核电是否安全？"政府方面出动了一大批推进核电发展的核心人物出庭作证，全国的报纸都在讲核电的安全性，电力企业花大价钱为核电做广告，还暗地里出钱收买原告，要他们放弃诉讼。

　　原告方是不懂核知识的百姓，在一次关于伊方是否在地震断层上、地震是否会引发核电安全事故的法庭辩论中，政府方面的证人说，政府的核反应堆安全审查测定书没有提到伊方在地震断层上。日本地震研究第一人松田时彦指出政府证人撒谎——他们早已将伊方附近的地震断层报告上交了政府。

　　"让我们来帮助你们。"一些科学研究者加入诉讼为原告作证，从而使伊方诉讼成为日本历史上第一个科学大诉讼。诉讼历时 19 年，核电安全辩论也进行了 19 年。

> 原告辩护团长：最坏的事态是堆芯熔化，难道不会发生核泄漏吗？
>
> 被告方代表：不会的。有可能会变热，但会注水降温。
>
> 原告辩护团长：如果冷却设备不起作用了，怎么办？
>
> 被告方代表：不会的。水泵动不起来的发生率是万分之一。
>
> 原告辩护团长：即使百万分之一也不是零。
>
> 东京大学教授藤本一阳作证：冷却设备是有可能失灵的，注水设备不起作用也是有可能的，从科学上讲是不可能保证不发生这样的事故的。

今天看来，当年法庭辩论中的几个关键假设，都在福岛一一成为现实：停电—核燃料棒发热—注水—熔毁—泄漏。然而诉讼最终的结果是原告败诉。❸

要是当初……就好了。

---

❸ 离原、王选：《谎言与自负：日本核灾难真相》。

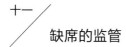

十一 / 缺席的监管

2007 年 7 月，里氏 6.8 级地震袭击了距离日本新潟县不远的柏崎刈羽核电站，该核电站设计时设定可抵抗最高震级为里氏 6.5 级的地震，而其中一座核反应堆所受到的冲击超过其抗震能力约 2.5 倍。幸运的是，柏崎刈羽核电站四座核反应堆全都自动关闭，没有泄漏放射性物质。

事情发生后不久，2007 年 8 月，日本著名战略家大前研一在《"产业猝死"时代的人生论》一书中，提及震级超过设计预期而没产生大灾难，是"不幸中的万幸"。他呼吁日本尽快检查核电站安全状况，但这些建议并没有引起日本政府的重视，"不幸中的万幸"反而打消了日本原有的顾虑。核安全神话讲久了，连编造神话的人都相信它是真的了 ❶——尽管自 1966 年 7 月日本第一座核电站开始运转以来，各种事故频发。事故的背后是日本核能行业数十年来伪造安全报告、隐瞒死亡事故和对地震危险性估计不足等监管漏洞。福岛第一核电站危机有其偶然性和必然性，是板块运动这个天灾碰上了人祸的结果，是日本核电事业发展弊端的一个缩影。

---

❶ 离原、王选：《谎言与自负：日本核灾难真相》。

事故前的福岛第一核电站有六个机组，是世界上最大的核电站。日本在福岛核电站专门建立了灾难应急反应中心，但设计的标准仅仅是对抗 7 级地震。东京电力公司内部文件也显示，东电对福岛第一核电站所做过的抗震测试中，从来没有进行过里氏 9 级的地震预测。这种自以为是的轻忽在开工之前就已经主导了核电界。原本福岛海岸有高达 35 米的崖壁，如果电站建在崖壁上面，福岛核电站会躲过此次 15 米高的海啸。但是当年若把引进的美国设备放在 35 米的高处，就不符合设备建设标准，如果让美国修改设计，又要花一大笔钱。于是，东电选择了少花钱办大事，硬生生将崖壁削去了 25 米，来将就美国的设计。❷

20 世纪 60 年代，日本大力推进核电，美国的核能发电技术被囫囵吞枣地引进，于是就有了 1966 年与美国通用电气被称为"turn-key"的合同，也就是从设计到制造全部由美国通用电气负责，直到设备开始启动，日本只需要转动钥匙开启即可。福岛核电站正是这样建起来的。在当时的日本眼里，马克 - 1 型轻水反应堆核燃料芯小，反应堆小，容易建，成本低，日本政府甚至大幅度减少了此后投入核电研发的预算，认为这种技术稳定的设备不需要操什么心了。因为相信用了美国的设备一切都"OK"，所以根本就没有注意到紧急发电机设在地下的危险性。不是一个人没想到，而是所有人都没有想到。❸

削足适履，硬穿上的鞋还不愿意脱下。东芝核电站设计师后藤政志曾指出："福岛第一核电站事故，除了核电站抗震能力不足外，

❷ 离原、王选：《谎言与自负：日本核灾难真相》。
❸ 同上。

设备老化是主因。"一般来说，核电站的生命周期为 40 年，1971 年建造的福岛核电站到了 2011 年已处于退役阶段。在地震前的 2 月 7 日，东京电力发布了一份分析报告，指出福岛核电站存在压力容器中性子脆化、压力抑制室腐蚀、热交换区气体废弃物处理系统老化等问题。

但是，福岛核事故前，东京电力和日本政府都没有重视这一报告。东京电力为庆祝福岛核电站运行 40 周年，狂言"核电站生命周期可以延长为 60 年"，原子力安全保安院也予以认可。于是，福岛核电站的正式退役时间被"人为地"延长至 2031 年。其实，不管是抗震设计预期过低还是设备老化，实际上都是可控的问题，为什么这些问题迟迟得不到解决？最根本的原因还是日本核电监管存在缺失。最突出的表现为"政官财勾结"、媒体集体失语和"自我监管"模式。

平井宪夫曾听一位技术官员说："我们的部门怕遭辐射污染，害怕去核电站检查，所以从不派自己人去现场检查，总是找些农业部的职员去监督。昨天在教人养蚕、养鱼的人，隔天就被派去当核电检查官了。福井县美滨核电厂的检查总长，在上任之前是个负责检查稻米的。"

福岛发生重大核事故时，负责监督该核电站的检查总长竟然通过隔天的报纸才知道这件事。其实这也不能怪电力公司。在十万火急的事故现场，排除事故都来不及了，谁还有空去打报告呢？所以官员永远是在状况外。❹ 即使是贵为首相的菅直人，也是通过电视报道才知道福岛核电站发生爆炸的。

---

❹　平井宪夫：《核电员工的最后遗言》。

诚如《朝日新闻》主编船桥洋一所言："日本的核安全监管体系名存实亡。监管者假装在监管，核能企业假装受到了监管。"体制监管漏洞包括以下方面。

　　第一，监管缺乏独立性。《核安全公约》要求缔约国的核能安全管制和推进核能利用这两个部分有效分离。然而，日本的原子能安全保安院隶属于经产省，原子能安全委员会隶属于内阁府，均为行政机关。原子能安全保安院与资源能源厅在人事上经常流动，后者就是推进核电开发的中枢机构，安全监查功能因此大打折扣。原子能安全保安院还陷入了"操纵民意"的丑闻：有核电站运营商承认，保安院授意其寻找核能支持者参加政策研讨，以"平衡"反核声音。

　　2013年年底，日本国会通过《特定秘密保护法》，依据该法，有关核问题方面的信息，都能以"国家安全""特定秘密"的名义被掩盖。

　　第二，对核电企业缺乏有效的监管。从法律体系看，日本学者西胁由弘列举了九个方面的问题：核电站设置许可的"许可要素不分明"；设置许可的标准不明确；工程计划认可偏重于规范结构强度，未包含品质保证；机能和性能规范过于简单；设置许可审查与工程认可计划审查的关系不清；安全规定均为运转管理方面的内容，基本设计要求和运转管理要求混淆；采取分级管制结构，管制缺乏约束力；安全检查种类过多且重复，不能开展机动性检查；对燃料体加工的检查形同虚设。

　　日本的核安全监管程序是先由核电企业提供自查报告，再由监管机构评估。切尔诺贝利核电站爆炸事故发生后，日本原子能安全委员会对核事故对策进行了长达五年的讨论，结论居然是"'严重事故对策'国家不做规定，企业要自觉承担自己的安全责任"。把安全

福岛第一核电站历年事故

1976年4月2日，区域内发生火灾，但没有对外公开。然而内部有人向记者田原总一郎举报，外界才得知此事。被举报后一个月，东京电力公司承认了这一事故。

1978年11月2日，3号机组发生日本首次临界事故，不过该事故直到2007年3月22日才被披露。

1990年9月9日，3号机组发生国际核事件分级表中的第二级事件。因主蒸汽隔离阀停止针损坏，反应堆压力上升，引发"中子束过量"信号，导致自动停堆。

1998年2月22日，4号机于定期检查中，137根控制棒中的34根在50分钟内全部被拔出1/25（缺口约15cm）。

——维基百科

责任建立在"企业自律"上，大大削弱了安全监查的效力。

事实证明，在利益面前，职业操守沦丧。2007年，东京电力公司公开承认，始于1977年的对下属三家核电站的199次定期例行检查中存在擅自篡改数据、隐瞒安全隐患的重大责任过失，光是福岛第一核电站1号机组反应堆主蒸汽管流量计测得的数据就曾在1979年至1998年间先后遭到28次篡改。

自由媒体人广濑隆1987年曾推出轰动一时的著作《危险的话》，他在书中以虚构的手法描绘了核电站爆炸时令人窒息的场景，引发日本社会对"广濑现象"的关注。福岛核事故出现后，广濑隆在 Diamond 杂志上再次撰文《破局可以避免吗？——福岛核电站的真相》，痛批核电问题上的"政官财勾结"。广濑隆指出："在自民党政权时代，一系列的核能政策受到电气事业联合会、日本经团联等的莫大影响，而这些经济团体的负责人，电力行业出身者众多。如经团联评议员会议长或副议长就经常是由东京电力出身的人担任。"❺

日本经济部门一方面大力推动核工业产业发展，借以振兴经济，另一方面担任核安全监管体系的中坚力量。由于这样的制度缺陷，核安全部门"既当裁判员，又当运动员"，受到利益驱使，与拥核政党、大财团形成利益共同体，没有对核设施进行有效监管，造成危险频发。

福岛核事故发生以来，世人看不到日本核能界有什么深刻的反思和自责，反而在掩盖真相和转移话题，进行各种拖延，试图用时间来消磨日本民众的耐心和注意力，企图低调处理、蒙混过关。

❺ 《南方能源观察：日本核电启示录》，2011 年 4 月 26 日。https://news.qq.com/a/20110426/000530.htm。

十二
将辐射污染扩散到全球的威胁——核污水

2020 年 10 月，日本政府打算拍板把福岛核电站存储的 123 万吨核污水排入海中，又一次引起国内外哗然。"福岛核灾难"重新登上国际新闻版面。

核电站的存在离不开水，而且用量巨大。不论是在运行中还是已经停摆，为了冷却核燃料，核电站要用到大量的淡水。就算是正常运行中的核电站，也在每时每刻地向环境中持续排放核污水，虽然对放射性流出物的总量和浓度有上限控制值，但对水体的污染依然存在。

福岛核危机发生后，为控制反应堆温度，东京电力公司注入冷却水，因而产生了大量含有核辐射物质的污水。又由于核电站西侧地势较高，每天有约 200 吨地下水自西向东流入反应堆所在建筑的地下，变成放射性污水。

为了减少污染水，东电尝试了不同的方法。乍听起来，人们会对它使用的高科技肃然起敬。为阻挡不断渗入反应堆下的地下水，日本政府耗资 350 亿日元（约合 21 亿元人民币）建立冻土壁，于 2017 年动工，在福岛第一核电站 1 号至 3 号反应堆四周 1.5 千米的地层中，埋入 30 米深的冻结管，通过循环冷却液体在地下构建冻土壁。可是，冻土壁有 1% 泄漏。东电 2018 年 3 月 1 日的报告指出，冻

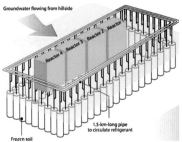

在四周 1.5 千米的地层埋入 30 米深的冻结管，把泥土冷冻

土壁每日只能减少 80 吨的核污废水，单独使用的成效远逊于预期。因此，除了冻土壁外，当局还使用了其他方法，包括"竖井"，及从西侧井取地下水迂回排入大海，以及建成多种核去除设备（ALPS），改用净化水冷却堆芯等方式，最终使日均产生的污水由 2014 年的 540 吨减至目前的 110 吨。

　　在核事故发生后不久，2011 年 4 月，东京电力公司将福岛第一核电站废弃物集中处理设施内低放射性污水直接排入海中。东电的解释是，由于来不及设置储备高放射性污水的临时水罐，只能先把废弃物处理设施内存储的 1.15 万吨"低放射性"污水排入海中，为高放射性积水腾出存放空间。然而这些所谓"低放射性"污水的放射性依然超过法定标准的 100 倍！

　　这种不负责任的做法，招致世界多国和日本本国渔业从业者的强烈不满和批评。德国海洋科学研究机构 Geomar Helmholtz-Zentrum 在 2012 年对福岛核污染在海洋中的扩散情形建模，结果显示：57 天内，辐射将扩散至太平洋大半区域；只需 3 年，美国和加拿大就会遭到污染。

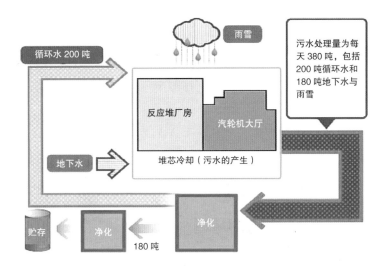

福岛核污水的来源示意图。https://www.tepco.co.jp

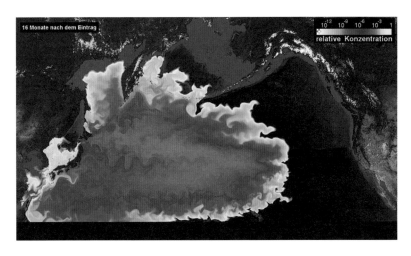

核事故发生 16 个月后，单单从福岛核事故泄漏到海洋中的污水所造成的污染的模型。从蓝色到黄色，辐射值从低到高。https://www.geomar.de/en/news/article/fukushima-the-fate-of-contaminated-waters

福岛核电站核污水的存放处　《今日日本网》图片

　　在强大的舆论压力下，东京电力公司不得不停止向海中排放"低放射性"污水这一饱受争议的行动，并开始对福岛第一核电站 2 号机组附近的高辐射性污水实施转移工作。最后只能是建造巨大的钢铁储水罐。

　　现在，核废水被存储在地面上 1000 多个灰色、蓝色、白色的罐体中。截至 2020 年 9 月，东电在厂区建立了 1044 个储水罐，储存的污水量高达 123 万立方米。但储水罐的建设将于 2020 年底结束，总储水能力最高只能达到 137 万立方米。据日本时事通信社报道称，在 2019 年 8 月召开的政府小委员会会议上，东京电力公司曾预测，福岛第一核电站含有放射性物质的污水最多还能再存三年，该公司存放污水的容器将于 2022 年被装满。

装满后怎么办？

东电曾提出五种处理方案：增加储水罐及容量、在其他地方设置储水罐、固化后进入地下、处理后排入大海、以水蒸气形式排入大气。后来，解决方案集中到两个：排入大海和排入大气。福岛厂区的储存能力已近极限，再增加储水罐难度太大。若继续修建大型储水罐，需要占用福岛第一核电站外的土地——这就不光是日本经济产业省、环境省、原子能委员会、东京电力公司"四方拉锯"能够解决的事情，就连日本地方都有话语权"参一脚"，阻止储水罐对"私有土地"的占用。此方案涉及多方利益，难以达成共识。至于埋入地下，且不论成本如何，也很难保证不泄漏。一个受政府委托进行研究的专家组表示，这些储水罐会给当地带来洪水和辐射风险，并阻碍福岛核电站的"退役"工作。东京电力公司和政府官员计划从 2021 年开始移除熔化的燃料，并希望腾空目前被占用的部分储水罐，为熔化的燃料碎片和其他污染物建造存储设施。于是只剩下向大海或大气排放的方案，但无论哪一种，都在挑动着公众的神经。

排入大海的构想是，将污水经过两次处理，除了氚（氢的放射性同位素）以外，其他放射性元素的浓度可降低到符合标准；随后与大量未污染的水混合稀释，将氚浓度降到每升 1500 贝可勒尔。但稀释的同时要排放的水量也大大增加，估计总重将达近 7 亿吨。因此排放的时间也拉长至大约 30 年。东电不太喜欢"核污水"这个词，他们把经过 ALPS 净化的水称为"处理水"——国际环保组织"绿色和平"指责这个说法会给不明就里的公众造成污水很干净、只剩下氚的错误印象。实则不然，"即使经过处理，污水中也不可能只含有氚，还会有碘 -129、锶 -90、钌 -106 等放射性元素，其中一些是最严重的放射性元素，浓度过高的话可能危及生命"（"绿色和平"德国办公室核问题专家肖恩·伯尼）。据日本共同社 2020 年 2 月 18 日报道，在福岛第一核电站处理水的储罐中相继发现沉淀物。东电公司 2019 年 8 月至 9 月向一个被二度使用的储水罐中投放水下机器人进行了调查，发现其底部覆盖着与污水储水罐中相同的沉淀物。后来又在非二度使用的一个普通储罐中也发现了沉淀物。

当时外界谴责东电发现残留但却未积极进行说明的姿态，而沉淀物如何处理依然不透明。据称，东电公司只是表示，今后若其他普通储罐也相继发现沉积物，或需要进行追加调查及在排放入海等前进行大规模再净化处理。

向大气排放的方案也大同小异，只是将处理后的水加热蒸发，使水蒸气中的氚含量不超过每立方米 5 贝可勒尔，然后排出，随风飘散。显然，排入大气并不如排入大海方便，而且有一种让人直接呼吸放射性空气的恐惧感。因此，东电主推的是排入大海方案。在 2020 年之前，东电不断放出要将污水排入海洋的风，不停地试探公众的接受程度，虽然每年反对声都很大，但"狼来了"的次数一多，慢慢地，人们似乎也见怪不怪了。❶ 日本原子能规制委员会委员长更田丰志在 2018 年 8 月就曾发表声明说"这是唯一可行的方法"；2019 年 9 月 10 日，日本环境部前部长原田义昭在卸任前一天的新

❶ 人马座 A：《百万吨福岛核污水要倒进太平洋，还能愉快地吃海鲜吗？》，果壳网，https://mp.weixin.qq.com/s?__biz=MTg1Mjl3MzY2MQ==&mid=265176001 2&idx=1&sn=0a5bc478f28da11ac7b49403d8a0a214&chksm=5da2811e6a d508089733a246d762215b1ee943e200580a41761acfe09d16d330efa534 1bb41c&mpshare=1&scene=24&srcid=1023d4R6DmMCEUgzSSdVLHbd& sharer_sharetime=1603464124013&sharer_shareid=27be58fbf8432b67ac1 7670ebc4dfac4&ascene=14&devicetype=android-29&version=27001141& nettype=WIFI&abtest_cookie=AAACAA%3D%3D&lang=en&exportkey=Ahg VH6CWmkJcY8tzYUCvgeE%3D&pass_ticket=vktNT0Kw0Q9MVlNjGMt33P DAhz%2BTf%2FYIWJxtSGCChjze1Ld6HYFT576WHknDVlh&wx_header=1.

闻发布会上，面对记者的采访，表示自己认为福岛第一核电站的"处理水"除了释放进海洋之外，印象中没有其他办法。

这等于说，反正我无能为力，该怎么着就怎么着吧。

这种在眼前看来又快又便宜、不管不顾、哪怕我死后洪水滔天的处理方式，正是眼光狭隘、自私贪婪的资本主义最擅长做的选择，也反映了核电本身所具有的反人类、反生态的特性。日本市民团体"原子力市民委员会"座长代理、国际环保组织 FoE Japan 事务局长满田夏花女士近年来在福岛见证了许多渔民生活的变化，她对"澎湃新闻"的记者坦言："福岛渔民在核事故发生后一直拼命努力恢复渔业发展。然而，政府和东电却一再尝试说服他们接受核污水入海的方案，丝毫不在乎渔民反对的理由究竟是什么。"❷

辐射污水会对环境和人体造成什么影响呢？

2020 年 8 月，美国《科学》杂志发文称，福岛核污水中含有多种放射性成分，其中的氚，难以被清除，含量非常高。另外一种同位素碳 −14，很容易被海洋生物吸收，碳 −14 在鱼体内的生理浓度可达到氚的五万倍。这些放射性物质对人类同样具有潜在的毒性。而且，碳 −14 的半衰期长达 5370 年。《科学》杂志同时指出，核污水一旦排放入海，将会对海洋环境造成严重污染，放射性物质还会扩散到整个太平洋海域甚至全球海洋环境中。❸

国际环保组织"绿色和平"也反对这种做法，他们在 2020 年

---

❷ 澎湃新闻，2020 年 10 月 25 日，http://www.heneng.net.cn/index.php?mod=news&action=show&article_id=60692。

❸ 《如果福岛百万吨核污水入海，将污染环境或损害人类 DNA》，凤凰网，2020 年 10 月 26 日，https://m.us.sina.com/gb/international/phoenixtv/2020-10-26/detail-ihacfivy33.11289.shtml。

10 月 23 日发表的报告指出，污水一旦排放入海洋就将损害人类的DNA。

日本《读卖新闻》的民调显示，50% 的日本国民不同意将"核污水排放入海"的方案，当地环保人士和渔业界代表更是极力反对。日本民间组织"原子能市民委员会"2020 年 10 月 20 日发表公开声明，抗议向海洋排放核污水。声明指出，现在储存罐保存的核污水中，含有氚以外的多种放射性物质。尽管东京电力公司表示将进行"二次处理"，但"二次处理"的结果如何，仍然会残留哪些放射性物质及对人体的危害性都不得而知。声明表示，核污水问题从2011 年事故发生后就引发了公众的普遍担忧，日本政府和东京电力公司却一直没能拿出有效对策，导致问题不断拖延。❹ 福岛渔民向日本共同社表示："我们非常担心，一旦污水被排入海洋，如果有任何鱼类达不到安全标准，对于我们这个行业都将是灾难性的打击。"❺ 日本全国渔业协会会长岸宏在东京与多位日本政府内阁成员会面并提交请愿书，表示渔业从业者一致反对核污水入海，"如果排放到海洋里的话，渔业者迄今为止十年的努力将化为泡影"。

日本前首相鸠山由纪夫在社交媒体发文批评日本政府的计划，表示政府应该多倾听民间企业的声音。由日本共产党福岛县委员会等机构组成的福岛复兴共同中心向经济产业大臣提交请愿书，坚决反对将核污水排入海洋，强调应继续在陆地上保存核污水。

日本媒体指出，东京电力公司称没有土地修建新的储水罐，但

---

❹ 《日本福岛核污水排放计划引担忧》，载《人民日报》，2020 年 10 月 23 日。
❺ 《如果福岛百万吨核污水入海，将污染环境或损害人类 DNA》，凤凰网，2020 年 10 月 26 日，https://m.us.sina.com/gb/international/phoenixtv/2020-10-26/detail-ihacfivy33.11289.shtml。

福岛第一核电站周边有大量因辐射量过高而不宜居住的区域，这些闲置的土地可以用来新建存储设施。"原子能市民委员会"认为，"大型储存罐在陆地上保管"或"用灰浆凝固处理"是现有技术下解决核污水问题的最佳方式，可以确保核污水在陆地上妥善保管。❻小出裕章在 2011 年核事故发生后不久也曾提议，将核辐射污水储存到日本可以储存 10 万吨石油的运油船上。"如果我在政府任职而且有决策力的话，我一定会立即这么做。"❼只可惜日本政府十年来一直听之任之，喃喃念着"拖"字诀，核污水量从一开始的十吨拖到现在的上百吨，越来越难处理。

无论日本政府和东电多么信誓旦旦地保证污水会符合排放标准，我们仍然有理由担心：一、就算真符合标准了，那标准也是人定的，关于辐射物对海洋生物的影响，人类其实仍然一知半解，只要是对人体无害就将污水一股脑儿倒入占全球面积 70% 的水体中去是完全不负责任而且自私的做法；二、在核事故的后期处理上，东电已经有过不按规章办事、出错了不上报或谎报的多次前科：2013 年被暴露出来的污水泄漏事故就有四次，其中 8 月的事故被定为国际核事件分级表中的第三级严重事件。同年 9 月 19 日，为了东京申奥，前首相安倍晋三亲自视察福岛核电站并且做出指示，称要专心处理污水问题。政府并不打算收回"福岛核危机已经得到控制"的说法，在视察中他要求东电在 2014 年 3 月底之前解决污水问题。但就在当年的 10 月 9 日，由于工作人员操作失误，10 吨污水再次泄漏；2014 年有一个储水箱泄漏了近 100 吨迄今为止辐射浓度最高的污

❻ 《日本福岛核污水排放计划引担忧》，载《人民日报》，2020 年 10 月 23 日。
❼ 小出裕章专访，香港电台，2012 年 5 月 4 日。

水，原因竟然是"工作人员忘记关掉闸门"。2015年，东京电力公司还曾向日本全国渔业协会做出"不轻易向海洋排放"的书面保证，❽现在又要"理直气壮"地出尔反尔。

"日本如果一方面标榜自己为环保大国，一方面又想将核污水排放至大海，是不利于日本国际形象的。"中国社会科学院日本研究所外交研究室主任吕耀东在接受《人民日报》采访时说道，"在这个问题上，日本应该优先考虑全球环保问题，而非仅着眼于本国利益。"

一直以来，位于日本海另一侧的韩国对于日本如何处理核污染问题保持高度关注。在2020年9月举行的第六十四届国际原子能机构大会上，韩国科学技术信息通信部第一次官郑炳善对日本考虑将福岛核污水排入大海的做法表示担忧，并强调日本应与国际社会进行透明沟通。郑炳善表示："核污水排放关乎全球海洋生态环境，应充分评估方法的适当性以及中长期环境危害，并加强与有关国家及国际社会的合作。日本在制订福岛核电站污水处理方案之前，有义务基于《联合国海洋法公约》等国际法规与包括韩国在内的国际社会进行公开透明的沟通，使国际社会能够充分了解并接受相关风险。"❾针对福岛核污水入海的计划，《韩国时报》以"便宜却危险"为题，批评日本政府这一计划，指出这是一场"破坏海洋生态系统环境的灾难"。报道指出，福岛核污水中的氚元素会导致细胞的损坏和变形，如果长期积累在人体内，最终会导致癌症的发生。❿

---

❽ 《日本福岛核污水排放计划引担忧》，载《人民日报》，2020年10月23日。
❾ 同上。
❿ 《如果福岛百万吨核污水入海，将污染环境或损害人类DNA》，凤凰网，2020年10月26日，https://m.us.sina.com/gb/international/phoenixtv/2020-10-26/detail-ihacfivy33.11289.shtml。

在洋流作用下，放射性物质的污染将扩散到整个太平洋乃至全球海洋环境中，影响到全球鱼类迁徙、远洋渔业、人类健康、生态安全等方方面面，因此这一问题绝不仅仅是日本国内的问题，而是涉及全球海洋生态和环境安全的国际问题。2020年6月，联合国人权专家公开呼吁日本政府不要忽视核废料处理领域的人权义务，希望日本等待新冠疫情危机结束，展开适当的国际磋商之后，再决定是否要将福岛第一核电站核反应堆的核污水排入大海。专家表示，核废料如何处理"将对人类和地球产生持续几代人的深远影响"，关乎"日本当地渔民的生计，以及日本之外其他民族民众的人权"。❶

全球现有455个运行中的核反应堆，分布在32个国家和地区（统计至2020年11月，国际原子能机构），此先例一开，不难想象会有其他核电站循例而行，为降低成本，将所谓"低浓度"的辐射污水直接排入大洋。

在这样的全球威胁面前，只关心粮食和蔬菜，只关心日本进口的海产品还能不能吃，是一种无知的自私。放在科幻小说里，这样的情节完全可以作为末日的开端：无知的人类把大量充满辐射的污水排入大海，多种海洋生物发生基因突变，逐渐波及整个食物链，反噬人类……诸如此类的情节在文学、电影或电子游戏中并不罕见，为何当它在现实世界中正式上演时我们却如此麻痹，如此盲目，如此冷漠？

---

❶ 《日本福岛核电站污水入海计划引发的担忧》，BBC中文网站，2020年10月26日，https://www.bbc.com/zhongwen/trad/world-54675012。

谁来保护除污工人、核电工人？

　　除污工作应该是由中央政府或市町村政府负责，但实际上都委托给大型建筑公司与土木工程业者代办。当地业者市町村层面的同业联合会，希望能借承包除污工作来带动当地的重建，但由于大部分的承包商是福岛县以外的大企业而处境艰难。只有再次承包的时候才会轮到当地的中小企业和工人，而且真正在现场作业的大多则是从全国各地招募而来的工人。

　　这种多层转包现象并非除污工作特有的，而是日本土木建筑业广泛存在的传统结构。核电站废堆作业中也有同样的状况。除污或废堆虽然都有遭受辐射的风险，却是必要的工作。然而，由于报酬被层层抽成，到最后基层作业人员的待遇与工作的重要性及危险性完全不成比例，不管在经济上或精神上没有得到充分的回报和保障。作业人员中有许多是以小时或日来计算工资的非正式工人，由城区人才派遣公司派到福岛的工人中，还有无家可归的人。

　　相反，因为核电发展而获利至今的企业，却在层层外包的过程中因为给核电事故擦屁股而再度获利。

　　比如运送污染土壤卡车的司机，他们把自己在福岛的工作称为"出差"。每天工作八小时，中间没有午餐休息时间，因为没有地方停车，也没有地方可以买午餐吃饭。为什么同意去福岛"出差"呢？

回答是："虽然开在路上不时会看到辐射剂量值指示牌，身上也佩戴着辐射计数器，但辐射又看不到，卡车开到现在身体也好端端的没有什么异常，所以也不会在意辐射。"❶

大部分除污工人毫无经验，只能在实际工作中摸索。除污工人的基本工作包括冲洗以及铲除被污染的表土。一开始他们以高压冲洗机冲刷掉放射性物质，污水混杂着放射性物质都流进了河川，最后入海。市民批判此举将使得放射性物质更加扩散，后来政府才更改了作业流程，下令必须回收冲刷后的污水。

现场清理工作由 2013 年最初的每天 3000 人，增至高峰期时的每天 8000 人。由于劳务外包，在除污工作人手不足、政府监管缺失的状况下，一些日本企业近年开始打起外籍劳工、难民和无家可归者的歪主意，一些人甚至被骗到福岛从事大多数日本人不愿意做的"除染"作业。截至 2016 年，官方数据显示约有 77000 人曾做过除核污的工作，当中既有重建家园心切的居民、求职选择寥寥的当地年轻人，还有更多的弱势社群、露宿者，为了力保饭碗，面对剥削，他们有口难言。❷ 联合国人权专家巴什库特·通贾克、代纽斯·普拉斯和乌尔米拉·布拉 2018 年 8 月 16 日在瑞士日内瓦发布了一份联合声明，呼吁关注福岛"除染"工人的状况。

"受雇参与'除染'作业的工人据说包括外籍劳工、申请避难者

---

❶ 张郁婕：《前进福岛第一核电厂（二）》，福岛取材日记网站，https://medium.com/kyosei-in-fukushima/fukushima-driver-103cecf03c9f。

❷ 绿色和平组织：《核灾八年，福岛除污工人血汗蒙尘》，https://www.greenpeace.org/taiwan/update/1530/%E6%A0%B8%E7%81%BD%E5%85%AB%E5%B9%B4%EF%BC%8C%E7%A6%8F%E5%B3%B6%E9%99%A4%E6%B1%A1%E5%B7%A5%E4%BA%BA%E8%A1%80%E6%B1%97%E8%92%99%E5%A1%B5/。

2016 年 3 月 23—28 日，来自香港的薛翠教授（右）和欧阳丽嫦老师（左），带领岭南大学文化研究系同学萧韵婷（中）、杨菁荞、黎梓莹，深入福岛禁区，了解除染人员遭"外包"压榨的情况

和无家可归者，"声明说，"我们对他们可能因为受骗而遭受剥削深感担忧，这些剥削包括暴露在核辐射风险下、因为经济窘迫而被迫接受危险的工作环境以及培训和防护措施的不足。"

2018 年 7 月，日本法务省的一项调查显示，四家建筑企业雇用外籍劳工参与福岛除污作业，其中一家企业随意克扣政府发放的每人每天 6600 日元（约合 410 元人民币）的特别补贴，工人拿到手的仅 2000 日元（124 元人民币）。❸ 除核污工人的账面日薪约为 17000 日元（包括 7000 日元薪金及 10000 日元危险工作津贴，折合人民币约 1087 元），却绝不等于他们的薪酬优厚。无偿加班及周末工作、拖欠津贴、擅自扣除食宿费等个案时有所闻（有个案仅得约人民币 70 至 327 元日薪）。有外包商更涉嫌伪造健康证明强迫工

❸《联合国专家警告日本福岛"除染"工人受剥削》，新华网，2018 年 8 月 18 日，http://www.xinhuanet.com/world/2018-08/18/c_129935033.htm。

人签署，以及伪造雇员身份，让政府无从履行监管责任。❹

工人在恶劣环境下工作，身上亦会积累辐射污染剂量，患癌的风险增大，不少有经验的除污工人患病后只能辞职。受雇于转包企业的工人很多都没有加入工会，也没有医疗保险。工人一旦受伤或生病，雇主总以不要给上游承包公司添麻烦为由，不让工人申请工伤补偿，致使隐瞒工伤的现象泛滥。1975 年，日本首次有人申请因放射线造成疾病的工伤补偿，但并未被认定为职业工伤。到 2013 年为止，也只有 16 人被认定。❺

"绿色和平"德国办公室资深核问题专家肖恩·伯尼指出："联合国早前警告日本政府，指清除核污染的工作环境违反人权。工人几乎没受培训，就在高核辐射环境中工作，而且薪酬微薄。他们的工作环境恶劣，所处地区的辐射水平甚至相当于核电站进入'紧急状态'，却因害怕失去工作而有口难言。"❻

"绿色和平"日本办公室在 2019 年 3 月发表调查报告《福岛核灾最前线：除核污工人与儿童》，揭露日本政府刻意误导国际人权组织及专家，当中包括违反劳工权益及儿童权利等相关协定。曾任除核污工人的池田富先生在报告中亲述自己曾遭受的不人道待遇。

他表示："有人甚至会将除核污工人与奴隶相提并论。我希望将亲身经历公之于世，借此呼吁日本政府尊重劳工权益，停止派员做

❹ 绿色和平组织：《核灾八年，福岛除污工人血汗蒙尘》，https://www.greenpeace.org/taiwan/update/1530/%E6%A0%B8%E7%81%BD%E5%85%AB%E5%B9%B4%EF%BC%8C%E7%A6%8F%E5%B3%B6%E9%99%A4%E6%B1%A1%E5%B7%A5%E4%BA%BA%E8%A1%80%E6%B1%97%E8%92%99%E5%A1%B5/。
❺ 福岛手册委员会编：《福岛十大教训——为守护民众远离核灾》。
❻ 《绿色和平揭日本政府误导联合国　罔顾儿童与除核污工人安危》，绿色和平组织，https://www.huanbao-world.com/NGO/90216.html。

池田富来自东京，2014 年曾在距离福岛第一核电站 20 千米的浪江町任除核污工人三个月，与另外六人受聘于外包公司，负责清除堤岸杂草。

开工前有半天的入职简介。他记得辐射风险仅被轻轻带过："我曾收到远离辐射源头、别工作太久之类的'温馨提示'，但在除核污的工作环境中，四周都是辐射，这些忠告其实毫无意义。"

除核污工作看似在"核心外围"，各种防护措施的疏漏却把工人安危置于"核心内围"。他们没有全身保护装束，每天上下班都穿着自己的衣服、鞋子，只有口罩、橡胶手套和一个简陋的辐射探测仪可供依赖。有时读数忽然归零，记录员便随意抄写"5 微希沃特""10 微希沃特"或其他工人的数据，而它们就是当局对外宣称"除污完成"的数据来源。

池田离职后才收到一本记录簿，得知自己在浪江町遭受辐射的剂量，其中 3 月共计高达 0.44 毫希沃特，与每年约 5 毫希沃特、会使人患上白血病的"工伤标准"相若，"现在回看，才发现当时置身于这么高辐射的环境，真的会让你停下来反思"。

在池田眼中，除核污工人犹如棋局中的"兵"，随时可被取代，或者又像希腊神话中推石头的西绪福斯。他们工作的河岸上游、较邻近山林的地区根本没有除污，或者当杂草随春风吹又生，辐射恐怕会再次上升，而当局却会宣称除污工序已经完成，居民可安心回家。"我不禁认为，像我这样的核除污工人，未来数十年甚至一百年，只会一直为福岛核灾善后。"

这些高危的工作，并应为工人提供适切的支援。"

如果说所谓的"辐射外围"除污人员没有受到应有的保护，被像可以随时被替代的奴隶一样对待，处于"内围"的核电站除污人员更是被置于危险境地。当我们责备东京电力公司时，不能以偏概全，而忽视了底层的核电站工人其实也是受剥削的一环，在核电站发生事故时也是受到最直接伤害的受害者。

事故发生前，媒体就不太报道核电站的工人受辐射问题。虽然民间团体持续给予诸多支援，但在电力公司的信息管控下，现场工作人员也不太对外揭露实情。总的来说，越是下层的转包工人接受的辐射剂量越高，97% 的辐射剂量集中在这些工人身上。

东京电力公司表示自己不清楚核电站清理是否缺乏劳动力，建议由承担核电站报废作业的几十家建筑公司自行招募外籍员工。目前每天平均有 4000 名工人在现场工作。从事故发生到 2014 年 3 月为止，有 174 个工人的累积受辐射剂量超过 100 毫希沃特，其中最大值为东电员工，受辐射剂量高达 678 毫希沃特，协作公司的作业人员的最高值为 238 毫希沃特。这当中还不乏窜改数据的事例。

受曝量的基准，不仅是为了健康危害的预防而设定，也关乎职灾认定，以及是否适用保险范围的问题。日本厚生劳动省在 2011 年 3 月 16 日即核事故刚发生后没几天，就将核电站工作人员容许暴露的辐射量法定上限，从原先的 100 毫希沃特升至 250 毫希沃特。对超过 50 毫希沃特者，每年实施一次白内障检查，对超过 100 毫希沃特者，每年实施一次癌症检查。然而，参与编写《受辐射劳动的自我防护指南》（福岛核电事故紧急会议编写）的专家指出，广岛、长崎的受辐射者可领取受辐射者健康手册，无偿接受医疗服务，而受辐射工人却没有获得任何保障，应依据劳动安全卫生法的规定，发放健康手册并给予终生保障。

另外，为了控制辐射剂量，核电站工作人员的实际工作时间比其他"普通"工作时间短。如果是在高放射剂量区，一天的实际劳动时间可能只有 10 分钟、20 分钟。所以，即使劳工们知道辐射可能引起迟发病症，但很难实际感受到受辐射的危险性。正因如此，

更应该进行严格的辐射管理。❼

2011 年 3 月 24 日，来自东京电力公司合作企业的两名抢险工人在 3 号机组涡轮机房地下室架设电缆时，由于受污染的冷却水进入靴子，他们脚踝以下的皮肤受到 2 希沃特至 6 希沃特辐射。即便按照日本政府上调后的安全标准，这两名工人所遭受的辐射量也达到了全年承受量的 24 倍。而这并不是个例。

日本新闻网指出，早在 2011 年 3 月 18 日，3 号机组就已经检测出高放射性物质；3 月 24 日作业前，1 号机组也检测出超高辐射量，但东电方面并没有及时将这些信息据实告知现场作业员工。日本原子能安全保安院 3 月 25 日表示，抢险员工中，已有 17 人遭受了 100 毫希沃特以上的核辐射。

在核电事故发生时，坚持留在现场善后的员工不乏为大我牺牲小我之人。如果不是直接接受致死量的核辐射，正常来说，一般的重辐射潜伏期有二三十年。这就是福岛"老年敢死队"的由来。东京电力公司请年老退休的志愿者来充当死士，并不是因为他们的生命不珍贵，不是因为他们更有经验，也不是因为他们更熟练，而是因为即使他们受大剂量辐射，他们或许也能够安享晚年，等不到癌症被诱发出来就自然去世。2011 年 7 月，一支由四百余名退休核电专家和技术人员组成的"老年敢死队"宣告成立。在日本参议院会馆，72 岁的山田恭晖队长宣布，将不惜用自己的生命来阻截核泄漏。"我们都已经是老人，不再担忧核辐射问题，我们将尽自己的智慧和技术，为扑灭福岛第一核电站的核泄漏问题做最后的贡献。"在多次进入危

---

❼ 《绿色和平揭日本政府误导联合国　罔顾儿童与除核污工人安危》，绿色和平组织，
https://www.huanbao-world.com/NGO/90216.html。

险中心执行任务之后，山田恭晖队长并没有熬过所谓 20 年的潜伏期，三年不到就在 2014 年因过量的辐射而致癌去世。

电影《福岛 50 勇士》的原型就是当核电站事故发生时，坚守岗位的 69 位员工，他们必须面对黑暗、辐射、海啸和地震的恐惧，在核电站内继续工作，不断为反应堆注入海水冷却。据日本厚生劳动省介绍，每一名留守的工作人员都要受到 100—250 毫希沃特的辐射，大约是美国核电站规定工作人员所受到最大辐射的 5 倍。其中表现英勇的吉田厂长也因为暴露于高浓度辐射环境时间过长，身上很快起了癌变，2013 年 7 月 9 日死于食道癌，终年才 58 岁。

直到 2018 年，日本才首次承认辐射致死的案例。一名参与福岛核电站核泄漏善后工作的 50 多岁的男性工人因在工作中遭受核辐射致肺癌死亡。据《卫报》报道，该工人于 1980 年 6 月起一直在日本各核电站从事辐射管理业务，2011 年 3 月福岛核电站事故发生后至少两次参与该核电站的监测工作。该男子于 2016 年 2 月被诊断患有癌症。此前，厚生省已认定有 4 名福岛核电站工人因核辐射而患病，其中有 3 例为白血病、1 例为甲状腺癌，而因肺癌死亡者尚属首例。

不仅仅是在核电站出现事故时，核电工作人员才会在清理核废料和垃圾的过程中遇到危险。在运行正常的核电站工作中，一样不太平，一样得不到足够的医疗保障。核辐射对工人的危害由来已久，只不过此类消息向来被既得利益集团所压制，直到发生事故后，这些边缘群体的苦难才被暴露了出来。

事故发生前，福岛第一核电站工人的受辐射率已是大问题。有报告指出，比起在全国各核电站工作的电力公司的正式员工，福岛第一核电站的转包工人接受的辐射剂量高出 3 倍，未发生事故的平时，一年的剂量也高达 8 毫希沃特。

2013 年英国广播公司的记者好不容易采访到一位在事故发生时留守核电站的员工。这个不愿面对镜头的年轻人在第一次氢爆后被要求进站抢修。他说："叫我们进去的负责人没有给我们任何解释。感觉就像是要去完成一个亡命任务。"记者说你们做的事情很英勇，你们应该为自己感到骄傲。对方却摇了摇头，一脸忧虑："在灾难过后，我从来没有自我感觉良好过。就连和我的朋友一起出去玩的时候，我也很难感到高兴。当人们一提起福岛，我就觉得很沉重，自己应该对此负责。"

——整理并翻译自 Rupert Wingfield-Hayes:"Why Japan's 'Fukushima 50' remain unknown", BBC 新闻

日本龙谷大学名誉教授万井隆令说，在混凝土包围的又黑又热的核电劳动现场，闷在机组里的这些外包工，是日本核电不可缺少的一环，没有这些人，日本核电站是运转不了的。堀江邦夫 1979 年写的一本书《原发吉卜赛——被曝下包工的记录》给了这群人"原发吉卜赛"的名字。这本书在福岛核灾难后爆热，被连续再版四次。

堀江邦夫为了了解这群人的生活，应聘去核电站工作。他在书中写道："百闻不如一见，每天都让你吃惊连连。难道世界上还有这样非人道的劳动现场？"

作为一名雇工，堀江邦夫经常要到反应堆下的水槽里挖污物。这里的污物和一般河里、水沟里的脏东西看上去差不多，但它们是反应堆建筑里的废水、废物，被用化学物品处理成泥状。"这就是放射能的'果汁'，不光是空气里有放射物，沟里浓稠的脏物，只要碰到皮肤上，你就被曝了。"

进入作业场要穿几层防护服，袖口、领口都要用胶带封上，橡

胶手套要戴两三层。整个人就像潜水员一样，嘴里含一根管子，靠人工空气呼吸。"你的嗓子会很干，缺氧造成脑袋剧烈疼痛，你需要一刻不停地工作，好早一分钟逃出去。"

在作业现场，再累也不能坐下来，不能靠在墙上，因为到处是放射性物质；出汗不能擦，因为手套污染；口渴没水喝，因为没有喝水的装置；想上厕所时，只能忍。如果闹肚子实在来不及，有人就找一个地方躲起来，脱了衣服，明知皮肤暴露在到处都是辐射的地方很危险，也没办法。

核电运转中排出的辐射量相当惊人。平井宪夫提到这么一次经历：有一次，运转中的核电机组里有一根螺钉松了。为了锁紧这根螺钉，他们准备了 30 个人。这 30 人在离螺钉七米远的地方一字排开，听到"预备，跑！"的号令后轮番冲上去操作，一到那里只要数三下，计量器的警铃就会"哔哔"响起。时间实在太过紧迫，甚至有人冲上去后还没找到扳手，警铃就响了。这个螺钉才锁了三转，就已经花费了 160 人次的人力、400 万日元的费用。或许有人会觉得奇怪，为什么不把核电站停下来修理？因为核电站停一天就会带来上亿日元的损失，电力公司才不会做这种亏本的事。在企业眼中金钱比人命重要。❽

2011 年 8 月 4 日，日本律师协会贫困问题对策本部公布了调查，通过三个原发劳动者的经历，揭示了这个行业的黑幕。为了保护劳动者，三个人分别以 A、B、C 来代称。

A，高中毕业就到核电站干活，30 年后成了一个包工头。他说，这个行业的最高层是东京电力等大核电企业，每当核电站定期检修

---

❽　平井宪夫：《核电员工的最后遗言》。

或者出现故障的时候，他们会把项目发包给东电工业、东电环境、日立、东芝等企业，东京电力给每个劳动力的价格是 5 万—10 万日元。接下来承接的是 A 所在的企业，一个劳动力变成 2 万日元，再往下承包，一个劳动力变成 15000 日元，再承包，变成 12000 日元，最底层的"黑工"每日是 6000 到 8000 日元。

B，30 岁，高中毕业后在工厂干了 15 年，一个月能到手的收入是 14 万日元（日本平均收入是 20 万日元），后来到福岛核电站工作，从 2011 年开始一直到 3 月发生事故，一天 8000 日元。

C，50 岁，是一个有经验的单干户，2001 年开始在福岛干活，每天可拿到 15600 日元。他层级比较高，干活时可以穿东京电力的制服。在工作现场经常有切手、破皮等轻伤，他一般都隐瞒下来，因为如果这样的事出得多了，雇方就会对他有看法。

通过三者的经历，日本律师协会认为他们是日本最末端的劳动者。在多重转包之后，原本给出的高危高污染工资被大大剥削。核电劳动者都是短期的临时工，没有各种社会保障，随时会被解雇。

电影《潘多拉》里阴差阳错最后成了英雄的男主人公就是不情不愿地在核电站工作的员工。如果可以，他宁愿离家两年到远洋捕鱼船上做苦工，也不愿意做这份工作；但在小镇上除了到核电站上班，没有其他选择。他痛恨这份工作的原因还在于他的父亲和哥哥也都曾在核电站供职并且因为意外而殉职。他拿着抚恤金试着自己做生意，却不敌垄断的恶性竞争而以失败告终，只好又回到核电站。就像电影里一样，现实中的核电站大多开在穷乡僻壤，征地便宜，万一出了事也比较好"处理"。而且到核电站做一线工作的人，大抵都不是出于热爱，而是为生活所迫，不得不在身体健康和经济收入之间做出迫不得已的取舍。

十四 / 生态之殇

核泄漏发生后，核电站方圆 20 千米内的居民被紧急疏散。仓皇之间，人们顾不上原来一起生活的猫狗牛马。原居所被列为禁区后，居民也没法回去。于是，出现了惨不忍睹的景象：有些牛被拴在牛棚里，活生生饿死。

影片《家路》里的情景，有现实中相应的故事。福岛县富冈町距离福岛第一核电站 12 千米，居民全撤走了，唯独松村直登先生拒绝离开，坚持留下照顾他的猫、狗、牛，也照顾区内被遗弃的动物。摄影师太田康介先生在 2011 年 6 月，独自前往核电站方圆 20 千米的地域，去给被遗弃的动物投放食物，遇上了松村直登先生。摄影师一边照顾流浪动物，一边给它们拍照，2011 年出版的《被留下来的动物们》、2012 年出版的《继续等待的动物们》、2015 年出版的《小白、小寂和小松》，记录了与流浪猫一起生活的松村先生的日常。❶

同样地，因为舍不得遗弃 360 头牛，双叶郡浪江町的雅美吉泽女士，冒着风险回来照顾它们。雅美吉泽女士的牛在核事故之后，身上开始出现奇怪的白点，她推测是因为食用了被核辐射污染的牧

---

❶ 太田康介的网站：http://ameblo.jp/uchino-toramaru/。

上：长谷川建二提供照片
中：野池元基摄影
下：疑似受核污染影响的牛；Arkadiusz Podniesinski 拍摄

草，导致基因产生突变。令她气愤的是，把这一状况告知政府后，政府并未给予适当的协助，取走一些血液样本后，事情就不了了之了。

从人类中心的视角出发，可能只关心自身安危，只关心来自灾区的蔬果鱼肉能不能吃，可是，灾难的始作俑者是人类，愚蠢的人类自作孽不可活，却牵连了大批无辜的鸟兽虫鱼、花草树木，它们的健康被辐射侵害，栖息地被辐射污染，谁给它们赔偿、道歉、照料呢？相信看过美国 HBO 制作的电视剧《切尔诺贝利》的观众，无法忘怀灾区动物被射杀的残忍场景。人类犯下的错，却要动物以生命来承担。

在福岛，由于树林没有得到清理，栖息其中的动物蒙受了巨大的伤害。法国国家科学研究中心的生态学家 Anders Møller 和南卡罗来纳大学的 Timothy Mousseau 曾对放射性污染程度各异的400 个地区的 57 种鸟类进行计数统计，他们的记录表明，污染程度较重的地区鸟类数量和多样性锐减。Mousseau 说，他们团队在有相似生态环境的切尔诺贝利进行的研究，应该可以解释为什么会出现这种现象。那里许多鸟类会出现"白内障、大脑变小、肿瘤和生育力减弱（尤其是雄性）"的状况，这一切都削弱了它们的生存能力。

日本琉球大学的科研人员野原千代，尽管与福岛毫无关联，但因感到对后代负有责任，在核灾发生两个月后克服重重困难前往福岛研究酢浆灰蝶（日本常见的一种蝴蝶）的辐射变异。研究发现，雄蝶翅膀的尺寸变小，后代出现遗传异常，有的出现三根触角，行动缓慢，死亡率比其他地区高。❷ 另一些研究人员发现，在污染严重的地区，几乎所有冷杉树都有生长缺陷。另外，核电站附近的蚜虫

---

❷ 《日本福岛核事故的"蝴蝶"效应》，瑞士资讯 swissinfo.ch。

出现畸形，而水稻则激活了 DNA 修复机制来应对辐射。然而，除了这些零散的发现之外，还没有人对陆生生态系统在大剂量辐射下发生的变化进行综合评估。

日本福岛大学 2016 年的一项研究发现，在福岛核事故后的福岛县疏散区域内，受过辐射的野猪迅速繁衍，数量从 2011 年的 3000 只，激增到 2016 年的 13000 只。产生变异的野猪，被猎杀之后无法食用，尸体大量堆积。

浣熊等野生动物也猛增三四倍。由于居民长期疏散在外，野生动物获取食物和藏身变得容易。进行这项调查的福岛大学特任助教奥田圭指出："这不仅会影响居民返家后的生活，还可能妨碍居民返家。"至于野生动物在接受过量辐射后会产生什么健康问题，鲜见报道。

福岛大学一个研究团队，经过长达六年的调查，发现核电站周边河流的鳟鱼体内含有的辐射量超标六倍。放射性物质泄漏到河流中，随着食物链，进到鱼的体内。在距离核电站 15 千米的前田川，在樱鳟体内测得了最大的辐射量，平均是 657 贝可勒尔，远远超过日本政府规定的 100 贝可勒尔的标准。此外，香鱼平均 438 贝可勒尔、鲤鱼平均 136 贝可勒尔，都超标。这表明前田川的生态已经受到明显的辐射污染。

除了直接对核事故发生地的陆生和水生动植物产生辐射危害，辐射物质也随着受污染的土壤、地下水甚或直接排放海洋里的污水进而影响到全球海洋生态。

2011 年，美国石溪大学的费舍尔（Nicholas Fisher）发现，距日本海岸 600 千米的浮游生物和小鱼体内普遍有放射性元素铯。2011 年，另外一项研究发现，福岛附近 30 千米的海岸线内没有了岩壳海螺的踪影。

上：产生变异的野猪

下：浣熊等野生动物也猛增三四倍

德国海洋研究所 2013 年 3 月在权威期刊《环境研究》上发表报告指出，除储存的核污水外，每日至少会有 500 吨污水直接排入海洋，北太平洋一半海域的海水中，都将被检验出放射性物质；2013 年的秋季，辐射污染将延伸至夏威夷；2015 年将到达美国西部太平洋海域，太平洋海水将会陷入死灭状态，逾半生物会在未来 20 年内死亡。遗憾的是，这个推断正在逐步被证实。2019 年 3 月 27 日，阿拉斯加大学的研究人员在 2018 年于白令海峡的圣劳伦斯岛附近收集的海水中发现了高于正常值的放射性元素铯 -137。❸

　　值得注意的是，关于福岛核电站事件对于海洋生态系统影响的研究很少，虽然这场灾难排入海洋的放射性物质是有史以来最多的。尽管被太平洋海水稀释后，海水中铯的浓度已经下降到法规限度以下，但距福岛数千米远的海水中，铯依然高于事故发生前的水平。雨水和河流持续地将陆地上的放射性元素冲刷入海，是其中一个原因。此外，2011 年大规模泄漏的铯，大约有百分之一被海底的黏土吸附了。"它们一直留在日本附近不会移动。"美国伍兹霍尔海洋研究所资深研究员布埃斯勒（Ken Owen Buesseler）博士说。因此，福岛核电站附近海域以沉积物为食的六线鱼，体内的铯保持着高水平。

　　另一个值得关注的是放射性物质锶。核电站附近海水中的锶含量并没有减少，这可能与储水池的反复泄漏有关。"每当这些储水池泄漏时，你就会看到海水中锶 -90 的浓度出现一个峰值"，布埃斯勒博士指出。铯在生物体内的作用与钾类似，吸收和代谢相当快，而锶的化学性质与钙类似，会在骨骼中积累。因此放射性元素

---

❸ 《白令海峡首次发现福岛核事故污染物》，新华网，2019 年 3 月 29 日，http://www.xinhuanet.com/world/2019-03/29/c_1210094415.htm。

锶可能会在一些鱼类体内长期存在。澳大利亚核科技组织的约纳森（Mathew P. Johansen）预测，至多在事故发生后的三年，某些栖息地离核电站很近的鱼类（如六线鱼）的繁殖能力会由于受到高剂量的铯和锶的辐射而减弱，并可能发生基因改变。约纳森呼吁，应该对福岛周围受污染沉积物的生态系统进行调查。可惜的是，因不够重视，人们对核事故给海洋生物带来的影响仍知之甚少。

福岛第一核电站事故中泄漏的铀元素换算值相当于切尔诺贝利核辐射泄漏事故的六分之一，放射性物质铯-137 则比广岛原子弹所释放的同类物质多 500 倍。1953 年，美国总统艾森豪威尔在联合国提出了"和平利用核能"的口号。将近 70 年过去了，人类在这场以全球的生物圈为筹码的核试验中屡战屡败，无知和狂妄所一手制造的烂摊子，无从收拾。

十五

从核武到核电，从核电到核武

日本的核发电能力仅次于美国和法国，是世界第三大核电强国。尽管政府不懈地宣传日本需要核能源，但"3·11"核灾难发生后，日本全国 54 座核电站全面关闭，日本能源的供给却能维持所需。因此，我们要问，核反应堆等于在自己家里放上高危炸弹，更不用说日本处于地震带。日本为什么要大力发展核能呢？

应该没有人那么天真，以为发展核能单纯为了发电。核能直接出于"二战"发展出来的核武器。日本前首相菅直人下台后，2013年 9 月在公开演说时表示，全球发展核电一开始不是为了发电，每个国家的动机都是为了制造原子弹，是为了取出钚，而钚的半衰期达两万多年。❶

一厢情愿地以为这是个军事工业转用于科技发展和平用途的浪子回头的故事，是无可救药的无知。

在"和平"利用核能的权利上，日本的情况十分特殊。在《不扩散核武器条约》（NPT）规定的无核武器国家中，日本是唯一具备商业规模后处理能力的国家。以国际核能机构定义的"可直接用于

---

❶ BBC 中文网，2013 年 9 月 13 日，https://www.bbc.com/zhongwen/trad/china/2013/09/130913_japan。

制造核武器的核材料"为标准，日本拥有 47.8 吨敏感度极高的分离钚，其中有 10.8 吨存于国内。20 世纪 90 年代初，日本曾宣布实施"无剩余钚"政策，但 20 余年来，日本分离钚的总量不减，反而增长了一倍。日本的钚储量在全球 230 吨民用钚中占了五分之一。日本还拥有约 1.2 吨用于科学研究的高浓铀；2010 年开始，美国反复敦促日本归还美方"冷战"期间提供给日本的钚材料，这批 331 公斤的大多数为武器级的钚，理论上能够制造出 40—50 件核武器。日本多次拒绝美国的催要，理由是需要这批钚用于快中子反应堆研究。❷

历史的吊诡就在于，日本核能研究开发的禁止和重启都与美国关系极深。1945 年日本战败后，美国主导的联合国曾全面禁止日本发展任何与核有关的事业。7 年后，美国操纵 49 个国家与日本签订了至今影响亚洲政治的"怪胎"——《旧金山和约》，和约在 1952 年 4 月 28 日生效后，日本的核事业得以全面解禁。

美国之所以改变立场，开始在其他国家大力扶持核电工业，离不开当时的"冷战"背景。1949 年 8 月 29 日，苏联成功试爆第一颗原子弹，美国的核垄断地位被打破。1953 年 12 月，美国总统艾森豪威尔在联合国发表题为"和平利用核能"的演讲，明确表示美国不反对和平利用核能，但建议非核国家和平开发核能的前提是不发展核武器。艾森豪威尔希望借此阻止其他大国发展核项目，除非它们接受国际规则和检查。作为交换，美国提供核装备、原料和技术给那些同意和平利用核能的国家。在 60 年代，美国同样大力支持

---

❷ 《分析日本重视发展核能的深层原因及其面临的挑战》，http://www.china-nengyuan.com/news/113187.html。
《日本为何难以放弃核电》，《澎湃新闻》，2017 年 7 月 11 日，http://m.thepaper.cn/kuaibao_detail.jsp?contid=1729659&from=kuaibao。

印度的核电发展，为的是制衡社会主义苏联和中国。❸

1954 年 3 月，隶属日本改进党的中曾根康弘、斋藤宪三、川崎秀和稻叶修等国会议员，根据"铀 -235"这一元素名，向日本国会提交了 2.35 亿日元的核能研究开发预算案，而 1945 年投掷到日本广岛的也正是杜邦公司制造的铀 -235 原子弹，日本在历史的反讽中开启了战后核电事业。

这一核电预算案的突然抛出，在当时震动了日本学术委员会的众多学者。但是学者们的陈情遭到国会议员们的拒绝，中曾根康弘更是轻蔑地说道："这些书呆子们，除非用大把的钞票砸在他们脸上，他们才会清醒过来。"

日本对待核能的态度是矛盾和暧昧的：表面上在《不扩散核武器条约》框架内积极标榜核裁军和核不扩散，在日美安保框架下接受核保护伞，私底下却始终不放弃发展、制造核武器的能力。

1968 年 11 月 20 日，外务省召开"外交政策企划委员会"会议。国际局科学科科长矢田部厚彦提交的报告指出："随着核能的和平利用，制造核武器的大门已打开。重水堆是制造原子弹材料钚的副产品，轻水堆是开发核潜艇的结果，研发理想的反应堆——高速增殖堆，就要了解钚的性质与临界状态，这与掌握原子弹的秘密近乎同义。《安保条约》不可能永久持续下去，若没有《安保条约》，国民若说退出《不扩散核武器条约》，制造核武器，我们就可以造。"国际资料部部长铃木孝强调："一边保持立即可以进行核武装的状态，一边推进和平利用。"

---

❸ 吴彤、张利华：《美国与印度进行核合作的动因》，载《国际政治科学》，2009 年 4 月。

日本在战后确定了无核三原则：不拥有、不生产、不引进核武器，但是，却与美国缔结了"核密约"。默许美国搭载核武器的船舰不经"事前协商"即可进入日本港口的第一次密约和到紧急事态发生时许可美国核武器运进的第二次密约，都折射出了日本隐蔽的"核诉求"。❹

2012 年 6 月日本政府修改《核能基本法》时，有德国专家指出，日本核电背后深藏着"国家安全链"，该法提出"核能要为国家安全服务"的词句，表现出日本的这种暧昧。《冲绳时报》当时也称，这是含有开发核武器意图的重大语言修改。对此，韩国媒体指出该表述可解读为"为发展核武器做准备"，韩国外交通商部发言人称，韩方将密切关注日本政府的意图及相关表述的变化，努力掌握相关内容。

十多年前，日本核能研究机构情报室专家高木仁三郎面对媒体时曾高调地说："日本现在就如同拥有了核武器。"他指出，有八千克"钚"就能造出原子弹，如果钚的纯度高，四千克也就可以了。国际原子能机构曾估计原子弹制造时间为一个月，但实际上只要掌握技术，或许不到半个月就能制造出来。❺

"核诉求"加上核能力，将核能定位为国策，在地震多发地带大力推动效率低下、不便宜、不环保也绝对不安全的核电，能掩盖背后的野心吗？据统计，2020 年，全世界核弹头储备量约为 13500 枚，其中美国、俄罗斯各拥有 5800 枚和 6375 枚，占比 90% 以上，其余的弹头分布在英、法、中、印、巴、以等国。❻ 一旦发生核战争，

---

❹ 1974 年 7 月 5 日，冲绳县选出的嫩长龟次郎公布了"美军在冲绳县伊江岛的射击轰炸靶场进行了投掷核模拟炸弹"训练的消息，这是日本政府默许的。到后来，日本还同意让载着核武器的美国第 7 舰队进入日本港口。

❺ 《被原子弹炸过的国家，很想拥有原子弹：日本的核门槛有多低？》，《每日头条》，https://kknews.cc/military/mlrq5v2.html。

❻ https://www.armscontrol.org/factsheets/Nuclearweaponswhohaswhat。

日本民间社会代表出席第六届南南论坛《生态、科技与社区政治》，香港，岭南大学 2019 年
6 月 28 日

蓝原宽子，日本透视新闻（前排右三）；藤冈惠美子，日本福岛全球公民网络中心（前排右二）；
Rebecca Johnson（2017 年诺贝尔和平奖得主），国际废除核武器运动创始主席（前排右四）；
刘健芝教授（前排右五）

人类可能活不过核寒冬。但是，即便没有核战，也同样有危险：全世界目前有 455 个正在运行中的核反应堆，还有更多的正在建设中；核反应堆发生类似福岛的灾难，后果不亚于核战。

为什么日本前首相菅直人下台后站出来反对核电站？是因为他属于民主党，要处处跟执政的自民党过不去吗？他在演说里谈道，福岛发生核灾时，他作为首相，听取了日本核安全专家的建议，专家说，一旦核外泄，善后计划是撤走方圆 250 千米范围内的居民，包括首都东京的居民，就是说，撤走 5000 万人。❼ 当时不可回避的可能梦魇，是日本社会的崩溃，何复有家有国？也因此，他在位时，2011 年 7 月 13 日，提出"建立无核电社会"的目标。后任首相野田佳彦领导制定了日本新能源及环境战略，明确到 2030 年日本对核电的依赖度为零。尽管 2012 年 12 月就任的自民党首相安倍晋三于 2014 年出台了新的《能源基本计划》，将核能定位为"重要的基荷电源"，逆转了日本全面废除核电的路径，可是，这也表示，全面废核并非没有可能，而且已经被明确提出来了。

❼ BBC 中文网，2013 年 9 月 13 日，https://www.bbc.com/zhongwen/trad/china/2013/09/130913_japan。

十六

民间自救

祸兮，福之所倚；福兮，祸之所伏。在日本"二战"后最大的危机发生后，人们开始拒绝被勒索，揭开制造核电安全神话的政府与只追求利益罔顾他人性命的电力企业狼狈为奸的内幕，暴露肇事方信息混乱、层出不穷的瞒报谎报行径，把炸开的核电光鲜亮丽的外壳底下的丑陋暴露出来。

事故发生后，很多人从一开始的错愕、恐惧、愤怒中醒悟过来，意识到只依赖日本政府的救助是没有用的，必须自己组织、自己行动起来；只是认命认栽、乖乖接受赔偿和所谓"道歉"的话，是不能防止灾害再次发生的。日本民间的反核声音终于被世人听到、正视。

市民社会

日本京都清水寺每年都会通过公众投票选出年度汉字，由住持挥毫写在特大幅的和纸上。2011年12月以高票获选的汉字是"绊"，在日语中意为"联结"。"3·11"事故发生后，大批志愿者从日本各地以各种交通方式前往福岛赈灾，自费自愿，自带食物和帐篷，风餐露宿，在条件险恶的福岛各区清理海啸、地震垃圾，清理杂物堵塞的街面，疏通布满淤泥的水渠。然而就连这些志愿者也没有得到政府关于辐射方面的保护或培训，要自备防辐射器具，或者只收到叮嘱，"减少皮肤与空气直接接触"。由于 6 月天气炎热，再加上从事大量体力劳动，不少人也就赤膊上阵，对辐射疏于防备。❶ 截至 2012 年 2 月中旬，通过官方途径报名到"3·11"地震和海啸灾区从事志愿服务的人超过 93 万。还有不少人通过民间组织开展志愿服务，因此，实际的志愿者数量远超百万。❷

各类互助的市民组织如雨后春笋般冒了出来。在困难面前，人与人之间的互助联结更为可贵也更为重要。灾前拥核的日本软银集团创始人兼董事长孙正义，在灾后转为反核人士，捐献了 100 亿日元救灾，后来又捐了 10 亿日元研发绿色能源。

因为不信任政府数据，有些民众购买了监测空间放射剂量的仪器，开始自行测量周边环境。检测食品所含辐射剂量的核辐射剂量计、检测体内辐射的全身检测装置价格昂贵，数个民间团体获得了外界支援的仪器，有的募集捐款而购得这些仪器，其后在各地设立了辐射检测所。磐城市的 Tarachine 诊所设有伽马射线及 β–射线的检查项目，以及健康诊断服务。宫城县大河原町的"大家的核辐射检测室"定期召开农市，售卖经检测核辐射量合格的蔬菜，也给市民提供交流的机会。❸ 福岛市成立的民间组织"30 年计划"，除了针对饮用水、蔬菜水果，也对土壤及人体内部进行核辐射暴露值检查。

在福岛县外，日本各地市民踊跃伸出援手。比如东京的非营利组织新宿代代木市民测定所，除了检测一般市民的食品、土壤、尿液或母乳样品，还为从福岛县到东京都避难的孩子们提供免费检测

---

❶ 《日本留学那几年，我的公益行动一：福岛行》，Design Travel，https://zhuanlan. zhihu.com/p/162450250。
❷ 《闯入"鬼城"警戒线的日本人》，载《国际先驱导报》，2012 年 3 月 12 日。
❸ 福岛手册委员会编：《福岛十大教训——为守护民众远离核灾》。

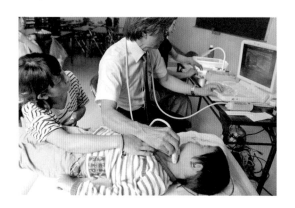

磐城市的非政府组织 Tarachine 诊所，为儿童检测甲状腺癌隐患

日本《新华侨报》

尿液的服务。

虽然政府做了土壤测试，而且测试取样比民间的核辐射测试多很多，可是最引人诟病的是"测试地中并没有市民想知道的地点"。因此，各地的市民核辐射测试室对市民关心的道路、公园等生活周边场所进行测量，并以地图形式标示。比如 2018 年底，20 个民间核辐射测试室在各地进行了土壤污染测试，并把地图汇辑成书，再让资讯科技公司在互联网上公布。这样，在美国三哩岛和苏联切尔诺贝利所没能做到的公共场所污染检测情况，被"现代核事故的市民活动"记载了下来。❹

守望儿童

不论是切尔诺贝利还是福岛的事故，政府、电力企业或国际原子能机构（IAEA）等与核电有利害关系的机构，均低估了放射线对健康的危害，最终受害的是普通民众，尤其是儿童。除了更容易受放射性物质影响外，出乎意料地，在核事故发生之后，福岛县的孩子变成了日本全国儿童各年龄组的肥胖冠军，原因是在 2001 年 3 月 11 日之后因担心辐射危害，孩子们不能在户外运动，因而导致肥胖问题严重。

比如位于福岛核电站以西约 55 千米的郡山市，市政府于核灾后建议 2 岁以下儿童每日的户外活动时间不要超过 15 分钟；3 岁到 5 岁儿童，不要超过 30 分钟。这些限制于 2013 年 10 月解除，但许多幼儿园和托儿所应父母要求，继续遵守这类限制。郡山一家幼

---

❹ 蓝原宽子：《核事故至今 8 年：福岛的现况及课题》，张怡松译。

儿园的园长平栗说："有的小朋友非常害怕，在吃每样东西前都会问'这有辐射吗'，我们必须告诉他们：没问题，可以吃。有些小朋友真的真的很想到户外玩，他们说想去沙池玩，要去玩泥巴。我们却得拒绝他们，说只能在室内沙池玩。"❺

切尔诺贝利核事故后，乌克兰、白俄罗斯实施了一个为促进受影响的儿童健康成长的休养项目，主办单位在一定时期内把孩子们带到无须忧心放射线的地方，让他们充分地玩耍与休息。乌克兰、白俄罗斯及俄罗斯至今仍动用国家经费，让孩子们实施三周左右的"休养"，比如 2012 年 8 月就有 200 名来自乌克兰受影响地区的儿童来华休养、交流。然而，这种由国家或行政机构主导的长期性休养活动尚未在日本实现。于是有市民团体借鉴了这一经验，发起日本的孩童休养项目❻，让福岛的孩子们可以利用寒暑假到外县市休养，接触大自然，呼吸新鲜空气——尽管这些本应为无忧童年里必有的活动，对受核灾影响的小朋友来说却成了奢侈品。

此外，当地很多小型的基层社区项目，为福岛灾区儿童和民众提供了活动条件❼。

长野县的家庭活动：为期四天的活动，在长野县伊那举行，提供安全地享受大自然乐趣的机会。

熊本夏令营：每年一次的夏令营，让儿童在熊本的自然环境中

---

❺ 路透社：《生活在辐射中 福岛儿童最想到户外玩》，2014 年 3 月 10 日，https://tw.news.yahoo.com/%E7%94%9F%E6%B4%BB%E5%9C%A8%E8%BC%BB%E5%B0%84%E4%B8%AD-%E7%A6%8F%E5%B3%B6%E5%85%92E7%AB%A5%E6%9C%80%E6%83%B3%E5%88%B0%E6%88%B6%E5%A4%96%E7%8E%A9-134603837.html。
❻ 福岛手册委员会编：《福岛十大教训——为守护民众远离核灾》。
❼ 以下项目是岚舒（Lush）的慈善基金援助对象，资料整理于其网站：https://hk.lush.com/sc/article/who-youre-funding-japan-1。

玩乐，重现笑脸。

到香川旅游：在长假期间举办游戏活动和寄宿体验。每年推行三个"欢迎之家"寄宿计划协助避难家庭，提供教育活动和讲座让人们了解福岛现状。

冈山学生支援计划：由冈山县的学生领导，为受核灾地区提供可持续性的支援。

福岛幼儿日间托管服务：提供幼儿日间托管服务，选址于贴近大自然和较少辐射影响的地区。

山梨县无核计划：此公民团体决心创造一个没有核电站的未来，为受灾地区的市民举办娱乐活动，例如电影放映会、集体活动、工作坊等。

东京游乐计划：筹办东京游乐团，让儿童外出玩乐。

和平船计划：和平船与和平船赈灾志愿服务中心联合筹办，让福岛的儿童从有趣的活动及国际交流中寻觅梦想。

东京地球日：每年有十万人参与"东京地球日"活动，将环境保护的概念付诸行动。福岛的学前班幼儿、小学生和初中生受邀参加活动，经过三天的巴士游到达位于青梅市和饭能市的活动场地，学习关于大自然和实践环保的知识。

中野公民反核计划：自2012年起，在春假和暑假期间为福岛儿童举办营地活动，与南房总市的公民团体"露营地"合作，在未来十年为儿童筹办活动。

福岛儿童保护计划：2011年一群家长在福岛灾难后自发到达现场，呼吁当地家庭进行安全撤离。他们继续于福岛工作，评估当地土壤的受污染程度，并于社区会议上发表调查结果。

戏剧项目：在日本东北地区（包含福岛县在内）举办关于环保

议题的戏剧表演，并与国际组织合作举办联合活动。许多活动在学校里举行，让当地儿童能参与其中。

儿童及青少年康乐计划：通过规划和管理空间，扶助儿童健康成长，设有一个流动的儿童游戏基地，可以移至缺乏游乐场所的地区，让孩子们享用设施内的游戏素材、图画书、捐赠的玩具和乐器等。

"未来的森林"户外学习计划：为儿童和青少年提供户外学习的机会，提供疏导情感的安全网。

社交促进项目：筹办娱乐活动，促进社区联系及社交互动。

福岛儿童资源项目：委派志愿者前往辐射指数高的地区，帮助筹备和举行不同类型的活动，包括观察大自然和星象、烟火和篝火晚会、烧烤活动等。

东京青梅市项目：推广天然和可再生能源，定期举办开放给大众参与的会议，放映关于环境的电影。

东京町田市"蜂蜜音乐会"项目：来自东京町田市的志愿服务团体，为福岛的孩童和母亲们提供娱乐活动，到户外营地玩乐，让孩子们了解野生动物，行程中安排家长们参与烹饪班和享受脚底按摩等。

儿童教育项目：由日本东北大学社会服务与科学学系筹办，为福岛核事故而被迫撤离的学生成立一所小学，也在暑假期间，邀请大学生与儿童一起玩乐，共同创造美好的暑假回忆。

快乐艺术创作计划：此志愿团体由学生、艺术家和在职人士组成，专门为居住在受影响地区的儿童的生活环境注入快乐色彩。他们认为孩子们只有通过感受快乐，才能从灾害的阴影中恢复过来。他们以受到影响的年轻一代为对象，到处举行工作坊，例如模型设计和艺术创作等，希望促进孩童的全面发展。

我最初以为（使用核能而产生的）放射能只有十种左右，原来有 200 种以上，我实在非常惊讶，我希望……放射能能够消失，好让我在户外嬉戏。

我有一个疑问，为何要在福岛发电供东京的人使用呢？

我担心将来结婚后能否如普通人一样生下健康的婴儿，我妈妈让我不要在户外上体育课，还购买一些尽量远离灾区的县府或国家生产的食物给我，事事为我操心，但是由于我身体内已渗入了一点放射能，相比于普通人的身体来说，我觉得身体已被污染，所以将来生出来的婴儿或带有缺陷。假如运气不好的话，子宫受损可能导致不能生育，因此从现在开始我已做出不能生育的最坏打算。

——香港核能辐射研究会在 2012 年暑假邀请福岛儿童到香港休养，

让小朋友在远离核污染的环境中愉快无忧地生活。

以上是福岛小朋友对核电、核灾的一些感想。

津市营地活动：2014 年在津市美杉村举办，借着与自然界的互动接触，令儿童恢复活力、重整思绪；同时带领他们短暂离开居住地区。

东日本青少年志愿服务活动：志愿者与国内外各个组织合作，为青少年开设学习周、探访寄宿家庭、滑雪旅行等。

室内公园项目：建设一个室内公园，让生活在福岛的孩子们进行走绳、滑板和攀岩等活动。另外，针对福岛县的儿童肥胖问题，举办如冲浪和独木舟等户外活动，减轻儿童的压力，鼓励他们保持积极的生活方式。

守望土地

学习切尔诺贝利经验，福岛核电站附近的广野町 36 亩的废弃空地上，种上了 2000 多株向日葵，用于吸取土壤中的放射性物质铯。[8]

福岛农业在核灾中受到重创。事故发生后有很多已采收的蔬菜被检测出含放射性物质。行政机关虽对农产品的放射剂量进行抽样调查，但样本数少，且试样来源不明，这使得农民无从判断自家农田里的作物能否食用。行政部门始终未进行充分的调查，但它们尽管没有科学数据，还是强调了作物的安全性，试图给予外界福岛核灾危害不大的印象。这于事无补，相反，很多人认为行政部门根本无法信赖。后来，在县外、国外的民间团体、民间企业与大学的支援下，市民开始学习相关知识，并且着手进行检测。

可是，即便农民采取了上述措施，担心辐射污染的消费者或流通业者，仍不太愿意购买福岛的农产品。尽管农产品来自非避难指示区，检测结果也远低于政府设定的危险标准，仍无法消除消费者的顾虑，这就是所谓的"传言之害"。在福岛核事故发生后，有一个四字熟语在日本大为流行，叫作"风评被害"。人们担心来自灾区的蔬菜、肉制品、海产品乃至工业品受到污染，宁可信其有，不可信其无，采取敬而远之的态度。有的餐厅甚至还打出"不使用福岛原料"的广告。为了克服这个难关，农民与城市居民组成的生活协同组合，共同出资组成提供送货上门服务的组织；此外，农业协同组合，即从事农业的机构或个人组成的组织，与福岛大学合作，努力消除市场疑虑，重新建立消费者的信心。[9]

---

❽　http://sputniknews.cn/video/202008211032005457/.
❾　福岛手册委员会编：《福岛十大教训——为守护民众远离核灾》。

福岛县磐城市坚持采用自然农法的"白石农场",自 2011 年开始接受农产品辐射物质检测,从未超标。图:Matcha

《希望的牧场》

《菠菜在哭》
作者：镰田实
绘者：长谷川义史
译者：林真美

　　随着公众在核事故发生后对核能、环境等相关议题的关注提高，此类出版物也增多，包括面向儿童的教育绘本。

　　小小菠菜背负着农夫的期待，在细心照顾下长大，可是长大了，却不能吃！乳牛努力地吃草，可是生产出来的牛奶却不能喝！农夫辛苦地插秧，可是收获的稻米却不能吃！所有东西都不能吃，所有的努力都白费了……日本福岛核灾后，当地居民们经历了一段难以想象的艰苦历程。人们究竟该如何和环境共处呢？镰田实以充满情感的文字，搭配绘本大师长谷川义史朴拙的笔调，共同完成了一个值得省思的故事。

离核电站 15 千米左右的双叶郡浪江町曾经畜牧业发达，约有 3500 头牛和 3 万头猪。核事故发生后，该区被划为禁止进入警戒区，估计有超过一半的牲畜活活饿死或在野外流浪。农场主吉泽正先生不是激进的动物保护分子——毕竟他原本养牛也是为了宰杀供食用，但他不愿意牛仅仅因为"没人买""没用处"就被政府以所谓"人道主义"之名灭杀。他认为动物和在外避难的数万人一样，都是受害者。因此尽管牧场附近的辐射量是政府撤离标准的 1.5 倍，牛也肯定卖不出去，他却毅然回到荒废的村庄照料自己的牛和被遗弃的动物，并将自己的农场改名为"希望农场"。年过 60 岁的他，希望大家不要忘记福岛发生过的事，说："这些牛是人类在福岛所干的蠢事的活生生的证据。"希望农场里只有一半的动物原本属于他，其余都是被遗弃的。他的故事广为人知，在 2014 年出版了一本关于他的书。2017 年浪江町解除避难指示后，有人组团到农场参观或当志愿者。吉泽先生经常到处演讲，想让大家了解福岛的现状，希望大家对福岛的印象不要停留在遭辐射污染的时候，也不要认为核灾事不关己，只是福岛一个地方的事，因为这是全日本和全世界都应面对的课题。

本书前面介绍了富冈町的松村直登先生，这里细说他的故事。2011 年 4 月在富冈町被划入警戒区域后，他看到养牛场里饿得皮包骨头的牛，刚刚出生连眼睛都睁不开已奄奄一息的小狗，便下决心留下来照顾这些动物。当时，通往富冈町的交通干道已经被拉上了警戒线，自卫队、警察严防死守，许出不许进。怎么办？松村先生开始走鲜为人知的山间小道进入。几次以后，山路也被堵上了两吨多重的防护礅。好不容易绕道上山的松村先生咽不下这口气，从附近村民家借来一些工具，愣是将两吨多重的障碍物翘起挪开，等自己的小卡车通过后，再将障碍物挪回原位。

这一招还是被警察发现了。当松村先生想再次进"鬼城"时，警察已经守候在此。"我就是住在富冈町里的居民，我凭什么不能回家？况且，我也没有损害障碍物，只是移动了一下。"松村据理力争。

再后来，警察拿他没办法，松村先生取得了进入警戒区的"特别通行证"。

在这个无人城内，松村先生生活的主要内容就是照顾动物。大概两到三天，他就能将富冈町的动物们喂个遍。动物们饱了，松村先生自己呢？他主要吃从城外便利店买的方便面，还有临时回到富冈町的邻居们送来的方便食品。

每天晚上，松村先生就着蜡烛的灯光，喝几杯日本清酒。他说，生活几乎没什么娱乐，但他很乐观。他的朋友帮他开了一个网站，介绍他在警戒区内保护动物的点点滴滴，很多外国友人为他捐款，不到一年就捐赠了 500 万日元。松村先生说，每一笔钱都是大家对核污染重灾区内动物的关爱，他不敢乱花。[10]

除了留守的本地人，也有怀着复兴福岛的志向而来到此地的外地人。现年 30 岁的榊裕美女士来自青森县，2017 年搬到了磐城市，和当地渔民一起开了家鱼店。她和磐城市的不解之缘是在核灾后支援灾区的志愿服务中结下的。当时她帮忙把各地捐助的二手自行车送给磐城市的受灾民众。2011 年核事故前，该地曾有 7 个海鲜市场和 4 家海产品加工厂，但她搬过去的时候只剩下一个流动的鱼摊档。她的愿望很单纯："我希望能够让孩子们看到渔民的工作是怎么样的，将来也能有志参与其中。还希望能让大家吃到这里所出产的鲜美的鱼。"[11]

---

[10] 《闯入"鬼城"警戒线的日本人》，载《国际先驱导报》，2012 年 3 月 12 日。
[11] Adrian David: "Young woman leads revival of Fukushima's fishing industry", *New Straits Times*，2020 年 2 月 9 日。

榊裕美在鱼摊　图:《读卖新闻》

反核运动

  这场灾祸刷新了人们的认知，也终于使迷信科学的民众从昏睡中惊醒。曾荣获奥斯卡奖的音乐人坂本龙一先生在参加反核游行活动时说："在福岛事故之后保持沉默是不人道的。"在福岛核灾时担任日本首相的菅直人，说他在福岛核灾前对核电没有任何怀疑，在被告知核电站出事的时刻"背脊发凉"。剧毒的核废料是要留给子子孙孙的。他形容说，妈妈一般是把好吃的留给孩子，自己吃难吃的东西，而核电则是妈妈吃好吃的，把难吃的留给孩子。核专家确信没有百分之百安全的核技术，而他认为防止核灾发生的唯一方式，是要靠人们的力量让全世界零核电，这是最根本的方法。❷

  作为一个拥有 17 座核电厂、54 个核电机组的国家，日本民间其实一直都有各种反核活动，只不过在出了大事后才真正引起关注并壮大。

  最知名的应该是祝岛居民持续近三十年反对兴建核电厂的抗争。祝岛位于山口县濑户内海，人口只有五百多，岛上居民大都以捕鱼和耕种为业。1982 年电力公司在山口县筹建核电厂，厂址选在祝岛对岸 3.5 千米外的上关町浦田港。祝岛居民知道，一旦兴建核电站，周遭自然环境将受到破坏，他们也会失去生计，从此反核抗争成为祝岛居民生活的一部分。

  每个星期一黄昏，祝岛居民都会放下手中的活计，绕岛游行一周，以示他们坚决反核的立场。每逢电力公司派人在附近海域调查或施工，居民都会用自己的渔船围堵和拦阻，并且占据预定用来兴建核

---

❷ BBC 中文网站，https://www.bbc.com/zhongwen/trad/china/2013/09/130913_japan。

彩虹独木舟队 摄影：东条雅之

电站的地盘，阻止施工。

祝岛的抗争一次又一次迫使电力公司搁置建造计划，抗争的队伍也日益壮大。留在祝岛的居民，大多是中老年人和妇女，但不少外来的年轻人加入了抗争行列。一群玩独木舟的青年组织了"彩虹独木舟队"，跟祝岛居民一起在海上抗争。当地和海外的环保组织也经常声援祝岛的抗争。签名支持祝岛停建核电站的人数已超过一百万。祝岛成立了"千年建岛基金"，计划发展太阳能，将祝岛建成无核家园。❸

---

❸ 《"脱原发"——日本反核运动回顾》，独立媒体，2011 年 11 月 30 日，https://www.inmediahk.net/%E3%80%8C%E8%84%AB%E5%8E%9F%E7%99%BC%E3%80%8D%E2%94%80%E2%94%80%E6%97%A5%E6%9C%AC%E5%8F%8D%E6%A0%B8%E9%81%8B%E5%8B%95%E5%9B%9E%E9%A1%A7-0。

和祝岛类似，日本多个地方的反核民众以示威、请愿、签名运动、直接行动、诉讼、拒绝出售土地等方式，抗衡核能村，数次成功地将核电拒之门外。直至 2011 年，日本一共有 22 处预定建设核电站的地方因居民反对而未动工，另外有五个地方最终取消了有关计划，其中包括三重县芦滨核电站、石川县珠洲核电站和新潟县卷町核电站。前文提到的"电源三法"，就是日本政府在 1974 年为了消弭地方上的反对声音而出台用来收买人心的，它也的确一时分化了民众。甚至在福岛第一核电站所在的双叶郡，70 年代就有一个居民组织四处宣传，说为了建立繁荣美好的双叶郡，当地应该建造核电站。

　　幸而金钱只能收买部分利欲熏心的人。同样在福岛，就有一个成员大部分是女性的"废堆行动 40 年计划委员会"，原本准备在 2011 年 3 月下旬举办大型活动呼吁废堆，可是活动未及举办便发生了核灾难。核灾难发生后，委员会成员四散各地，但仍成功聚集起 200 多名福岛妇女在 2011 年 10 月底于东京举办了三天的静坐示威，呼吁政府立即疏散福岛的儿童和怀孕妇女，扩大疏散区的范围，立即制订保障市民免受辐射污染的措施等。❹

　　《朝日新闻》在日本全国进行的意见调查显示，从 2011 年 4 月到 6 月，日本反对核能的人由 32% 增加到 42%，而 6 月 11 日至 12 日进行的调查，近四分之三的人赞成逐渐减少使用核能并最终完全停用核能。日本广播协会 10 月进行的意见调查也显示，七成的人

---

❹ 《"脱原发"——日本反核运动回顾》，独立媒体，2011 年 11 月 30 日，https://www.inmediahk.net/%E3%80%8C%E8%84%AB%E5%8E%9F%E7%99%BC%E3%80%8D%E2%94%80%E2%94%80%E6%97%A5%E6%9C%AC%E5%8F%8D%E6%A0%B8%E9%81%8B%E5%8B%95%E5%9B%9E%E9%A1%A7-0。

2011 年 10 月在东京参加静坐示威的福
岛妇女（来源：majiroxnews）

认为应减少或完全停用核能。❶⑤

　　地震刚发生后的反核游行，还只是大学生和退休工人的简单示
威。一年后，普通市民已经成为反核运动的主体，其诉求是要避免
福岛核事故重演，捍卫子孙的生存环境。

　　最有名的是由日本著名作家大江健三郎发起的"再见核电站"游
行，活动希望通过居民投票来实现"脱核"。该组织向东京都政府提
交了 32 万人的反核签名，2012 年 2 月第一次集会时汇集了上万人。

　　"3·11"之前，日本电力的 30% 由核电提供，但在福岛事故后，
所有核电站紧急关停进行检查，日本 42 年来首次没有核电供应。日

❶⑤　《没有核电的日本还能运转吗？》，德国之声，2012 年 3 月 7 日，https://www.
　　dw.com/zh/%E6%B2%A1%E6%9C%89%E6%A0%B8%E7%94%B5%E7%
　　9A%84%E6%97%A5%E6%9C%AC%E8%BF%98%E8%83%BD%E8%BF%
　　90%E8%BD%AC%E5%90%97/a-15792737。

上：大江健三郎（左二）率领反核游行（摄影：Alfie Goodrich_Japanorama）

下：摄影：Kimimasa Mayama / European Press Photo Agency

本的电力供应并没有如先前以为的那样崩溃，用电高峰期的夏季也安然度过，各行各业均能正常运转。根据日本商务部门公布的数据，2011 年 12 月的日本的工业产值甚至增长了 4%。但在各方利益的博弈下，2012 年 6 月，当时的日本首相野田佳彦单方面决定重新启用核电站，这激怒了许多日本人，并促使反核阵营再次行动起来。❻

2012 年 7 月 16 日，东京再次爆发"再见核电站"大集会。据主办方统计，约有 17 万人头顶烈日参加了此次活动，是历年来参加人数最多的一次。集会者呼吁关闭日本所有核电站，实现"无核化"。日本人出名地热爱并遵守秩序，就连在游行示威中也一样：组织者鼓励父母带着孩子参加活动，但划定家庭专属区，以警戒线隔离；要求示威者配合当地警方工作，晚上 8 点准时回家。还发放小册子，告诉大家应该携带哪些物品（湿热天气应携带饮品和湿纸巾），性格腼腆或者第一次参加活动的人士应该注意什么问题（不需要说话），以及如何应对同行示威者失控的情况（客气地要求他们冷静下来）。❼

同具日本特色的是，这次反核运动的领导者之一是名为文殊君的毛茸卡通。它在社交网站上用儿童都能理解的简单语言反对政府的能源政策，并因此受到了大量的关注，极具号召力。在集会上，穿着鼓鼓囊囊彩色服装的文殊君也露面了，它说："政府重启核电站，我好伤心呀！"粉丝们高举海报，激动地尖叫，其中包括很多带孩子参加活动的家庭。五岁的中岛理音（Rion Nakajima，音译）手里拽着印有文殊君微笑图案的气球说："要是不小心，就会再发生一

---

❻ 截至 2020 年，日本的 54 座核电站还有 9 座在运行。
❼ 《东京举行大型反核集会》，《纽约时报》中文网，2012 年 7 月 18 日，https://cn.nytimes.com/world/20120718/c18japan/zh-hant/。

场核事故，就像火灾。""我们决定参加，是因为想让日本政府意识到他们现在所犯的任何错误都会给后代造成严重影响。"理音的妈妈中岛一木（Kazuki Nakajima，音译）说。❶

此外，"首都圈反核电联盟"每周五在首相官邸前进行反核游行，也有市民长期在日本经济产业省外示威，全国各地也持续有反核集会和游行。2011 年 11 月中，在东京西南的滨冈有 3500 人以人链方式包围了核电站，在福冈县福冈市，也有 15 万人进行了集会和游行。

2012 年 7 月 28 日，以"立刻废除全国的核电站"为口号的日本版"绿党"在东京正式组建。日本的反核力量已经从街头政治出发，开始走进国会。

不论是静坐还是游行，不论是签名还是示威，只要发出声音，做出行动，无论政府是否能明智地听取意见，都强过做逆来顺受的、沉默的大众。反核 50 载的小出裕章教授很遗憾地说，政府不会听从反核的劝告，明知核电站危险还是会建起来的，就像他在这 50 年里所见证的那样，但他不会放弃为民众发声、为人类的未来发声，因为他要坚持做正确的事。涓涓细流汇聚成大川，蝼蚁集聚也能撼动大象。

❶ 《东京举行大型反核集会》,《纽约时报》中文网，2012 年 7 月 18 日，https://cn.nytimes.com/world/20120718/c18japan/zh-hant/。

结　语
大地点燃的共鸣

　　奄奄一息的土地，仍然焕发着生机。电影《家路》中令人感动的一幕，或许能带给观众些许安慰：蒙蒙细雨中，回到家乡的母亲，弯着腰和儿子在田里插秧。不用言语，配合默契。这是他们以及祖祖辈辈曾经做过的再自然不过的事了——种稻。突然，母亲因为老年痴呆忘了痛苦的核灾（这是福气），直起腰来困惑地问儿子：怎么这么安静呀？儿子看着远方的村落，听着淅淅沥沥的雨声，良久才轻轻地说：学校放假了。

　　农业是人类生命的根。母与子，养育水土，延续生命，尽管作为最后的耕种人，不知自己的生命何时会结束。

　　蓝原宽子说，福岛还没过去，我们不是要铭记福岛，而是要想象福岛、凝视福岛。

　　在同样遭受"3·11"大地震和海啸双重打击的岩手县有一个靠海的小村，村里住的都是老人，却没有人伤亡。他们坚守了山丘半坡上一个立于 1896 年的小石碑上的训词："此处以下不要盖房子。"❶ 就这么直截了当。经验告诉他们，发生洪灾、海啸时，水位可

---

　　❶ 陈弘美：《日本 311 默示》。

以升到这里。房子建到下面去，后果自负。历史已经不止一次告诉我们，核电站会出事，而且出了事很难收拾。若掩耳盗铃，后果自负。

你或许不记得自己在 2011 年 3 月 11 日做了些什么。但是，这一天，却是人类现代文明的转折点。如果我们竖立石碑，训词该写什么？

被野心、利禄蚕食的精英集团，为了私利犯下滔天错误，毁灭大片生机，破坏大地健康，还迫使人们迁徙和接受所谓人道援助。

但是，大地给予了我们不同的启示。

大地的韧力，生命的创造力，总能从不可能中闯出可能，不怨天尤人，步伐不止，绿油油的生命固执地生长。从坚持回到灾区生活的居民身上，我们看到对这启示的共鸣。不因他们生活的地方、养育他们的土地受到侵蚀变得不一样了，便轻易放弃，因为在泥土里，他们的生活扎了根；一切让生活有意义的羁绊，也扎根在心。放弃这些犹如放弃生活。

他们不是幸存者，不是难民。他们不愿命运被摆布，不愿消极等待救援。他们要回到生活中，追随大地的步伐，在相互扶持学习中，一天一天地闯下去。回到生活中，就是新生活的开始。辐射污染无处不在，接触空气、水土、草木、禽畜、衣物……无不让他们反复诘问：我们是谁——我们不是幸存者，我们不让肇事者拿我们做遮羞布。我们是生活者。

福島／辐岛

对核能的反思与民间自救

在福岛核事故发生之前，日本主流社会打着"和平利用核能"的旗号，刻意营造某种"核安全神话"，普通民众受此舆论的忽悠，放松了对核能危险的警惕。事故发生前，学校不教授有关放射线防护的相关知识，大部分人也没有主动学习了解的动力。核事故发生时，面对紧急情况，民众几乎不知所措，而此时政府的核防护指令也难以及时下达到基层。灾后有诸多来自各方的专家造访污染地区，传授放射线对人体影响的相关知识。但每个专家说法都不同，民众因为不知道该相信什么而感到混乱。

受核灾影响的民众，开始担心家庭健康的问题，比如衣服是否能晾晒在外面，如何获取无辐射的食物，如何照顾好孩子，等等。在这个时候，大部分人都是通过网络或书本进行自主学习；当然，也有不少民间团体组织大家共同学习和讨论。由于对政府发布的数字的不信任，民间还自行成立了核辐射侦测所。

同时，在进步知识分子的影响下，越来越多的日本人开始反思核能发展与核武器之间的关系，以及核能与国家政治和地缘战略的关系。人们希望了解战后日本国家核能发展的历史，由此对政府的核能政策进行反思，提出更好的建议。

这一部分收集了多位日本学者和中国学者的文章，部分文章写于"3·11"核灾难发生后不久，呈现了民众当年受到的冲击和思考，部分文章追本溯源，带领读者审视核能和核武的历史与现状。

历史上发生的重大核事故

一、国际核事件分级标准

"国际核事件分级表"于 1990 年由国际核能机构和经济合作与发展组织核能机构（经合组织 / 核能机构）开发，是一个用于向公众通报核和放射性事件的工具。

国际核能机构成员国在自愿的基础上利用"国际核事件分级表"对其领土上发生的事件进行分级和通报。这不是一个用于应急响应的通报或报告系统。

"国际核事件分级表"涵盖涉及辐射源的设施和活动中的各种事件，用于对造成放射性物质向环境的释放及对工作人员和公众造成辐射的事件进行分级，也用于没有造成实际后果但所实施的预防措施没有发挥预期作用的事件。分级表还适用于涉及放射源丢失或被窃以及在废金属中发现不受控制的放射源的事件。"国际核事件分级表"不用于对作为医疗组成部分对人进行的辐射照射程序所导致的事件进行分级。

"国际核事件分级表"旨在用于非军事应用，并仅涉及事件的安全层面。成员国利用"国际核事件分级表"提供表示核或放射性事件严重性的数值分级。事件分为七级。分级为对数分级——也就是说，分级每增加一级，事件的严重性约增加十倍。

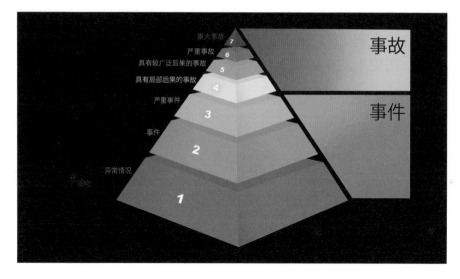

国际核事件分级表

  对事件的考虑着眼于以下几个方面：对人和环境的影响；对放射性屏障和控制的影响；对纵深防御的影响。在辐射或核安全方面无安全意义的事件被定为"分级表以下级别／0级"，不进入分级表。

  近80个核能机构成员国已指定"国际核事件分级表"国家官员。鼓励成员国通过核能机构支持的网基核事件系统分享被定为2级或2级以上的事件以及引起国际公众关注的事件的信息。该系统公开列出过去12个月报告的事件。❶

  具体的分级标准和案例可参考下表：❷

❶ 国际原子能机构网站：https://www.iaea.org/zh/zi-yuan/guo-ji-he-he-fang-she-shi-jian-fen-ji-biao-guo-ji-he-shi-jian-fen-ji-biao。
❷ 《国际核事故分级》，百度百科，https://baike.baidu.com/item/%E5%9B%BD%E9%99%85%E6%A0%B8%E4%BA%8B%E6%95%85%E5%88%86%E7%BA%A7/8670927?fr=aladdin。

级别		说明	准则	实例
偏差	0级	偏差	安全上无重要意义。	2008年斯洛文尼亚科斯克核电站事件
事件	1级	异常	超出规定运行范围的异常情况，可能由于设备故障、人为差错或规程有问题引起。	2009年法国诺尔省葛雷夫兰核电站事件
	2级	事件	安全措施明显失效，但仍具有足够纵深防御，仍能处理进一步发生的问题。导致工作人员所受剂量超过规定年剂量限值的事件和/或导致在核设施设计未预计的区域内存在明显放射性，并要求纠正行动的事件。	卡达哈希核电站事件
	3级	严重事件	放射性向外释放超过规定限值，使用照射最多的站外人员受到十分之几毫希沃特量级剂量的照射。无须厂外保护性措施。导致工作人员受到足以产生急性健康影响剂量的站内事件和/或导致污染扩散的事件。安全系统再发生一点问题就会变成事故状态的事件，或者如果出现某些始发事件，安全系统已不能阻止事故发生的状况。	1989年西班牙范德略斯核电厂事件1955—1979年英国塞拉菲尔德核电站事件2011年日本福岛第二核电站事件（其中1、2和4号机组均发生不同程度的核事件）
事故	4级	具有局部后果的事故	放射性向外释放，使受照射最多的站外个人受到几毫希沃特量级剂量的照射。由于这种释放，除当地可能需要采取食品管制行动外，一般不需要站外保护性行动。核装置明显损坏。这类事故可能包括造成重大站内修复困难的核装置损坏。例如动力堆的局部堆芯熔化和非反应堆设施的可比拟的事件。一个或多个工作人员受到很可能发生早期死亡的过量照射。	1980年法国圣洛朗核电站事故1983年阿根廷布宜诺斯艾利斯临界装置事故1999年日本东海村JCO临界事故2006年比利时弗勒吕核事故

级别		说明	准则	实例
事故	5级	具有较广泛后果的事故	放射性物质向外释放。这种释放可能导致需要部分执行应急计划的防护措施，以降低健康影响的可能性。核装置严重损坏，这可能涉及动力堆的堆芯大部分严重损坏，重大临界事故或者引起在核设施内大量放射性释放的重大火灾或爆炸事件。	1952年加拿大恰克河核事故 1957年英国温思乔火灾（温茨凯尔反应堆事故） 1979年美国三哩岛核电站事故 1987年巴西戈亚尼亚医疗辐射事故
	6级	严重事故	放射性物质向外释放。这种释放可能导致需要全面执行地方应急计划的防护措施，以限制严重的健康影响。	1957年苏联基斯迪姆后处理装置（现属俄罗斯）事故（克什特姆核事故）
	7级	重大事故	大型核装置（如动力堆堆芯）的大部分放射性物质向外释放，典型的应包括长寿命和短寿命的放射性裂变产物的混合物。这种释放可能有急性健康影响；在大范围地区（可能涉及一个以上国家）有慢性健康影响；有长期的环境后果。	1986年苏联切尔诺贝利核电站（现属乌克兰）事故 2011年日本福岛第一核电站事故

二、全球十大核事故简介

2011年3月日本福岛核事故爆发时，人民网根据INES等级列出的史上最为严重的十大核事故如下。❸

---

❸《盘点十起最严重核事故：日本福岛核电站上榜》，人民网，http://pic.people.com.cn/GB/14166864.html。

1. 2004 年日本美滨核电站事故（INES1）

Webecoist.com 网站的世界最严重核事故排行榜是从 2004 年 8 月 9 日发生在日本美滨核电站的蒸汽爆发事故开始的，其 INES 等级为 1 级。

美滨核电站坐落于东京西部大约 320 千米的福井县，1976 年投入运营，1991 年至 2003 年曾发生过几次与核有关的小事故。2004 年 8 月 9 日，涡轮所在的建筑内连接 3 号反应堆的水管在工人们准备进行例行安全检查时突然爆裂，虽然并未导致核泄漏，但还是导致五名工人死亡，数十人受伤。2006 年，美滨核电站又发生火灾，导致两名工人死亡。

2016 年 2 月 12 日下午，日本关西电力公司向核能管理委员会提出申请，请求批准美滨核电站 1、2 号机组的废堆计划。预计该项作业将于 2045 年完成。

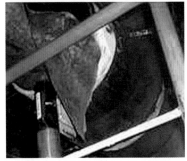

水管爆裂导致五名工人死亡，数十人受伤

福岛 ／ 辐岛

2. 2002 年美国戴维斯 – 贝斯反应堆事故（INES3）

戴维斯—贝斯核电站坐落于美国俄亥俄州橡树港北部大约 16 千米，1978 年 7 月投入运营，原计划于 2017 年 4 月关闭。运营期间，这座核电站曾多次出现安全问题，最严重的事故发生在 2002 年 3 月，当时出现的严重腐蚀情况导致核电站关闭了两年左右。

维修期间，工人们在碳钢结构反应堆容器上发现一个 6 英寸（约合 15.24 厘米）深的腐蚀洞。遭腐蚀后的容器壁的厚度只有 3/8 英寸（约合 9.52 毫米），恐怕难以防止灾难性的爆炸和随之而来的冷却剂泄漏。如果附近的控制棒在爆炸中受损，关闭反应堆和避免堆芯熔毁将面临相当难度。

严重腐蚀导致核电站关闭了两年左右

3. 1961 年美国国家反应堆试验站事故（INES4）

1961 年 1 月 3 日发生在美国的核事故是最早的大型核电站事故之一，当时的蒸汽爆发和熔毁导致 1 号固定式小功率反应堆的三名工人死亡。这座反应堆位于爱达荷州瀑布市西部大约 64 千米的国家反应堆试验站，采用单一大型中央控制棒结构，现在已经废弃。

在对反应堆进行维护时，工作人员需要将控制棒拔出大约 4 英寸（约合 10 厘米），但这项操作最终出现了可怕的状况，控制棒被拔出了 26 英寸（约合 65 厘米），导致核反应堆进入临界状态，随后发生爆炸并释放出放射性物质，共造成三名工人死亡，其中一名工人被屏蔽塞钉在反应堆所在建筑的屋顶上。当时释放到环境中的核裂变产物放射性活度达到 1100 居里左右。虽然地处爱达荷州偏远的沙漠地区，但辐射造成的破坏并未有所缓解。

上：1961 年美国国家反应堆试验站事故

下：起重机正从安全壳建筑中吊出遭到破坏的反应堆芯

4. 1977 年捷克斯洛伐克波鸿尼斯核电站事故（INES4）

1977 年，捷克斯洛伐克（今斯洛伐克）的波鸿尼斯核电站发生事故。当时，该核电站最老的 A1 反应堆因温度过高导致事故发生，几乎酿成一场大规模环境灾难。A1 反应堆也被称为"KS-150"，由苏联设计，虽然独特但并不成熟，从一开始就种下了灾难的种子。

A1 反应堆的建造开始于 1958 年，历时 16 年完成。未经验证的设计很快就暴露出一系列缺陷，在投入运转的最初几年，这个反应堆曾 30 多次无缘无故停止工作。1976 年初，反应堆发生气体泄漏事故，导致两名工人死亡。仅仅一年之后，这座核电站又因燃料更换程序的缺陷和人为操作失误发生事故，当时工人们居然忘记从新燃料棒上移除硅胶包装，导致堆芯冷却系统发生故障。事故后排除污染的工作一直在继续，预计要到 2033 年才能彻底结束。

1977 年捷克斯洛伐克波鸿尼斯核电站事故

5. 1993 年苏联托姆斯克 –7 核燃料回收设施事故（INES4）

西伯利亚化工联合企业旗下拥有众多工厂和核电站，坐落于俄罗斯谢韦尔斯克市。这里曾经是苏联的"秘密之城"，1992 年前一直被称为"托姆斯克 –7"，这个代号实际上是一个邮箱号。虽然俄罗斯前总统叶利钦放宽了对谢韦尔斯克的限制，但直到今天，政府仍不允许公众进入这座城市。

托姆斯克 –7 核燃料回收设施是谢韦尔斯克市的"企业"之一。1993 年 4 月 6 日，这座核设施登上了头版头条。这一天，工人们用具有高度挥发性的硝酸清理托姆斯克 –7 钚处理厂的一个地下容器，硝酸与容器内含有痕量❹钚的残余液体发生反应，随后发生的爆炸掀翻了容器上方的钢筋混凝土盖，并在顶部轰出很多大洞。与此同时，工厂电力系统又因短路发生火灾。爆炸将一个巨大的放射性气体云团释放到周围环境。

---

❹ 化学上指极小的量，少得只有一点儿痕迹。

1993 年苏联托姆斯克 -7 核燃料回收设施事故

6. 1999 年日本东海村铀处理设施事故（INES4）

1999 年 9 月 30 日，人为操作失误和仓促的商业决定最终导致日本东海村铀处理设施发生事故。这座铀处理设施坐落于东京北部的茨城县，此前由 JCO 公司（住友金属矿山的子公司）运营，负责处理和精炼供应日本很多核电站的铀燃料。

这起核事故由缺乏培训的工人导致，他们在精炼铀燃料过程中走捷径，忽视了安全问题。为了按时完成任务，工人们省略了精炼过程的几个步骤，导致临界事故的发生。铀 / 硝酸混合物发生的连锁反应共持续了 20 个小时。有两名工人死于辐射暴露，另有数十人受到超出正常水平的核辐射。

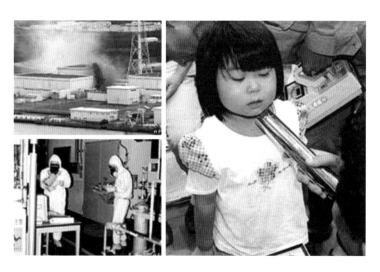

1999 年日本东海村铀处理设施事故

7. 1979 年美国三哩岛核事故（INES5）

1979 年 3 月 28 日，三哩岛核电站（位于宾夕法尼亚州哈里斯堡附近）TMI-2 反应堆的冷却液泵发生故障，一个卸压阀门无法关闭。控制室工作人员随即听到警报并看到警告灯亮起。不幸的是，传感器本身的设计缺陷导致核电站操作人员忽视或者误解了这些信号，就这样，反应堆堆芯最终因温度过高熔化。在形势得到控制时，堆芯已经熔化一半，反应堆安全壳底部的近 20 吨熔铀慢慢凝固。安全壳内部的蒸汽逸出气体排放口导致大量放射性物质释放到大气和周围环境。

三哩岛核事故并没有导致任何核电站工作人员或者附近居民死伤，但仍旧被视为美国商业核电站运营史上最为严重的核事故。事故发生后，报道铺天盖地而来，有人还将这场核事故与 12 天前上映的影片《中国综合症》的情节相比较，"周六夜现场"也推出与此相关的短剧，所有这一切都让三哩岛核事故在 20 世纪晚期的流行文化中占据了一个显著位置。自这场核事故之后，美国很久未建造新的核电站。

三哩岛核事故引发大量居民恐慌

8. 1957 年苏联克什特姆核灾难（INES6）

随着第二次世界大战的结束，世界开始笼罩在"冷战"的阴云下。"冷战"期间，苏联和美国这两个超级大国展开核军备竞赛，由于急于求成，错误就在所难免。1957 年 9 月，位于奥焦尔斯克（1994 年之前被称为"车里雅宾斯克 -40"）的玛雅科核燃料处理厂发生事故，其 INES 等级达到 6 级。

这座处理厂建有多座反应堆，用于为苏联的核武器生产钚。作为生产过程的副产品，大量核废料被存储在地下钢结构容器内，容器四周修建了混凝土防护结构，但负责冷却的冷却系统并不可靠，为核事故的发生埋下了隐患。

1957 年秋天，一个装有 80 吨固态核废料的容器周围的冷却系统发生故障。放射能迅速加热核废料，最终导致容器爆炸，160吨重的混凝土盖子被炸上天，并产生了规模庞大的辐射尘云。当时，共有近 1 万人撤离受影响地区，大约 27 万人暴露在危险的核辐射水平环境中。至少有 200 人死于由核辐射导致的癌症，大约 30 座

1957 年苏联克什特姆核灾难

城市从此在苏联的地图上消失。

　　直到 1990 年，苏联政府才对外公布克什特姆核灾难的严重程度。但在此之前，美国中央情报局就已知道这场灾难，由于担心可能对美国核电站产生负面影响，当时并未披露任何信息。在克什特姆,面积巨大的东乌拉尔自然保护区（也被称为"东乌拉尔辐射区"）因为这场核事故受到放射性物质铯 –137 和锶 –90 的严重污染，被污染地区的面积超过 800 平方千米。

9. 1986 年苏联切尔诺贝利核灾难（INES7）

在 2011 年日本福岛核事故发生之前，1986 年苏联发生的切尔诺贝利核电站的蒸汽爆发和堆芯熔毁事故是历史上唯一一场 INES 等级达到 7 级的核事故。

这场核灾难发生在 1986 年 4 月 26 日，当时 4 号反应堆的技术人员正进行透平发电机试验，即在停机过程中靠透平机满足核电站的用电需求。在试验过程中，由于人为失误导致了一系列意想不到的突发功率波动，随后安全壳发生破裂并引发大火，放射性裂变

1986 年苏联切尔诺贝利核灾难

"切尔诺贝利"已成为核事故代名词，常被用于警告世人

产物和辐射尘释放到大气中。当时的辐射云覆盖欧洲东部、西部和北部大部分地区，有超过 33.5 万人被迫撤离。此次核事故的直接死亡人数为 53 人，另有数千人因受到辐射患上各种慢性病。

今天，切尔诺贝利周边地区呈现出一种怪异的"反差"。切尔诺贝利和普里皮亚特这两座遭到遗弃的城市慢慢走向衰亡，周围林地和森林地区的野生动物却因为人类的撤离呈现出一片欣欣向荣的景象。有报道称，当地甚至再次出现了已经消失几个世纪的猞猁和熊，它们的出现说明大自然拥有惊人的恢复能力，生命即使在最为可怕的环境下也有能力适应并进行调整。

切尔诺贝利已经成为核事故的一个代名词，反核能抗议者经常用"另一个切尔诺贝利"这样的字眼警告世人，就像反战人士经常喊出"另一场越战"一样。切尔诺贝利核电站所在地区被称为"疏散区",但乌克兰政府很难阻止自称"潜行者"的人进入这一地区冒险旅游。对于这些不知危险为何物的家伙,我们要送他们一句话——一些看不见的东西会让你们"很受伤"。

切尔诺贝利核灾难是历史上第一场 INES 等级达到 7 级的核事故,但谁也无法保证不会发生另一场达到 7 级甚至更为严重的核灾难。自然灾害、人为失误以及设备老化都是核工业无法回避的现实。全世界正在运营以及建造中的核电站共有近 500 座,我们当前面临的问题并不是未来是否会发生另一场核事故,而是"何时"发生。

被永远遗弃的土地
和废墟之城

10. 2011 年日本福岛第一核电站事故（INES7）

福岛第一核电站位于东京东北部约 270 千米，是世界上规模最大的核电站之一，共建有六座核反应堆，负责为东京和日本电网供电。2011 年 3 月 11 日，日本发生九级大地震，地震引起的断电导致反应堆冷却剂泵停止工作。存放在地势较低地区的备用柴油发电机也在地震引发的海啸中严重受损。

由于 1 号反应堆所在建筑内的发电机无法启动，1 号反应堆堆芯温度不断升高，安全壳内的氢气不断积聚，达到危险水平。可能是发电机产生的火花导致了氢气爆炸，安全壳的屋顶被掀翻。第二天，3 号反应堆所在建筑内的氢气发生强度更大的爆炸。14 日，2 号反应堆所在建筑也发生爆炸。由于贮水池内的水蒸发殆尽，4 号反应堆所在建筑内存储的燃料可能起火燃烧。

福岛第一核电站事故目前仍处在"进行时"，数量巨大的核污染垃圾有待清理，不断产生和排出的核废水严重污染环境，熔毁的堆芯核废料还不知道具体情况如何，想要回收困难重重。

福岛第一核电站是世界上规模最大的核电站之一

东野圭吾《天空之蜂》——借小说写核电 [1]

米 果

日本知名推理小说作家东野圭吾说，《天空之蜂》是他写作至今，投入感情最深的一部作品，他不但费力采访了核电厂相关人士、反核派、直升机技术员、自卫队和警察，在参观文殊快中子增殖反应堆之后，又以反对派的身份出席了反对团体的讨论会。而今，这本书在日本已经畅销 70 万本。东野圭吾本身是读电气工程出身的，在获得文学大奖继而成为职业作家前是一名职业工程师。《天空之蜂》中有非常专业的核电知识与人类面对核能问题的无知自私和身不由己。这不是一部单纯的灾难或推理小说，找出歹徒不是重点，借由小说文字诉说的核电风险，才应是自私享受用电方便的人类应该严肃面对、不能推诿的问题。

小说的故事场景设定在新阳核电站上空。一架计划交给自卫队的直升机，竟然自动升空，机内还有个误闯进去的小孩。遥控直升机升空的"歹徒"向政府提出要求，如果不停止全日本所有核电站的反应堆运转，就要让直升机坠毁在新阳核电站。

距离核电站不远的小渔村的副村长打电话给核电站站长：

---

❶ 整理自米果：《〈天空之蜂〉，东野圭吾对核电问题最沉重的表态》，https://okapi.books.com.tw/article/1936。

"万一真的掉下来怎么办？""即使真的发生，我们也会实时处理。""你不要给我官腔官调，切尔诺贝利当初不也是想要处理，结果变成那样？""既然这么不安，就赶快逃啊！"核电站站长很想这么说，却忍住了，因为长官告诉他："千万不能轻易说要撤离，急着撤离，就等于否定核电站的安全。"

他们死也不会说"危险"这两个字，因为只要一说，就等于否定了核电安全的神话。

核电站所在地的居民说："那些都市人只知道乡下有核电站，根本不会考虑当地居民的心情。他们想都不想，连刷个牙也要用电动牙刷那种莫名其妙的东西，难道这不是不公平吗？"

虽然表面上说，要用补助款振兴地方，但从来没有听说过任何一个乡下的地方因为这笔钱就变得富裕，最多是拿来建一些新型体育馆，然后再变成蚊子馆……政府的补助款不是用来振兴地方的，那笔钱是要地方放弃振兴梦想的和解费……

两位忙着找寻可疑歹徒的基层警员在车内闲聊：

"要是问一般民众，如果核电站建在住家旁边，谁都会反对吧？"

"那当然啦，但有超过一半的民众认为核电站有必要。"

"因为民众都很自私。"

"搞不好拥核派跟反核派中间并没有太大的差异。"

两位工程师之间，如此对话：

"这世界上有绝对不坠落的飞机吗？没有吧？人们只能努力降低坠机的概率，但无论再怎么努力，都不能让概率变成零。乘客也了解这件事，认为这样的坠机概率，自己的安全应该没有问题才搭机。同样，我们能够做的，就是降低核电站发生重大事故的概率……"

"问题就在这里……核电站一旦发生重大事故，无辜的人也会受害。说起来，日本全民都搭上了核电站这架飞机，却没有人记得自己买过机票。其实只要有决心，不让这架飞机起飞并非不可能的事……除了一部分反对派以外，大部分人都默默无言地坐在各自的座位上，也没有人站起来，所以，这架飞机还是会继续飞行……"

也有在机场等着出国、若无其事的旅客这么说：

"天底下就是有一些神经病，核电站关他什么事？"

"歹徒是因为讨厌核电站才做这种事吗？"

"应该是吧！他反对是他家的事情，但不要给别人添麻烦。"

最终，直升机究竟有没有坠落在核反应堆上，跟核电站同归于尽，造成辐射外泄呢？

歹徒给政府及大众的最后一封信写道："我们生活周遭的反应堆各不相同，它们有着各自不同的表情，既会对人类展露微笑，也可能龇牙咧嘴。只追求它们的微笑是人类的傲慢。"

东野圭吾在小说里面借一位研究放射性后遗症的助理教授大声疾呼："政府必须承认，这个国家的核电政策是建立在牺牲众多作业员的基础上的。"而从事与核电相关工作的工程师觉得："自认为跟核电站无关的一般民众，也必须认清这个事实。"

也就是这位从事与核能相关工作的工程师，在儿子遭到反核派同学霸凌，因意外事故死亡之后，他和儿子的同学见面时，看到"他们宛如假面具一般的脸"，他发现并非只有小孩子才有那种脸，很多人在长大之后，仍然没有丢掉假面具，然后，渐渐成为"沉默的大众"。

日本东海村核临界事故

何志雄 整理

核辐射看不见、闻不着、摸不到，但对人体的伤害是无法想象的。人体吸收的核辐射量比较小时，伤害过程比较缓慢，可是一旦吸收的辐射量达到临界值，对人体的伤害就是加速的、剧烈的，直至患者死亡。我们难以想象，看着自己的身体日渐腐烂，器官机能逐渐衰退，意识清醒但要忍受极端的痛苦却无能为力，生命苟延残喘唯一的依靠是冰冷的医疗机器。此时，死亡反而可能是解脱。

日本 NHK 出品的一部纪录片讲述了日本东海村核临界事故，其中包含日本有正式记录的核事故中第一个死亡病例。NHK 通过医疗记录和笔录，追踪了大内久先生临终前的 83 天。治疗过程充分说明了现代医疗科技对辐射伤害的无可奈何。大内久先生的家属希望他不要白白地死去，同意将治疗案例公开，以此警示人类。

1999 年 9 月 30 日上午 10 时 35 分，在位于日本茨城县那珂郡东海村的核燃料加工厂，3 名工人正在进行铀的纯化步骤。在制造硝酸铀酰的过程中，为了缩短工作时间，一名工人把一个不锈钢桶中富含 U-235（铀富集率为 18.8%）的硝酸盐溶液通过漏斗倾倒到沉淀槽中，另一名工人手扶漏斗站在沉淀槽旁，第三名工人在距沉淀槽约几米远的办公桌旁工作。这种做法违反了常规操作指

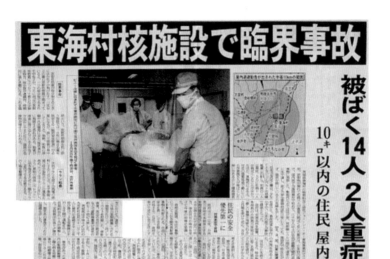

1999 年日本报纸的报道

引：应将 U_3O_8 的粉末先投入溶解塔，且溶解于硝酸中，再用泵将该物料送入贮存塔中制成最终产品硝酸铀酰。

　　根据推算，该沉淀槽的铀临界质量上限只有 5.5 公斤，工人却连续将 7 桶 2.4 公斤铀粉和 10 升硝酸桶内的铀硝酸盐溶液倾倒入沉淀槽中，导致圆形沉淀槽内累积了相当于 16.8 公斤的铀，于是立即引发了链式核裂变反应。瞬间，三名工人看见了"蓝色的闪光"，γ 辐射监测报警器鸣响，临界事故发生。这场事故波及 213 人，他们分别受到不同程度的辐射。事故现场的三名工人与辐射源的距离分别是 0.65 米、1 米与 2.6 米，受到了因核裂变产生的大剂量中子和 γ 射线的严重辐射。距离辐射源 0.65 米的大内久遭受

大内久先生

到了 16—23 戈瑞 ❶ 的辐射（普通人年上限量的两万倍）；距辐射源
1 米的筱原理人，遭受了 6—10 戈瑞的辐射。

　　救护人员很快把两人转移到国立放射科学研究所。奇怪的是，
离辐射源最近、受辐射最多的大内久看起来却和正常人没什么不一
样，只是皮肤变黑了一些，右手出现红肿，身上并没有灼伤的痕迹，
意识也非常清醒，不像是受过严重辐射。前川医生收下了这个病
人，自信地认为可以救他一命。

　　然而，情况并没有预想的那么乐观。这位壮硕的大汉很快受

---

❶　戈瑞（Gy）：核辐射剂量国际单位。每 1 千克受照物质吸收 1 焦耳核辐射能时，其
　　核辐射剂量称为 1 戈瑞。

到体内高剂量辐射的猛烈摧残。辐射进入体内后主要攻击的是细胞中的染色体。原本排列有序的多对染色体像遭受了突如其来的轰炸，有的断成几截，有的黏在一起，杂乱无章。这比起普通的单对染色体异常疾病如唐氏综合征可怕多了。

染色体承担着传递遗传信息的重要使命。它出了问题，细胞增殖也就无法进行了。也就是说，当老细胞正常代谢死亡后，却没有新细胞可以补充，各种细胞数量减少到一定程度时，人就会死亡。

医生想尽办法要保住大内久的生命。率先面临的挑战，是细胞增殖最旺盛部分的异常。没出一周，大内久免疫系统中白细胞的数量就降低到不足正常人的 1/10。

白细胞是免疫系统中极为重要的免疫细胞，发挥着对大多数病菌和病毒的抵御作用，失去了白细胞的免疫功能，即使微不足道的细菌也能让人死亡。这个紧急情况让前川等医生大惊失色。他们尝试将大内久妹妹的白细胞移植进他体内，但移植的白细胞能否正常发挥作用，要等十天之后才能判断。他们让大内久转入无菌病房，家人日复一日折叠象征希望的千纸鹤，挂在他看不见的隔壁。

由于强大的辐射能对机体的破坏，要揭下体表的医用纱布，皮肤也会被撕下一块。皮肤不断剥落，却无法再生，留下无法修复的创面和浑身的疼痛。而因为要尽可能阻挡体液渗出，也只能不断贴上新的纱布。

他的肺部也很快开始积水，呼吸变得困难，插上了呼吸机，无法再与家人沟通。

在不断恶化的病情中，终于迎来了一个好消息——大内久妹妹的白细胞移植成功了。然而一周之后，好不容易重燃的希望又破灭了——由于血液开始病变，新植入的白细胞逃脱不了染色体损坏的命运。看来辐射不仅让自身的细胞异常，还让外来的细胞也落得同样的下场。

前川医生等人彻底没有了办法，但是这种从来没有过的、珍贵的人体受辐射现象吸引着他们去探究，他们仍然企图从最新的研究成果中搜寻手段，让肆虐的辐射伤害停下来。

但是，白细胞成功移植已经是整个救治过程中唯一的好消息。医生能做的，只是用各种各样的仪器维持心电图上那一条起伏的折线，以及使用大量的麻醉药物来减轻病人的痛苦。

入院27天后，大内久的肠道黏膜开始成片脱落。辐射对肠道的伤害导致严重腹泻，甚至一天达到三升的排出量。接下来，肠道开始大量出血，仅仅半天就需要进行十多次输血。

皮肤的病情也进一步恶化，体液大量渗出，每天通过皮肤和肠道就损失十升的水分。每天围绕着大内久的，除了冰冷的机器，还有心里充满同情的护士。她们每天需要花费半天的时间来对他进行皮肤处理，眼前尽是腐烂的肌肤与不断外渗的体液这种令人触目惊心的画面。

大量出血和大量输血对大内久的心脏造成很大的负担，他必须保持剧烈的心跳才能维持血液的快速补充，以至于心跳频率达到每分钟120次以上，相当于一名躺在病床上的运动员。然而，在第59天的早上，他的心跳突然停止了。

医疗小组经过一个小时的紧急抢救后终于恢复了大内久的心跳。但此后，他的大脑、肾脏等器官也严重地损坏了，无法感知外界的刺激，也无法做出回应。

一周后，大内久体内的免疫细胞开始攻击自身的细胞。原本已经数量匮乏的细胞在这种打击下，减少的速度加快。医生手足无

原爆と同じ東海村臨界事故

被曝したＪＣＯ労働者・篠原理人さん（40歳）の治療経過の写真
（第３回日本臨床救急医学会での公表写真）

| 篠原さん | 9月30日 | 10月10日 | 11月10日 | 12月20日 | 1月4日 |

9月30日	臨界事故で顔や両腕に10シーベルトの中性子を浴びて被ばく。
10月10日	外傷はないが紅斑、おうと、下痢、意識障害などがあらわれる。
11月10日	皮膚が次々にはがれ、70％がはがれ落ちる。
12月20日	両前腕部に皮膚移植をおこなう。
1月4日	顔面へも皮膚移植がおこなわれたが、ＤＮＡの損傷で皮膚の再生能力は失われていた。

医疗记录档案

措，唯一能做的，就是不断地通过输血来补充血细胞。

眼看着病情恶化的趋势显著加快，但没有对应的医疗措施能够力挽狂澜。大内久活下去的希冀如果仅靠机器维持来实现，似乎就没有意义了。第 81 天，医生与家属商量决定，如果再次出现心跳停止的情况，就不再进行抢救。第 83 天，在大内久的妻子和儿子探视后，大内久停止了呼吸。

历经 83 天的战斗与煎熬，大内久还是未能从核辐射的残害中获得拯救。他在不断恶化的病情中经受着难以想象的折磨，生命最终还是在千禧年到来之前戛然而止。另一位遭受核辐射相对较小的篠原理人，同样经历了可怕的死亡过程，在事故发生 221 天后死亡。

对于医学，这似乎是一次前所未有的经验启发：大内久体内几乎所有细胞都支离破碎，但心肌细胞依然保持了纤维组织的完整。心肌细胞为何可以免受放射性损害，现在还不得而知，也许是未来医学需要研究突破的方向。这一场战斗也让人们知道了面临核辐射时，现代医学依然是如此无力。

事故的起因，给人们敲响了一次警钟。

但，这全是两位员工的错吗？东海村核燃料处理厂的厂方难辞其咎。大内久和筱原理人都是刚调到这道工序的员工，从来没有接受过专门的操作培训，领班也只有两三周的工作经验。

从东海村核燃料加工厂的这次临界事故，可以发现在包括事故发生时的应急处理问题与事故发生后的救援疏散等问题上均存在不少缺陷。由于事故发生单位和日本原子能安全管理部门事先都认为不会发生临界事故，因而没有制订相应的核事故应急预案，造成事故后的救援行动相当迟缓，各种指挥部也是临时匆匆成立的。

2003 年，东海村核燃料加工厂的铀转化活动完全停止，公司被罚款 100 万日元，相关的负责人受到了刑事处罚，日本因此通过了核能防灾的相关法律，在全国建立了防灾基地。

这些预防和补救措施能起多大的作用，其实很难说。2011 年日本发生了更大规模的福岛核事故，其灾害程度和事后的次生灾害都相当严重，幸好没有出现可怕的现场人员辐射伤害事故，但核辐射的后遗症不可避免地在很多人身上造成了持久的伤害。人们要知道，核辐射的伤害是不可逆的。

本文参考资料：
NHK 纪录片：《日本东海村核临界事故——治疗核辐射 83 天记录》。

陈肖华，毛秉智：《日本东海村核转化工厂临界事故及应急医学处理》，《国际放射
　　医学核医学杂志》，2003，27（1）:28-30。

《日本茨城县东海村 JCO 核燃料处理工厂临界事故总结报告》，Atomic Energy
　　Council，2018。

《日本东海村核临界事故》，百度百科。

《核燃料后处理》，维基百科。

《临界事故》，维基百科。

"常态偏执"与当今世界 ❶

孙　歌

一

很少有人动用自己的感觉去追问这个问题：人类今天的生活状态是否正常。尽管两次世界大战使得世界上很多知识分子都用自己的方式讨论这个老而常新的问题，并且后现代以来的各种文学艺术和学术产品都在不厌其烦地告诉我们，人类生活得很不正常；但是这些忠告似乎没怎么起作用。说到底，"正常""自然"这些标准早就被篡改了，人类已经习惯了倒置着自己来看世界。正常和自然被用最不自然、最不正常的方式重新打造过之后，反倒是原本自然的正常状态显得不正常了。平心而论，正常与自然这样的字眼，绝对不可能包含客观不变的标准，一切都是随着多数人的行为方式而改变和共享的。在今天这样一个跟着广告走的虚拟世界里，人们已经"习惯成自然"地接受了很多不正常的东西，并且反倒认为这些东西才是正常的。最大的不正常是超出生存需要的消费与占有，在每天都有大量贫困儿童饥饿而死的世界上，它以时尚之名把对资源的浪费变得合理合法，而且花样百出地不断造成新的消费（多数情

————

❶　本文写于 2012 年，原载《天涯》2013 年 1 月号。

况下它就是浪费的代名词）潮流。

一切都是资本的阴谋——很多人会这么说，不过问题到这里并没有结束。仅仅依靠批判垄断资本主义及其与权力的共谋，包括批判它的意识形态，我们并不能改变今天的生活状态。这是因为，未必接受资本逻辑的人们，却可能在生活感觉上接受消费主义的逻辑。在这个意义上，普通人并不仅仅是资本的受害者，同时也可能成为共谋者。被消费主义重新打造过的生活观念，在今天支撑着"生活常态"，构成多数人的生活追求，这似乎不再需要举例说明。

我偶然在北京"小毛驴民农园"的志愿者们发行的简报上读到一个年轻志愿者的短文，其中谈道：这位年轻人现在过着简单而充实的生活。居室里没有电视，没有多余的物品，不知道明星和追星的潮流，但是在有机农业的实践中感觉到了生命的充实。在农园的生活使得这位年轻人产生了一个朴素的疑问：为什么现在人们要拼命地挣钱，然后高高兴兴地用挣到的钱去买那些有毒的东西？

这样的疑问在全球都存在着，尽管它尚不会成为主导的声音，却一定会慢慢地发酵；这个疑问体现的健康本能使我感受到了希望，这才是真正的抵制资本逻辑的力量！毕竟在有限资源不断被消耗的情况下，人类总有一天会不得不面对这个今天只有少数人敢于面对的问题——我们这样不计后果地打造和谋求的"现代化"生活方式，姑且不说对自己意味着什么，它对于尚未来到这个世界的子孙后代而言，是否已经构成了贪婪的犯罪？

日本的"3·11"大地震已经过去一年多了。这个天灾人祸纠结在一起的事件，究竟在何种程度上改变了日本并间接地改变了世界，今天还无法确切地判断。但是，很多日本人确实在这又一次灾难中获得了某些宝贵的经验。其中最使我受到启发的，是他们曾经在网络讨论中提到了"常态偏执"的问题。

中国人对去年日本社会在巨大的灾难之后迅速恢复日常状态感到惊讶和敬佩。尽管在这种不动声色的常态中,多数日本人隐然地感受到了"3·11"之前不曾有过的不安感觉,但是这种不安并没有让他们改变灾难发生前的生活方式,也没有让他们在行为举止上体现出任何慌乱。社会在短时间内又变得井然有序,人们忙碌地上下班、交往、购物娱乐、享受生活。我们外国人很难了解日本人内心的那份不安,于是就在表面的常态中判断这个社会:它已经从灾难中恢复了。虽然在今年日本内阁批准重新启动福井大饭核电站机组之后,日本社会相继出现了大规模的示威游行和请愿活动,但是对于多数日本人来说,福岛核电站的机组残骸似乎已经不再构成威胁,它们作为话题虽然不时出现在传媒上,人们却失掉了关注它的新鲜感,并未消失的核辐射问题似乎已经被善于使一切都秩序化的日本人转化为一种新的秩序:勤劳的日本主妇们在自己的家务中增加了一项新的内容,就是尽力辨别每天为家人提供的食物中放射性物质的含量,尽量在选择食材时使它降低到最低限度。

人类善于选择重复性的行为,我们每个人都不例外。使自己处于常态感觉之中,意味着可以不用思考和选择而重复性地生活在某种秩序状态中,例如每天按时上下班,按时吃饭,按时购物,按时看电视,按时上床休息,这对一个人而言依靠下意识的习惯几乎就可以完成,这是能量消耗最小的方式,因而最省力;而当人每天都处于不确定性之中,每个动作都需要动脑判断,都要自己做出选择和决定的时候,就需要付出更多的精力和体力。心理学家做过一个实验,让人们自由入场地观看演出,并且宣布没有对号入座的需要,大家可以随时调换座位;但是当中间休息之后,绝大多数人都会依然坐回原来的座位。类似的情况在社会生活中是常见的，它甚至可以转化为对秩序的理解：秩序就是不要轻易改变已经形成的某些习惯。哪怕是刚刚出现的习惯，一经确定，人类就倾向于维持它，因为这是最节约精神与体力能量的方式；在这个意义上，应该说尽量缩短非常事态的持续时间，尽量驱逐非常态的感觉，是人类生命的辩证法。就连非常态本身，如果持续了一段时间，人类也有本事让它成为可以习惯的"常态"。想想 2003 年"非典"流行时期人们先是恐慌继而习惯的过程，这一点不难理解。

但是，假如人类生活的常态是健康而合理的（姑且不去讨论什么是健康的和合理的标准，我相信常人都有一个基本的判断），那么使自己处于常态就是正常的；问题在于，假如我们笃信的"常态"并非如此，尤其是在现代社会已经显示了它的病态的时候，那么，我们使自己处于"常态感觉"中的本能，是否反倒是一种有害的自我麻醉？

在日本社会迅速恢复到"3·11"之前的状态时，最早对这一点表示了疑问的是一位来自美国的知识分子。他并未对日本人迅速恢复的秩序感觉表示赞赏，反倒表示了惊讶。他指出，在这种迅速恢复的状态中，他感受到了一个断层：一部分日本人感受到了危机，虽然在这个感受到危机的人群中危机的强度各不相同；而另一部分人则基本上没有危机感，他们更愿意回归从前的生活状态。❷

这个分类法虽然有些粗疏，但是在基本估价上是可以成立的。如果说在核辐射的善后处理问题上，日本人大致分为两群，恐怕并

---

❷ Manuel YANG：《超越大毁灭结局的民众》，载《图书新闻》（东京）2011 年 11 月 12 日。

不违背现实状况：一群人有强度不等、内容多样的危机感，这促使他们投身于各种各样的行动。小到为了家人的安全而拼命学习核辐射的知识，大到为了社会的安全和正义而到街头参加抗议游行，或者用各种方式支援那些渐渐被媒体遗忘的受害者；另一群人则对此冷眼旁观，他们仍然按照福岛核事故发生之前的感觉和秩序生活，仿佛这场灾难已经结束了。而且，这冷眼旁观的人恐怕是多数。

其实，何止"3·11"之后的日本人呢。这个分类法恐怕同样适用于今天的整个人类吧？当一场灾难过后，人群总是分为迅速遗忘和拒绝遗忘两大类，后者永远是少数。所以，这也同样是我们自身的问题。只不过日本的这次核事故以极端的方式尖锐地把这个一直潜在的问题抛入了人类的视野罢了。

摆脱危机恢复常态，本是人类的自我保护本能，不过在诸如"3·11"这样的后遗症很难消除的事件发生之后，迅速恢复原有的状态似乎需要思考和质疑：这种恢复里面是否包含了隐蔽危机的真实形态并以虚假的常态对它进行遮蔽的危险性？

这正是一群在位于东京的经产省办公楼前搭起帐篷表达他们对内阁抗议的反核人士讨论的问题。他们在反思，日本民众这种迅速恢复常态的欲望中，是否体现着心理学意义上的"常态偏执"倾向？

这个词是我的自行翻译。或许它并非准确的心理学术语，但是我觉得这样两个词的连接可以准确地传达出一个基本的社会状态：对于"常态"近乎偏执的依赖与执着，可以使人们无视逼到眼前的危机，只要生活可以日复一日地重复进行，哪怕危机仍然存在，还是可以按照常规过活。原本为了节省精力的消耗而产生的生命本能，在社会生活中却有可能转变成一种饮鸩止渴的惰性机制。

今年初夏，我又一次造访日本的时候，听日本朋友说，即使在东京这样离福岛有一定距离的地区，鸟类也已经明显地减少了。由于日本政府投入检测环境污染的经费有限，除了文部科学省的网站之外，东京电力公司偶尔会公布有限的污染信息，而且明显地有大事化小的嫌疑；海洋污染的情况对于饮食中不能缺少渔业产品的日本人来说，依然是一个具有潜在危机的不确定因素。最近我看到一些民间的动物爱好者传递的消息，说在福岛已经观察到蝴蝶的幼虫发生了死亡与基因变异的现象，而且比例很大。灾难在静悄悄地逼近，但是我在东京街头几乎无法感知到这一点。日本的年轻人仍然快乐地消费和娱乐，闹市区依然繁华热闹；甚至在福岛本地，学生们也依然按部就班地走着每天既定的道路去上学，看似并无什么不安。如果你去询问他们的感受，我想他们会说：我们当然知道存在着危险，可是有什么办法呢？我们又没有可能离开！

我曾经在去年赴日本的飞机上询问坐在身边的两位年轻的中国旅游者，他们是否对日本的核污染有必要的知识？不料这两位年轻人嫣然一笑，不以为意地说：咱们中国人怕什么，什么毒咱见过？

常态偏执并不仅仅是日本社会的问题，它也同样破坏着我们中国人的健康本能。当核能的危险并没有得到充分的讨论，特别是没有成为民众的基本常识的时候，近在咫尺的福岛核事故并没有阻止中国核电站的建设，也没有引起传媒和大众的舆论关注，而仅仅一年半的时间，需要几十年才能够逐渐消解的核污染后续的种种问题，已经悄然淡出了公众的视野，尽管福岛核电站依然千疮百孔，相关的技术人员还在进行模拟试验以决定如何才能取出燃料棒，但是似乎这一页已经被翻过去了。

人类无法忍受长时间的危机感觉，即使在现实危机没有结束的情况下，人们也会想办法在想象世界里结束它。2011年12月，当野田政府宣布核事故已经收束的时候，尽管福岛核电站的辐射强度依然不减，而且两个裸露的机组依然因强烈的辐射使人无法接近而不能得到覆盖，但是世界却选择相信这个说法。比起现实来，虚拟世界的"真实"更接近人们的要求，于是，日本和全世界的"后3·11"时代开始了，人们回到了常态之中。

二

　　危机是不受人欢迎的。但残酷的是，人类通常只能通过危机来省察自身与社会的真实形态。日本社会正是在2011年的"3·11"大地震、海啸，以及随之而来的福岛核电站事故这一巨大的危机之下，才暴露了它真实的社会结构形态，并引发了日本的有识之士对自身课题的持续讨论。

　　在这场天灾人祸来临之前，多数日本人相信他们的社会是民主的，言论是透明的，政界虽然不能让很多人满意，但是他们对各级行政系统在公共事务上的管理是信任的。这是个信任度很高的社会，即使出现了类似食品安全问题等事故，人们也不会草木皆兵；关于核电站的安全问题，尽管几十年来一直有反核科学家在苦口婆心地宣传核电站的危险性，尽管早已经产生了远离核电站地区的人们对核电站附近人们的歧视心态，但是在舆论层面，没有产生真正意义上的反对核污染的意识形态。日本人习惯把公共事务交给政府的行政系统管理，他们并不会因为行政系统出现错误而影响自己的安全感。反倒是那些反核科学家，长期以来一直被视为高喊"狼来了"的孩子。狼在哪里？大家不都活得好好的吗？

　　然而狼真的来了。"3·11"打破了无端的信任感，也打破了日本人令世界敬佩的秩序感。那些一直被认为小题大做的反核科学家一时间成为众人瞩目的明星。由于过于强烈的事件在短期内发生，使得日常状态中的一整套有序的运作方式无法运作。在最初的几个月里，不要说传媒，就连政府的新闻发言人也常常出现令人瞠目的表现。我在事件过去半年多之后从报纸上读到一则报道，说日本政府相关部门的官员在记者招待会上举起一杯从福岛核电站被毁机组的积水里舀出来的水，说经过处理之后，这些水已经达到了正常的指标。于是在场的记者质问他，既然达到了正常的指标，那就说明这水可以喝，为什么不喝给大家看？这位官员于是就举杯喝了下去。顷刻间全场哗然，众多录音话筒指向了他，记者争相问他："现在是什么感觉？"接着有人问他，他为什么要喝这杯水？这位官员的回答是：既然大家都让我喝，我也就喝了，什么都没有想。

日本的传媒报道这则消息的时候颇有些幸灾乐祸。日本政府在事故发生后的所作所为，使得一向受到社会信任的官僚们突然成了笑柄。这类带有嘲讽意味的趣事不时被传媒拿出来娱乐，读者略带苦涩地一笑了之。但这已经是事故过去半年多之后，这时日本社会已经恢复到了常态，才有了这样的余裕；在事故当初的严峻时刻，朝野一片混乱，往日的惯常操作失灵，一时间社会与人都处于混沌之中。这时，日本人才真实地察觉到，他们信任的政府和行政体系，在这个关键的危机时刻想到的不是如何保护普通的日本百姓，尤其是那些身居险境的福岛居民，而是如何尽快恢复秩序，并为此不惜掩盖事实真相。

当福岛核电站机组的堆芯熔毁并引发了严重的核泄漏之后，东京电力公司没有在第一时间及时通报，并隐瞒了辐射最严重区域的分布情况，导致当地部分居民转移到了辐射度更高的区域避难。这是事故发生之后渐渐被揭示出来的真相。此事引起日本社会舆论的极大愤慨。而日本政府在第一时间向社会传达的信息，则是核事故引发的泄漏"不会立刻引发身体的健康问题"。虽然很多百姓根据自己的愿望有意无意地忽略了"立刻"这个字眼，从而自我暗示危险已经过去了，但是这个说法还是引起了很多日本人的批评。同时，在事故爆发之后，日本文部科学省很快就宣布福岛进入灾后复兴阶段，大、中、小学恢复上课，这一决定在后来受到质疑的时候，相关官员解释说：我们是为了保证学校的正常运作秩序不被破坏。很多日本人激愤地说：那么孩子们的生命安全呢？难道这还不如学校的秩序重要？

应该说，在事故发生的初始阶段，日本政府是使用常套行政手段处理这个特殊灾难的。而这个常套手段，通常是使用在普通的地震、海啸发生之后。常套手段的失灵，是在事件过去一段时间之后才慢慢地被人们意识到的，而常套手段中那些不为人知的黑暗部分，也恰恰是借助它的失灵才有可能浮出水面。例如文部科学省把秩序置于人的生命之上的秩序本位主义，不借助这个非常事件是很难被察觉到的。整个日本社会也是在一个剧烈的创伤经验之后，才慢慢地回味出实际状况的严重程度，所以第一时间出现的反应，是在过了一段时间之后才慢慢地暴露了它的虚假性。这个过程，恰恰暗含了一个历史规律：在危机时刻，历史与社会的结构方式会突然显现它的真实面目，但是在闪现的当时，人们未必会理解它；所以，重要的是在危机过去之后的最初阶段，不要立即结束危机感，而是重新整理危机时刻的基本经验，并依靠它对常态进行质疑。

在福岛出现严重的核事故之后，与无处撤离这一基本事实密切相关，最初占据社会主导地位的意识形态是传统日本社会最为常见的共同体意识：坚守家乡，重建家园。当时希望到其他地区避难的福岛居民，需要冒着被其他人歧视的危险。整个社会的意识形态也鼓励福岛人坚守阵地，并且鼓励其他地区的日本人吃福岛的农副产品以支持福岛的灾后复兴。据说最初那段日子里，电视艺人们在谈话节目中会搞"吃菜秀"，一起吃福岛产的蔬菜，直到有一天有一位艺人在直播节目中说出了皇帝没有穿衣服的事实："我们为什么必须吃这些危险的东西？"据说这位艺人一夜之间走红，整个社会的舆论也开始发生了变化。到我去日本的2011年下半年，福岛人避难已经不受舆论谴责了，而不吃福岛的农副产品，似乎也不会受到严厉的质疑。虽然"福岛人加油"依然是主旋律，但是这主旋律却开始呈现某些断层与苍白的色彩。初期那种强有力的共同体意识形态，已经无法有效地对应如此惨烈的现实，而在一系列事件发生之后，道义与情感的矛盾冲突等问题逼迫着每一个人不得不谨慎地对待那些很难简化的纠葛。

2011年的盂兰盆节，京都人拒绝使用来自东北灾区的木材点燃京都周围山上的"大文字"。这是个很让人头疼的选择。因为来自灾区的木头很可能带有核辐射物，在周围的山头上点燃它自然就有可能对京都形成人为的污染；但是拒绝了这些木材，也有可能伤害仍然留在福岛以及周边其他几个县居民的感情。这件事一时间引起了舆论的关注，但是似乎也没有形成声讨的阵势，因为接下来马上就发生了另一件更让人头疼的事情，就是内阁决定把东北几个临近福岛的县在地震海啸时产生的各种垃圾分散到全国各地去焚烧。这就使得所有灾区以外的地区都面对了京都的选择。结果，除了东京都之外，所有地区都发生了居民拒绝的情况，直到我2012年年初回国，也只有东京都实际操作了这个计划。

与此相关，一向被主流舆论所忽略的弱势群体，也由于这次危机才开始被人们所关注。因为没有富裕的经济条件而不得不接受核电站的福岛居民，不仅多年来为东京输送着大量的电力，自己却承受着核电站造成的周边污染，而且在如此付出之后还要忍受无形的歧视。据说有的姑娘仅仅是因为出身于福岛，就无法与东京的男友结婚，因为男友的家长害怕将来生不出健康的孩子。这样的悲剧在这次危机之后渐渐被更多的人关注，一些有良知的人开始深思，该如何改变这样的现实？甚至连此前日本批判知识分子一贯坚持的批判国家和民族主义的立场，在此时此刻也很难有效地解释问题，这也曾使得一些有良知的知识分子暂时处于"失语状态"。

在我有限的观察里，似乎在这个巨大的危机发生之后，日本政治也暴露了它一向被遮蔽着的某些特质。例如官方信息的透明度以及官方的公信力受到了深刻的质疑。通常，日本人对内阁的政治家或许有异议，但是对操作力强大且秩序感稳定的庞大行政系统却有着本能的信赖感。正是在福岛核危机出现之后，日本人无言地搁置了这种信任。首先是东部地区的多数居民纷纷购置了辐射测量仪，自行测试空气中的核辐射浓度；它所伴随的另一个现象是广泛的学习运动。以主妇为主的民众群体自发地组织起来，从放射性物质中不同射线的不同危害入手了解有关核物质的基本知识，并探讨在辐射状态下有效生存的对策；这一学习运动本身与民众对官方御用科学家的不信任也直接相关。随着事态的进展，越来越多的报道揭示了在第一时间出来证明福岛核危机不会对人体产生危害的科学家的言论多有不实之词，以至于激起了民愤；我在京都大学的校园里就看到学生们挂出了巨大的条幅，要把某某御用科学家从京都大学"赶出去"。在事态平静之后，日本民众开始了自主的保卫生命运动。由于政府公布的食品安全基准上限直到今年年初还远远高于正常标准，而几乎大部分商家都利用这个规定把此限度内的食品一律作为安全食品上架，这就让很多人无法判断什么样的食品更安全，所以很多民间组织开始集资购买测试食品辐射量的测试仪器，为市民提供有偿服务；在政府调整了食品安全基准的上限之后，民间的测试似乎也没有停止，而且据说有时也会从"安全食品"中检测出很高的辐射值。

我不知道在这一年多的时间里，日本普通人的生活感觉改变到了何种程度，可以肯定的是，这场灾难改变了很多人，而这改变也将在一定程度上影响日本社会。最大的改变就是2012年陆续发生的抗议示威游行。这些游行的主题主要针对的是其他核电站的重新启动，并呼吁把日本真正变为无核国家；尽管一次次游行并没有能够制止大饭核电站机组的重新启动，但是这些游行却是自1960年安保运动以来又一次出现的连续性大规模群众游行，时隔多年，日本的普通民众又一次以这样的方式表达自己的意愿。按照柄谷行人在一次演讲中的说法，游行未必能改变日本政府重启核电站的决定，但是仍然带来了变化，因为它使得日本成了一个可以游行示威的社会。

与任何一个社会相同，日本社会中也存在着"沉默的大多数"。很难简单地断言沉默就一定是顺从和无意志，但是沉默确实有利于一个社会维持现存的秩序。日本的民众通过这次巨大的创伤性危机，部分地改变了原来的社会秩序，人们不再不假思索地生活了，他们开始依靠自己的判断来选择，开始培养怀疑的习惯。但是，虽然不安的感觉充溢着社会生活，秩序却依旧井然；这在很大程度上是沉默的大多数所决定的。没有理由要求一个社会一直维持在非常态状况下，不过必须看到的一个客观事实是，人类是通过危机而不是通过常态来进行学习和调整的。危机就是机遇，说的就是这个意思。现实状况是，借助着危机暴露出来的各种社会问题，在危机过去之后又重新开始被慢慢地遮蔽；福岛的弱势群体如何在灾后改变他们的社会地位，甚至仅仅是如何在灾后恢复到灾前的程度，重新又成为需要一些有良知的活动家们奔走呼号的课题。人群又在慢慢地恢复常态下所特有的冷漠，对福岛的同情和支援与对核电的持续性抵制，又在渐渐成为需要进行社会动员才能广泛开展的现实课题。正是在这种情况之下，2012 年 8 月中旬之后，从右翼的钓鱼岛登岛等举动到日美联合"夺岛"军演，主权之争把人们的视线从上述问题上移开，日本社会正面临着新一轮的危机。

三

　　钓鱼岛的主权问题在日本社会重新被炒作，此事的升级发生在"3·11"之后。在逻辑上，它当然与核电站停运和能源危机直接相关，但是在日本社会生活中，还有另外一重被中国人忽视的脉络，这就是日本自卫队升级和冲绳民众对美军基地的抗争。对于日本社会的有识者而言，钓鱼岛的主权问题并不是主要的症结，更急切的危机是日本政府和右翼势力显然希望借助钓鱼岛争端废除日本和平宪法第九条，使日本自卫队转变为合法的军队。而在这一系列阴谋中，美国恰恰通过它在冲绳半个多世纪的军事支配为自己深入东亚、强化亚太霸权创造了有利条件。

　　在中国传媒有关钓鱼岛的一系列分析报道中，问题被集中在主权层面上。当主权问题成为基本视角的时候，人们很容易把冲绳视为日本的一部分或者反过来强调冲绳应该独立于日本，换言之，冲绳问题也被解释为主权问题。但是真正应该关注的，却是如何理解冲绳民众半个多世纪以来旷日持久同时又极端孤独地反对美军基地的斗争。冲绳是东亚主权斗争的第一现场，但是在某种意义上，一些冲绳民间活动家却以极为成熟的政治策略搁置了冲绳的主权问题。在冲绳归属问题上，冲绳人内部一直存在着分歧乃至激烈的对立。有些人希望施政权继续归属日本，维持已有的既定事实，有些人希望独立，建立自由的和自主的琉球社会；但是主权问题在冲绳的关注度，并没有美军基地的危害来得急切。我曾经不止一次地听到冲绳一些代表性知识分子谈到独立和主权问题，一些人认为，如果冲绳的独立如同南斯拉夫那样将要引发区域战争的话，那么他们宁可搁置这个问题。更为迫切的问题是，如何动员冲绳的民众持续对抗美军基地，逐渐地把美军从冲绳赶走。持续了多年的普天间机场移址问题，在边野古居民艰难的抗争和全岛民众的声援之下，至今也无法有效推进，这显示了冲绳民众对抗美国和日本政府的强大决心和艰苦抗争的成果。目前，冲绳活动家们正在组织民众反对在距离我国台湾仅仅111千米的与那国岛上驻扎日本自卫队，反对在冲绳部署美军的新式鱼鹰直升机，这些艰苦的抗争，在在都与钓鱼岛争端相关，但是冲绳的民众和冲绳的活动家并未得到来自东亚其他区域民众的支持。他们在孤独地战斗，为了东亚的和平，也为了世界的和平。

在"3·11"之后，冲绳的活动家敏锐地察觉到了事态的严重性。借助美国军队与日本自卫队联合救灾的名目，一向顾虑于和平宪法制约的日本自卫队在悄悄地升级。2011年6月的一次会议上，来自冲绳的著名知识分子仲里效先生指出：在地震和核事故发生后不久，日本自卫队的舰艇就与美国军舰一起驶进了那霸港。这使他感受到了强烈的危机。在战后美国掌控日本军事控制权的时期，日本自卫队是不能与美军同用基地设施的，近年来日本政府悄悄采用渗透的手段让日本自卫队不断接触美军基地等设施，寻找机会制造"日美联合作战"的意象，而这次地震海啸和核事故，为自卫队升级提供了很好的借口，也为日本自卫队进入南岛链提供了掩护。在"3·11"之后出现岛屿争端绝非偶然，这是日本政府自伊拉克战争以来不断以和平支援之名谋求自卫队走出国门这一偷天换日手法的进一步升级。日美联合军演提升了自卫队的实际军事能力，为它转换为军队做准备；而美国不断紧缩的财政问题和全球霸权的维持，也使它放宽了对日本的戒备，除了核心军事技术保密之外，它开始更多地在战术层面上培养和借助日本的军力。

冲绳作为"二战"时期日本唯一的本土战发生地和战后被日本国家作为独立交换条件而被美军占领的地域，受到了双重的伤害。即使在今天，这种伤害也仍然在继续。冲绳不仅因为大片领海被划归军事区而失掉了自己充足的渔业资源，而且也无法发展自己的商贸或其他产业。在这个不得不以基地经济为支柱的群岛上生活的人们，在日本战败后一直受到美军的各种骚扰和摧残，而肇事的美军军人却可以不受日本法律制裁从而逍遥法外。在人口密集地区，美军不断发生的各种事故给人们的日常生活造成极大威胁，现在美军强力引进的鱼鹰战斗机就因安全性不稳定而随时有可能造成平民的伤亡。

冲绳人就是不得不在这样险恶的情况下坚持，用仲里效的话说，他们始终生活在临界状态。每一个来自日本和美国的举措，民间都要集中大量的精力才有可能迫使其暂时停滞，或进行某些修正；在这种力量不对称的政治格局中，冲绳的社会运动几乎没有松懈和喘息的余地。正是因为这样的缘故，"3·11"之后迅速做出了反应的是冲绳的社会活动家，他们立刻把福岛与冲绳联系起来讨论，并立刻对日本国家牺牲弱势者的一贯做法提出严厉的批判。

冲绳抗争着的民众没有办法生活在"常态"中，他们几乎总是不得不保持高度的紧张状态；而恰恰是这样的斗士最了解，在现实中抗争右翼势力和帝国主义势力并不能仅仅依靠强调主权意识，主权问题需要配合更多的环节，才能转化为真实的问题。今天的冲绳民众运动家，尽管多数在主权问题上是坚持冲绳独立性的，但是出于现实问题的复杂性以及对后果的考虑，他们很少把冲绳的主权这一核心问题作为制造凝聚力的意识形态诉诸社会，尽管建立一个独立的琉球一直是很多冲绳民众的梦想，但是，他们面对的现实问题，却是更为具体和直接的，甚至未必与冲绳的归属问题直接相关。

让我深受感动的是冲绳社会近年来持续进行的一个激烈的争论，就是把美军基地从冲绳赶走是否应该是斗争的最终目标。在种种态度中，有一种看法是，从冲绳把美军基地赶走并不意味着斗争的胜利，因为美国会在太平洋一些对美军基地缺少"免疫力"的岛屿上建立新的美军基地，而在那里并不存在冲绳这样的民众斗争基础。因此，把美军从冲绳赶走，并不意味着斗争的胜利，因为它可能并不能改变美国"重返亚太"这一现实。同时，作为形式上日本国的一部分，冲绳的民众斗争虽然并没有直接以"反日"的形态呈现，但是对日本政府不顾冲绳百姓利益的国策，他们一直在进行持续性抗争，特别是当下对日本自卫队进入冲绳的举措，很多冲绳人进行了不妥协的抗议。这样，可以说冲绳凝聚了东北亚地区最尖锐的政治、军事冲突，也积聚了战后半个多世纪以来深重的苦难；而冲绳的有识之士表现出的"大于冲绳"的国际主义视野，却是从他们这种被歧视、被背叛的历史处境中产生的。这种国际主义传统，在冲绳思想界由来已久，早在越战时期，冲绳人就试图通过对美军基地的牵制间接地支援越南的反美斗争；在伊拉克战争时期，冲绳人也一直把自己对美国军事基地的抗议运动视为对伊拉克平民的人道援助。如果仅仅从国家视角出发认识问题，冲绳人民的抗争很难与我们的"国家利益"认知发生关联，例如在最近的钓鱼岛主权问题报道上，冲绳的归属问题虽然成了话题，但是冲绳民众的现实斗争却没有进入中国社会的视野。这是非常大的缺憾。

在日本本岛，冲绳民众的抗争虽然一直是一个公众话题，但是并未与"沉默的大多数"发生切肤的关联。在"3·11"之后的民众游行等运动中，主要的抗议并不是针对日本国家的潜在核武装化问题，而是日本民众的生活安全以及核辐射的危害如何消除的问题。因此冲绳问题没有可能占据太多的位置。但是，"福岛—冲绳"的主题却被两地的知识分子以弱势群体的相似性为视角进行了讨论，而日本本土的有识之士在第一时间就指出了核电站与发展核武器的关系（参见武藤一羊的文章）。在日本社会迅速常态化之后，中心话题转向了如何防止其他核电站重启，以及电力供应是否可以摆脱核电依靠更安全的发电手段等方向，日本自卫队借助福岛救灾悄然升级的问题，并没有成为主要的课题。就是在这短短一年里，借助民众视线集中于核电安全与灾后重建的时机，日本自卫队完成了它对冲绳的进入。当仲里效先生看到那霸港的自卫队军舰时，他立刻联想到了早年美军从那霸港出发侵略越南的情景。这个敏锐的联想在不到一年后的今天开始被现实部分地证实：日本自卫队就是从冲绳出发去关岛进行"夺岛"军演的！

冲绳民众思想家们的危机意识往往被社会生活的"常态"所淹没。对于常态的偏执性依赖会使人们忽略身边真实的危机，听任它从小到大渐渐地膨胀，直到有一天到了不可收拾的时候，再被迫以危机的形态面对。这似乎是一个令人痛心的历史逻辑。不仅仅是日本核电的危机，也不仅仅是日本重新军事化的危机，社会生活中几乎所有的事物，都以这样的方式叠加而成。危机过后的常态化掩盖危机的真相，直到下一次危机的爆发；而每一次危机表面上看都不尽相同，因此似乎都与上一次危机无关；人们在不得不应付各种危机的时候，几乎没有精力停下来思考危机为什么发生；而在危机过去之后，人们却很少利用短暂的安定时期来思考危机时刻不可能思考和追问的问题，反过来，倒是急于结束危机，恢复常态。在常态情况下，危机的某些关键环节会被遮蔽，事态会被集中于某些可见的要素，而借助于危机状态暴露的大量常态中无法观察到的要素，则会被常态的安定又一次遮蔽。正是在这一意义上，生活中的常态偏执是可以理解的，而认识论上的常态偏执却是不可原谅的。

四

　　常态偏执有多种形态。最直观的常态偏执是不愿意改变现状因而不接受那些有可能改变现状的信息。这是我们每个常人都会有的经验。当不受欢迎的意外事件发生的时候，本能给我们的第一暗示就是：希望它不是真的。接受不愉快的意外对人类而言需要一个缓冲的过程，这个缓冲过程就是把意外"常态化"。于是我们看到另一个层面的常态偏执，这是非直观意义上的常态偏执，那就是当常态已然被打破的时候，尽量依靠常态感觉建立一种危机状态下的"常态"，换言之，在不断变动的情况下尽快建立秩序感觉。当秩序感形成的时候，人才能安定，于是尽管危机状态还在千变万化，新的秩序感却可以让人们依靠某种常态想象接受危机，并且在想象世界中让危机弱化或无害化。这当然是很危险的。当福岛核事故发生之后，对于污染情况的追踪报道是相当有限的。时至今日，人们还很难准确地判断日本东北部沿海生物的污染情况，也不知道地下水污染的程度。我询问过很多在日本东部生活的朋友，他们大多对此知之甚少甚至不太关心。我联想到中国人对待农药以及各种非法食品添加物污染的态度，当类似三聚氰胺之类的事件发生之后全社会草木皆兵，可是过不了多久人们就自行恢复常态。于是一切照旧，人们依然按照原来的方式生活，虽然心里依然感到不安，但是尽量不去面对这种不安。是啊，很难想象在难以简单获取有效信息的情况下，人们还可以保持危机的心态，而在信息爆炸、诱惑成堆的现代社会，健忘这种普遍的习惯在转移人的注意力的同时，也有效地缓解了因为危机意识无所依托所带来的焦虑。对于常态的偏执性依赖，使得人们能够以平常心态生活在非常现实中，并且不会感觉到任何矛盾。这也正是现代社会可以化荒诞为神奇的社会基础。

　　常态偏执还有更为隐秘的形态，这就是对于常识的依赖。正是这一层面上的常态偏执决定了对各种信息的取舍和信任度。人们总是趋向于选择那些自己希望得到的信息，放大那些有利信息在整个信息结构中的比重，同时排斥那些不愿意接受的信息，并对其保持高度的不信任。平心而论，人们很少平等地对待所有信息，选择信息是根据它是否符合有利于己的标准的。而信息是否是有利的，其标准多数是由主导意识形态通过传媒反复打造的。日本政府依靠常识制造核泄漏没有太大伤害的假象，许多日本人选择相信，是因为这样选择可以不破坏已有的"常识"，也不必改变已经习惯了的生活方式。依靠已有的常识思考和选择，是最为省力的方式，因为它最接近于不思考和不选择。

正是由于上述种种的常态偏执，我们往往把那些与我们密切相关的事务放手推给未必对我们负责的人和部门去管理，并且拒绝想象其后果。应该说，现代社会比任何一个社会都更鼓励人"快乐地苟活"。社会公共生活运作系统的繁复以及现代消费社会造成的强大意识形态让人们满足于被制造出来的常态与常识，并且对于逼到眼前的危机熟视无睹。正因为如此，清醒和勇气才成为当代世界的稀缺品种。而比较容易发生的现象，却是一种"他者志向型的个人主义"❸，这种态度对于世界上各种事态保持敏感，也具有道义感觉并因此时时愤慨和狂热；但同时又具有高度封闭的个人主义生活态度，这两者之间是并行不悖的，后者排斥了前者可能产生的责任意识，使得前者的道义感容易转变为与现实脱节的不负责任的空谈，同时也使得空谈者在这样的状态中感到满足。应该说，今天的世界不缺少世界性的政治眼光，信息的大量传递很容易诱导各种政治话题"火起来"。但是"二战"留下的这个教训却依然存在，"他者志向型的个人主义"使得那些尖锐的危机悄悄地转化为热门话题，并通过这种转化把问题偷换成了偏离危机本身的消费性热点，恰恰是这样一种表面上看不缺少危机意识的热门话题，在它不断自我复制的过程中却失去了危机感与现实性，从而也失掉了它可能承担的责任感。失掉责任感的结果，就是话题脱离现实地走火入魔，我们可以观察到当代社会大量的现象，就是人们谈论政治话题的态度与谈

---

❸ 这是第二次世界大战之后被很多知识分子讨论的问题。美国的社会学家李斯曼和日本的政治思想史家丸山真男对此都有具体的论述。它指的是在知识分子中广泛存在的一种精神状态：对于当代世界的各种事件具有充分的敏感，也随时可以表现出义愤和狂热，但是这些关注却与自身的生活状态以及责任脱节，是与己无关的"他人之事"。正是这样的"他者志向型的个人主义"，使得德国纳粹在形成时期没有受到有效的抵制。

论足球比赛的态度并无二致：它的结果往往可以导致不同态度立场的人厮杀，而那些厮杀本身的目标与足球比赛已经相去甚远。

在"3·11"之后，现实中的危机一直在升级、转化为不同形态。从核污染到岛屿主权之争，一个问题尚未解决就被另一个问题取代；与此相应，话题中的危机也在升级，舆论很容易就把人们引向激愤与狂热状态；然而，由于他者志向型的个人主义在今天的大众文化中占据了主导，使得人们难免会忽视现实中不断变化的危机的实质内容而满足于虚假的危机意识。当中国社会主流舆论在争论是否应该对日本采取强硬措施的时候，人们忽略了一个基本的状况：我们每个人该对可能发生的战争负何等责任？应该说，这种满足于虚假的危机意识而缺少自我责任感的状态，是最具有遮蔽性的"常态偏执"。它执着于舆论中不断制造的热点话题，并使得这种执着构成"常态"！

相比之下，随时打破各种意义上的常态偏执，是需要巨大精神能量的。在当代五花八门的意象中突破对于常态和常识的依赖尤其需要勇气与精力。应该说，这方面的表率是冲绳的民众思想家。他们不仅在认识上保持了对于危机的敏感，而且同时表现出高度的现实责任感。正是在主权问题上饱受磨难的冲绳思想家们，敢于在主权之争最激烈的时候提出另类的视角——搁置国族单位的主权视角，建立民众生活的跨越国族视角，不以冲绳自身的利益为绝对前提，而是把人类和平作为第一义的目标。他们现实主义的考虑是避免成为地区矛盾激化的导火索，而他们理想主义的考虑则是超越国家框架来思考民众的生存形态。当一切都被回收到主权问题中去的时候，冲绳思想家的思想贡献就被遮蔽了。事实上，在今天国别单位的主权论述中，并没有冲绳民众思想家的论述空间；而主权问题成为唯一的常态视角，对它的绝对化反而会引发各种现实危险，包括对主权的威胁。在此意义上，冲绳民众运动的努力给我们提供了极其重要的启迪，而他们孤独的抗争也迫切需要真实的关切与支持。克服他者志向型的个人主义，建立现实中跨越国界的民众连带，这才是维持世界和平、化解东亚地区危机的真实途径。

大众传媒特有的平板化特征，在今天日益把常识打造得简单而贫瘠。大量相互矛盾的信息被处理成非常有限的认知对象，其最为复杂的核心往往被忽略。常态思维左右着人们，使得人们在危机面前不再具有分析的能力，而是倾向于把危机回收到自己所熟悉的认知框架中去。在这种情况下，危机这一最有效的认识历史和进入历史的媒介，也很难帮助人们扭转已有的思维惰性，于是我们很容易与这一机遇擦肩而过。

在"二战"的白热化阶段，本雅明曾经给人类留下了一笔珍贵的思想遗产，这就是他的绝笔之作《历史哲学命题》。这个被无数历史学家反复征引的主题，至今依然余音袅袅：历史总是在危机达到饱和的瞬间展示它的面目，如果没有足够的心力，无法在这个瞬间抓住时机进入历史，那么，历史家就将与历史擦肩而过。

我们正处在这样一个危机接近饱和的历史瞬间。是否能够抓住它，从而有效地进入历史，取决于我们能否有效地克服常态偏执的心态与习惯。在今天，它已经不仅仅是历史学家的课题了，在这个危机四伏的时代里，它逼到了每个愿意思考的个体面前。尽量避免虚假认知的自我复制，有效地抓住危机，从而改变我们的生存状态本身，这是我们每个人无法逃避的责任。

面对灾难，日本国民不会隐忍 [1]

陈映芳

面对脆弱的现代生活，这几十年中日本人对于脆弱性之源的认识，对于灾害预防及灾害救济系统的建设，是由难以计数的各种社会抗争运动和政策参与行动来推进的。不是国民的隐忍，而恰恰是国民的奋起，推动着国家/地方政府、企业乃至专家集团逐步正视并落实国民的生活安全需求。

2011年3月11日日本东部地区的大地震，引发了世人对日本抗灾制度和救灾表现的热议。先是对日本防灾系统的完备和日本人在灾难中的沉着啧啧称羡，继而又有对发达国家核事故的惊讶，以及灾民居然在忍受饥寒的不解。日本多灾的国情和隐忍团结的国民性——类似"岛国根性""不可思议的日本人"式的日本论，似乎还在帮助我们从"他们为什么能如此、为什么会那样"的复杂心绪中寻得便捷的答案。

现实中的日本，除了脚下逃无可逃的地震带，它的防灾抗灾制度和文化以及正在承受的灾难，到底是怎么回事？

---

[1] 本文转自当代文化研究网：http://www.cul-studies.com，作者是华东师范大学社会学系教授。

日本人并不是天然的模范灾民

观察日本震灾，1923 年 9 月 1 日的关东大地震是重要的历史视角。与各国许多复合型灾难个案类似，从 M7.9 级的强震、高 10 米的海啸、满城的大火、蜂起的谣言，一直到对朝鲜人的残酷追杀……几乎不缺少任何自然灾难、次生灾难、人道灾难的基本元素。

关东大地震在日本地震史上留下了一连串触目惊心的数据：死亡／失踪者 14.28 万人（近年有学者统计为 10.5 万多人）、伤者 10.3733 万人、住房烧毁（含半毁）44.7128 万户，住房倒塌（含半塌）25.4499 万户。被暴徒杀害的朝鲜人，日本官方统计数为 233 人、民间统计数则为 2613 人，而朝鲜方面的民间统计达 6660 多人。此外，被杀害的还包括 3 名中国人和 59 名被误认为朝鲜人的日本人。

这样的灾难中，人们既是自然灾害的受害者，也是种种人祸的受害者，而许许多多平民同时还是直接、间接的加害者，但灾后仅有 362 人以杀人罪、杀人未遂罪、伤害致死罪、伤害罪被起诉，且稍后多数又因王太子大婚而从轻发落。其时的日本，经济正遭遇因"一战"结束而不可避免的战争产业的衰落，政治上则出现民族主义和国家主义的高涨，社会主义者和自由主义者都受到镇压，同时自江户时代延续下来的城市，却并不具备抗强震的物质和组织的完备系统，社会更蕴含着种种人祸隐患。

大灾之后，日本的恢复重建困难重重，东京人口大量流向各地，国家经济长期低迷，政治领域则如我们所知，日本民族开始迅速滑向军国主义泥沼和法西斯侵略战争的不归路。

战后日本：灾难问责运动的兴起

在今天由远距离观看而建构的日本抗灾神话的背后，真正需要留意的，首先是日本民众几十年来艰苦卓绝的灾难问责运动——历经了大正、昭和年间种种历史大灾难的日本民众，在战后政治民主化的进程中，开始了旨在社会自我保护、自我救济的政治实践。日本现代防灾救灾系统的每一步变化，几乎都是市民抗争和参与的成果。

笔者注意到，在这次日本大地震的各种观察分析中，人们一再提及 1995 年阪神·淡路大地震以来日本防灾系统的改善，却很少有人关心这种改变究竟由何而来。事实上，阪神大震中看似忍耐从命的日本民众，在震灾中和灾后一方面迅速行动，有效培养了社会互济的高度自觉性和组织力；另一方面，由灾民和一般市民、律师、知识分子、各种专家学者等参与的市民团体，在过去十多年里一直在进行以追问责任、改革政策和法律为主要内容的大规模的、持久的市民运动。

此运动涉及面极广，从住房建筑规定、灾民救济补偿方案、灾民迁居政策、临时住宅完善方法、灾民心理问题、居民生活重建问题到地方分权、居民自治、志愿者/NGO 组织发展等，几乎无所不涉，且影响力深远。以致在今天的日本，阪神大地震已经被视为日本现代市民社会兴起的一个重要转折点。

民众对灾难的追责运动，在日本可追溯到 20 世纪 50 年代。1956 年始发于熊本县水俣市的有机水银中毒事件，如今被认为是日本民众反对公害运动的出发点。有关水俣事件的基本情况，国内已有相关介绍。笔者想要补充的是，在熊本水俣事件受害者群体长达半个多世纪的、今天仍在坚持的申诉抗争中，申诉者从被确认的患者扩展到未被确认的患者（广义的受害者），他们的申诉对象也从作为施害者的化工企业扩展到了国家和地方政府。

这场旷日持久的抗争运动之艰难曲折，令人感慨。事件发生之初，相关企业有恃无恐、根本没有将几十个渔民放在眼里，他们有相关政府部门的袒护和协助敷衍，曾使用各种威胁恐吓和霸王协议，还强行解散调查组织、禁止调查报告公布、串通御用学者辩护、殴打国内外记者等，无所不用其极。

就是在这样绝望的境地中，水俣病斗争团体在坚持12年之后获得了政府对病因的企业责任的确认；在32年之后赢得了最高法院对奇索公司原社长和原工厂厂长的刑事有罪判决；在病灾发生49年后听到了首相的道歉（1995年，村山富市首相）；在坚持48年之后赢得了最高法院对国家责任和熊本政府责任的认定（2004年，这是日本司法部门首次确认政府对于公害事件的不作为违法责任）。

2006年4月30日，距离最初病灾的发生已经整整50年时，一块为水俣事件死难者而建的慰灵碑被竖立在熊本水俣湾；2009年7月，日本颁布了《关于水俣病被害者的救济以及水俣病问题的解决的特别措置法》……由几十个渔民开始的受害控告，半个多世纪以来，不仅成为全日本广泛关注和参与的社会运动，且让相关企业付出了高昂的赔偿和治理代价，更影响了日本和世界各国的公害立法。

不是国民的隐忍，而是国民的奋起

世人常以日本的岛国自然环境、资源短缺的先天不足来解释日本人的危机意识。但观察作为"市民""居民"的日本人的行动逻辑，或许可以有不同理解。

战后日本在实现政治民主化的同时，建立起了一套严密精细的国家行政系统，且形成了自民党一党独大的政治格局，在这样的政治体系中，日本的公民看似很少行动空间。而在经济层面，自近代开始，产业立国就是日本国策。即使战后麦克阿瑟斩断了财阀集团与国家的制度性纽带，企业与国家间显性或隐性的联盟关系依然处处存在。这种结构也影响到了社会形态和个人与社会的关系，以致"企业社会""企业武士"成了人们形容日本社会的一些基本概念。

可另一方面，走出了"皇民"时代、摆脱了"武士精神"束缚的日本国民，在与国家、企业保持某种程度的一体化关系的同时，对国家和企业团体作为民族灾难的"加害者"的历史记忆，却也一直没有消退。从学术界到民间团体，对各种历史事件各种形式的调查和"灾害教训"的总结，在日本引人注目。

如对关东大地震的责任追究，不仅包括"国家责任"，还包括"民众责任"。其他如左翼学者和政治团体、民间组织对战争责任的批判反思、对各种公害责任的控诉和追究，都以不同的形式渗入了国民与国家和企业的关系之中。

一个不无奇妙的现象是：日本人通常被外国人认为是高度遵守政府规则的模范公民，但相关的调查却证实日本年轻人对国家的认同度明显低于中国、韩国的年轻人。另一个例子是，在以国家发展、国家安全为堂皇名义的经济开发、公共事业（包括大至美军基地、机场、核电站、道路，小至一座桥的各种项目）的开发过程中，日本国民对于国家、地方政府和企业开发计划的阻击行动、对灾害责任的追究行动，其现象之普遍、态度之坚决，世所瞩目。

传统文化或国民性之类显然不足以解释这样的社会现象。面对脆弱的现代生活，日本人对于脆弱性之源的认识，对于灾害预防及灾害救济系统的建设，这几十年中，是由难以计数的各种社会抗争运动和政策参与行动来推进的。不是国民的隐忍，而恰恰是国民的奋起，推动着国家、地方政府、企业乃至专家集团逐步正视并落实国民的生活安全需求。

药害艾滋事件与日本国家认罪

关于专家集团与国民生活安全需求的复杂关系，笔者在这儿要顺带提及在日本社会产生极大影响的药害艾滋事件。现代社会中，由国家、企业和专家集团的事业联盟关系以及各种利益共谋而导致的种种公害中，医药业最为典型。由于特殊的专业性，药业界普遍存在企业的责任逃避和专家支配的问题，也因此，在日本，历次药害事件的受害申诉多以失败告终。这样的申诉运动，必得争取专家集团与政府部门内部的健康力量的协作，才可能取得真正的转变。

1989 年，一批因使用被污染的进口血液制剂而感染 HIV 的艾滋病患者先后在大阪和东京对厚生省正式提出民事诉讼。在由这次诉讼而带动的社会运动中，包括医药专家在内的各种社会力量和政治力量纷纷加入支持者队伍。最终，1996 年 1 月，当时以在野党身份入阁的菅直人出任厚生大臣，在他的指示下，厚生省启动内部调查程序，并随即查出了专家作弊的关键证据。

这一年的 2 月中旬，运动团体和支持者们在厚生省前进行了引起全国媒体关注的抗议静坐活动。最后，菅直人以厚生大臣身份，向 200 多位患者当面承认厚生省的法律责任，在全国媒体面前向受害者鞠躬谢罪。检察机构随后正式逮捕了相关企业的负责人以及厚生省当初的首席医药专家、时任帝国大学副校长的安部英教授。

这次事件，在日本公害追责的社会运动史上，首开了国家公开认罪和专家被法办的先例。

反核运动与日本的现实灾难

与医药公害相比，在世界各国的现代产业公害中，危害最大，亦最令人惶恐不安的，当属核事故。日本作为唯一曾遭核武器轰炸的国家，其核受害的民族记忆被国家和各种民间力量持续强化，反核运动在日本也具有广泛的社会基础。几十年来，几乎每个核电项目都是在民众的抵抗中强行推进的。翻开日本反核运动史，可以看到，今天的地震重灾区茨城县东海村正是 1955 年日本最初的反对核电设施运动的发生地！

自 20 世纪 50 年代至今，反核电运动在日本的展开过程，被有的学者形容为战后日本社运发展最完整的形态样本：由异议申诉的制度外运动到制度内的决策参与运动；由当地利害相关的居民群体的孤立行动到作为外部资源的专家、作为运动同盟者的政党、运动支持母体的工会的全面合作；从"抵抗的环境权"到"参与和自治的环境权"、日本型"运动社会"的形成……（参见长欲川公一编《环境运动と政策のダイナミズム》）。

由于反核运动的推进，在国家决策和国民的生命／生活防卫要求之间，日本的公民参与制度得到了一次次突破和超越，包括最早的公开听证制度的导入（1980 年）、最早的居民投票条例的颁布（1982 年高知县）。

然而，尽管是核受害国家，尽管有民众持续不懈的反对运动，甚至有符合法律的居民投票结果，日本的核电产业却没有停下步伐。日本经济对核电业的依赖越来越强，行政和司法系统在抵挡反核运动过程中，表现出特别强硬的国家立场。在今天的日本及其他许多国家，对核危害的认识，人们还没有形成应有的共识，对企业与国家联手开发核能源的国策产业，国民也缺少有效阻击的政治与法律的手段。

每个人的安全责任

对灾难的责任追问、对受害者苦难体验的普遍共享，一直是人类社会反思国家制度和自身行为、改进防灾救灾系统的实际推动力。但过往几十年，虽然核爆受灾体验一直是日本反核运动的重要道义资源，在其他各国，却因日本侵略战争的非正义性，其受害控诉难以激起普遍的反核激情。

与此同时，也可以看到，像1979年美国三哩岛核电事故，特别是1986年苏联切尔诺贝利核电事故，曾切切实实成为各国反核运动和政府改进核安全措施的推促力。而2011年3月11日，日本大地震之后的核泄漏事故，也遭到日本民众对国家和企业的强烈质疑，它正在引起世界各国政府和民众对核电产业的反思。

大灾难能否真正推动人类减少对地球环境所犯的错误？能否促进所在国家和社会完善防灾救灾的系统？归根到底，责任在于我们每个人。除非我们每个人能起而努力，去为自己的安全负起责任，否则，灾难仍将降临。

核能发电所事故与日本社会——民众与科学 [1]

池上善彦

"战后"是日本近代（19 世纪末至 1945 年）以来的范畴。就很多日本知识分子而言，对于 1945 年后这个"战后"经济成长时期，究竟该抱持什么样的看法，却不甚明了，甚至相当漠然，更缺乏认真的考虑。

我想以"民众"为出发点讨论日本战后近代史。半年前发生了 3 月 11 日事件——开始是大地震与海啸引起的灾害，接着就是福岛核电站的事故——这个事件于我以及日本人全体而言，都是一个非常大的冲击。现在，日本人把 2011 年 3 月 11 日当作一个分水岭，称作"3·11 前"与"3·11 后"，并认为日本社会在"3·11"之后起了很大的变化。也许有些夸张的巧合，1945 年，日本就是在 3 月 11 日这天宣布战败的；而现在，日本人也认为 2011 年 3 月 11 日是日本的第二次失败。但是，对我而言，这两次失败，却都是变革的契机。

---

❶ 本文来源于《文化研究季刊》第 126 期，https://www.csat.org.tw/Journal.aspx?ID=22&ek=95&pg=1&d=1539。

2011 年 3 月 11 日事故

大家想必在 3 月 11 日当天都看过新闻。这次事件的特殊性在于当时发生了两起事故：一起是海啸，造成约两万人罹难；另一起则是核电站事故。虽然这两起事故都起因于地震，但性质完全不同，特别是核电站事故非常诡异。诡异之处在于，事件发生至今已经半年，因该事故死亡的人数，现在仍旧是"零"。一个罹难者也没有的灾害，可以称为"灾害"吗？但这无疑是场灾害，而这灾害早在 25 年前就已在乌克兰发生了。在福岛核事故之前，切尔诺贝利事故是唯一的前例，因为没什么经验可循，所以福岛事故刚发生时，人们对于接下来会出现什么状况，完全无法掌握。

3 月 11 日 14 时 46 分，我正在自家外面，那时一阵天摇地动，我觉得头晕目眩，还以为是自己身体哪里不对劲。接着就是地面剧烈摇晃。我赶快跑进家里打开电视，电视报道发生了非常巨大的地震，并在数十分钟后，一场很大的海啸席卷了东北沿岸。东北地方时常出现海啸，因此建有很高的防波堤。但没想到这场巨大的海啸，竟轻易地越过防波堤进入内陆数十千米。现在的报道技术很高明，新闻记者从直升机上俯拍，记录下了海啸席卷东北沿岸的景象。就像电影中的情节一样，很多人一个接一个被海啸吞噬。我看着这个真实而残酷的画面，说不出话来。到了晚上，电视上播着一片黑夜，记者说，离核能发电站十千米以外的地方开始断电，而核电站则处于停止的状态。

过去大家都曾设想过核电站事故，其危险性也是众所周知。当时的电视台不断重复着"即便停电，核电站也没有任何危险性"。直到一两个月后，媒体才第一次披露，其实在震灾发生不久后就发生了堆心熔毁事件，也就是说，在海啸发生的十个小时之内，至少

1号机与3号机的堆心应该就已经熔毁。次日，政府宣布三千米到十千米以内的居民需要疏散避难。虽然我从前就反对核电，总觉得迟早会出事，却没想过这种意外真的会发生。各位应该可以理解这种心情，在觉得情况真是糟透了的同时，也感到非常不甘心，然后感觉非常愤怒。

事发之后，政府不断强调这次爆炸没什么大不了的。然而，从15日之后连续八天，地下水、肉类、蔬菜当中都被检测出含有非常高的放射性物质。也就是说，这两次爆炸，散发出了非常多的放射性物质，并污染了我们的饮水与食物。我住在东京，而福岛提供了东京大部分的蔬菜，这意味着，我们不仅不能喝身边的水，超市里所贩卖的蔬菜也一样不能食用。受到污染的不只是水和食物，就像切尔诺贝利事件，放射性物质的污染会蔓延到关东与整个日本。但是，政府仍旧一而再、再而三地强调，"都是安全的"。

因为自来水不能喝，很多人就到超市买矿泉水，马上就造成瓶装矿泉水短缺。但是政府竟然向民众说教，要大家不要恐慌，并且宣传"即便蔬菜中被检测出放射性物质，但其数值还是在安全范围内"，又呼吁民众不要拒买这些农产品。国家并未保护人民不受核辐射的污染。也就是说，我们在完全无知的状态下，直接被暴露在放射线污染之中。放射性物质无色无味也看不到，不在乎的话当然可以当作没有这些污染物质。但是，许多人都真实感受到自己被大量未知物质围绕，并且感到非常恐慌。

在事故一两个月后，这张让我们了解污染程度的图发表了（见下页）。

这是群马大学一位教授制作的污染显示图，有颜色的区块是受到污染的地方。绿色部分下方是东京，红色点是福岛核事故发生

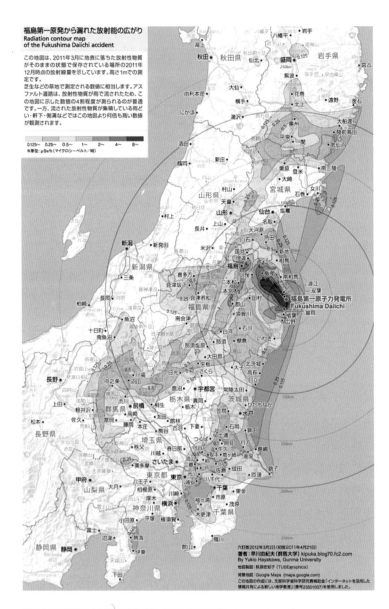

群马大学制作的福岛核事故辐射物资分布图（图片来源：kananet.com）

处。真实的污染并不依照圆形扩散，放射性物质受到大气运动的影响四处飘散，而红、橘、黄色区块是与切尔诺贝利事故发生时同样受到高浓度（放射性物质）污染的地区，红色区块甚至比切尔诺贝利事故的核辐射污染还高，绿色与淡绿色区块，虽然比切尔诺贝利事故的辐射低，但仍存在污染。这只是一个概略的图。

这段时期，信息非常混乱，政府要求许多学者依据政府所宣讲的那套上电视发言，强调目前的状况很安全，而我们每天看电视，心里却都怀疑着：那么大的爆炸，怎么可能安全呢？然而，大家究竟能依靠、相信什么？

日本从30年前就有反核运动，但参与反核运动的人相当有限，日本还是建造了很多核电站。但是，仍然有许多核电站的设计者与专家参与了反核运动，并在震灾发生之后，开始通过网络、广播、杂志向大家述说核电的真实状况，这也就是以下我将要向大家报告的。

"3·11后"余波——民众成为科学的主体

政府在事故后的三周内一直对外强调反应堆是安全的，但这些反核人士却在事故发生的第一天就指出，在海啸发生后十小时内已发生堆心熔毁，人们也开始慢慢相信这些反核人士的发言。反核运动中，有些专家特别研究了辐射污染状况，并提供食用蔬菜遭受放射性污染的安全值、安全饮用水的相关信息和详细说明。请大家再看一下污染图，图中有0.5、0.15与0.125的数字，在上方也有0.5、1、2、4这样的数字。虽然政府多次发布这些数字，但我们并不了解数字的意义，如果不知道数字的意义，就没办法判断哪些水可以喝、哪些菜可以吃，所以很多人拼命研究这些数字究竟代表什么。

放射性物质有两个单位，一个是希沃特（Sv）、另一个是贝可勒尔（Bq），但就算听到这些用语，大部分的人也不知道它的意思。半年前的我也完全不懂。大家于是借由网络努力地学习。核电站构造图每天在电视里出现，也有许多图示告诉我们这里是燃料库、那里是冷却系统，等等。我想现在住在日本的人，就算是小学生，也可以很轻松地画出这类图。不仅如此，放射性元素有很多种类，例如大家常听到的钚、碘、铯、锶等，它们的性质、放射的广度、对人体的伤害程度完全不一样。放射线也有 α（阿尔法）、β（贝塔）、γ（伽马）三种，这些相关知识的程度，大约是大学物理系的程度，本来大家都不大知道这些，但现在，日本街头的上班族或是家庭主妇，都能回答出这些放射线的差异。

事故之后，我曾组织会议，邀请核能专家来讨论放射性物质，我以为只会有 50 位左右的听众参加，却来了 300 多人，许多人还带了小孩来。会中，大家提出了许多专业问题，仿佛人人都成了物理学者。我想这并不是因为大家想要学习，而是为了要生存下去——人需要知道什么菜可以吃、什么水可以喝。今天我想谈的是民众与科学，我想要表达的是，在 2011 年 3 月 11 日之后，日本所有的民众都成了科学家。这是很多知识分子没有预想到的。许多知识分子着力于民众在政治层面上的觉醒，进而促成革命，但在这次核事故中情况完全不如他们所想，民众是在科学层面上觉醒了。

现在全日本的民众运动有两种。一种是前面提到的"民众的科学运动"。我刚提到，事故发生的一两个月之内，大家都还在"学习"；但在一两个月之后，人们就从"学习"转向了"实践"。民众的科学实践是什么呢？其实就是人们从过去"看不到"放射性物质，到现在人们利用监测辐射的盖格计数器开始"看到"这些物质。盖格计数器并不是很便宜的东西，但现在住在东京、关东的日本人几乎人手一个。大概从下个月开始，一些公司将开始以较为便宜的价格出售这些计数器。我想盖格计数器的拥有者将会越来越多，大概两人之中会有一人拥有。

事实上，放射性物质的扩散并不平均，含量是有高有低的，大家所看到的图其实画得相当粗糙，在现实中，即便在一个非常窄小的地方，桌上桌下、靠近窗户或靠近水汽的地方，所测出来的辐射值都不一样。人们就算想测量，也量不完。但最近几个月却出现了一个现象：拥有盖格计数器的人越来越多，于是监测辐射值成了全民运动，由个人、团体随时进行监测，并随时把数值上传网络。很多家长要带孩子出门时，就会上网查看哪些地点放射性物质较高或较低，因此在网络上也逐渐出现了各种比这张图更为详细的辐射分布图。大家拥有这个不是很便宜的计数器，且人人都开始成为监测员，这一现象究竟意味着什么？

切尔诺贝利事故发生后，苏联政府是禁止个人拥有此类计数器的，就连专门的研究人员也被禁止自行监测。在日本"3·11"事故刚发生时，福岛一个小学就自行监测校园内各地方的辐射值，并把这些数据上传网络。这个举动不久就被教育部与县教育委员会勒令停止了：政府方面非常担心、恐惧民众自己利用监测器了解事件的真实状况。因为，对政府而言，"何处安全、何处危险"该由国家决定而非个人。然而，到底哪个地方辐射量较高、哪个地方较低？到底是你说了算，还是我说了算？这种像拔河一样的战争，每天都在日本上演。

刚开始时，政府只把较低的数值传到网络上，但当地方自治体（例如县、市政府单位）公布了较低的数值之后，民众自行监测出来的数值却都比这些地方机关公布的高，于是民众就拿自行监测的数值质问政府。在这张图上，大家只看到某些区域全部是黄色、绿色或淡绿，但在每个色块中其实隐藏着许多"热点"，也就是高污染、高浓度的地点，这是民众自行测出来的。东京县市政府里可能只有 10 个或 20 个职员，但他们每天都要面对 500 个甚至是一两千个民众的质问，这逼迫区政府或县市政府每天测量、更新这些数值。也就是说，民众的反应，使政府机关动了起来。

受辐射影响最深的，其实是孩子。世界卫生组织规定大人所能承受的辐射污染量是 1 毫希沃特，然而日本政府 4 月规定儿童所能承受的辐射伤害标准值（儿童一年当中所能承受的放射性物质污染量）却是 20 毫希沃特。切尔诺贝利事故时，只要人可能遭受超过 5 毫希沃特的辐射污染，就该去避难了，但 20 毫希沃特却是切尔诺贝利事故时的 4 倍。

于是，政府与民众起了争论，尤其是福岛的居民；由于 20 毫希沃特是非常危险的，他们要求政府必须有所作为。在福岛，特别是有孩子的家庭，有六七成的人想搬到别处去住，离开这个高污染的地方。国家及福岛县政府为了避免人口大量流失造成福岛县崩溃，一再拖延发放应支付给移居者的补助款，并宣称 20 毫希沃特仍属安全范围。这件事后来演变成一场激烈的抗争——以福岛人为核心，在东京发动了包围文部省的抗议示威游行。最后，因为这场抗议，政府撤回了 20 毫希沃特的数值。当然，撤回数值，并不代表当地放射性物质的威胁已经消除，也很难说情况已经好转，但至少前进了一小步。这就是民众的科学实践。

"3·11 后"余波——抗议的政治实践

还有另外一个民众运动，属于比较常见的抗议活动。事故发生后，因为政府并未对人们进行说明，我们完全不知道究竟发生了什么事、该做什么。不久，很多人（尤其年轻人）感到非常愤怒。我当时想，在什么地方应该要爆发抗议了吧，而出乎意料地，是由一个叫"素人之乱"的团体在东京开了第一枪。这个团体由一群在东京高圆寺经营二手货品买卖的年轻人所组成，并不是什么政治团体。他们最初只是想让大家一起承担这种恐惧，便在 2011 年 4 月 10 日于高圆寺发动抗议活动。抗议前他们向警察提出申请，只递交了500 人规模的抗议活动申请书，但最后有 15000 人参加了这场游行。

这样的示威游行，并不是要借游行来展现政治性力量，而是大家聚集起来，一起承担恐惧、相互安慰。但我认为这样的抗议和示威，影响力非常大，以这场抗议为起点，人们开始更能表达自己的看法，也引发了更多抗议活动。上周日（2011 年 9 月 11 日）我也参加了一场抗议示威。同一时间，单是东京都内部就有四个地方举行抗议，大东京区域内大概有十七八个地方，而全日本有三四十个地方举行抗议。每场抗议、示威，少则 300 人，多则达到 10000人。昨天（2011 年 9 月 19 日）也有一场抗议示威，听说东京参与人数达到 6 万人，这场行动的发起者是日本非常有名的诺贝尔文学奖得主大江健三郎。

这种从常见的政治角度发动的抗议，同时也是科学的运动，借由这样的抗议示威，我们表达了自己的看法，而大家的共同看法，就是建造一个无核的家园，且不仅仅是无核家园，更希望留给我们子孙一个无核的世界。

"消费者"和"农民"——国家制造的人民对立

在事故之后，日本社会出现了意料之外的断裂。以"菜"为例，为什么政府希望民众去吃受到污染的菜呢？因为种这些受到污染的菜的人，是农民。

日本政府对于是否要发给农民补偿金，犹豫不决。造成福岛核事故的主体是东京电力公司，并不是农民，但农民却因为政府不愿意发补偿金，而成为承担核灾的主体——他们为了继续生存，只能继续种植受到污染的菜。当越来越多的人都不愿意买受污染的菜，消费者与农民之间就形成了紧张的对立关系。这样的对立，其实是被制造出来的。买菜的消费者也是受害者，然而政府却认为他们有"错"。而对农民而言，珍贵的土地受到污染，他们是无可奈何的，且必须说，农民站在土地上种菜所遭受的辐射性污染，是城市居民的十倍。这样的对立是不该形成的。

今后，这些菜究竟何去何从呢？这些菜出现在超市里，大部分人并不愿意购买，于是这些菜就流到餐厅，尤其是外食产业，例如便当业，也许也会流到加工食品中。在发生真正污染之前，我们本来预设日本政府会禁止贩卖受污染的菜，没想到政府非但不禁止，还鼓励大家去吃。

"菜"只是一例，该追问的是，为什么在人民当中，"消费者"和"农民"是对立的？其实，是政府制造了人民跟人民之间的对立。

"辐射污染量安全数据"的"冷战"政治——原爆、原爆调查委员会、美军

接下来我要讨论对于辐射的恐惧。辐射污染分为两种：一种是外部暴露，另一种是内部暴露。外部暴露，是指在核电事故中发生爆炸时，人体被放射线照射到。放射线有 α、β、γ 三种。α 射线和 β 射线较弱，γ 射线很强，会贯穿人体。外部暴露只会发

生一次，就是爆炸时被放射线照射的那一次，而当 γ 射线贯穿人的身体时，会破坏体内的 DNA。

现在日本民众非常恐惧的是内部暴露的问题。内部暴露是指放射性物质经由空气、食物、水等进入人的身体，这样的放射性物质例如锶，就会停留在人的骨头里，碘则会留在人（尤其是小孩）的甲状腺里，铯则会停留在肌肉里，若是女性，铯就会停留在子宫里，又或者会停留在膀胱里。内部暴露以 α 射线和 β 射线最令人恐怖，例如，α 射线虽然穿透能力弱，但对人体的损害力很强，一旦进入人体，受损细胞周围的所有细胞都会遭到破坏，而被破坏的细胞就会再破坏它旁边细胞的 DNA，一直蔓延扩大。

这样的破坏后果不是立即显现的。切尔诺贝利事故中，孩子是在 5—15 年之后才被发现得了甲状腺癌，膀胱癌的发病则是在 20 年之后达到高峰。也就是说，辐射内部暴露所造成的后果，在一两年之内还看不出来，要到 20—25 年，病状才会渐渐显著。现在日本人民相当恐惧内部暴露的问题，这样的恐惧，并无法显示在安全图标的数值里。

那么，辐射的量到什么程度就不安全，由谁来判断？国际上有几个组织，其中最为有力的是 ICRP（International Commission on Radiological Protection，国际辐射防护委员会）。大家常听到的 IAEA（International Atomic Energy Agency，国际原子能机构），主要掌管核扩散与原子弹，而 ICRP 比较像是 IAEA 的附属机构。

但 ICRP 对放射性的判定标准的数据，是从何处取得的？他们最重要的研究资料，就是来自广岛和长崎，其次则是核电站的工作人员以及核设施周边居民的健康数据。许多国家进行原子弹试爆的研究数值也源于此。可是，ICRP 的数值基准为外部暴露，并未考虑内部暴露的部分。刚刚我谈到的内部暴露的问题，近几年才被科学所重视（是这五六十年对于广岛和长崎受到原子弹爆炸伤害居民的医疗诊治，使得医学相关研究开始重视内部暴露的问题）。

广岛在原子弹爆炸的数秒之内就有十万多人牺牲，且在牺牲的同时感受到非常巨大的光与热（放射线），因此 ICRP 的基准值是非常高的。而核电站事故的数值，相较于广岛、长崎的原子弹爆炸，是相当低的。我将图中如东京、关东等地区称作"低量辐射暴露地区"。

"低量辐射污染"或"内部暴露"不仅是医学问题，还是政治问题。在 1945 年 8 月，广岛、长崎被投下两颗原子弹；但为什么多年后的日本，还会拥有 54 座核电站呢？很多日本人跟我有一样的想法：为什么日本人明明怀有对原子弹爆炸的恐惧，却还是允许兴建这么多核电站呢？

在福岛事件发生之后，我接受一家南美的广播电台访问。他们问了我两个问题："日本曾遭受原子弹轰炸，为什么仍旧拥有那么多核电站？"以及"美国在这件事上扮演了什么样的角色？"

很明显，因"冷战"之故，美国企图将日本变成反共国家。也就是说，美国曾试图将日本变成"和平"国家、绝不再朝法西斯国家发展；而在新中国成立、"冷战"、朝鲜战争的背景下，为使日本作为美国最前线的反共国家，并防止日本赤化，必须将日本建设为富裕的国家。由于需要大量的能源才能达到这个经济发展目标，美国便在日本推动核能发电。我想各位都知道，美国艾森豪威尔总统于 1953 年提出"和平利用核能"的口号，亦即将原子弹这项军事技术转移给民间，也就是核技术的自由化、民营化。事实上，在技术层面上，原子弹和核能发电是完全相同的，美国在论述上却把

"核武"和"核电"分开，对日本的说法就是希望"给予日本更多的发展可能性、刺激日本经济"，而日本则屈服于美国。虽然日本自身遭受过原子弹爆炸，却站在宣传和平利用核能的最前线，并在1954—1956年引进核能发电技术。就这样，在1960—1980年，54座核电站陆续在日本建造完成了。日本是原子弹爆炸的唯一受害国，但这到底具有何种意义？我想，在2011年3月11日之后，许多人对此都有了新的感触。

在1945年原子弹爆炸发生两三天后，美军就进入广岛进行调查，照下许多受害者的照片以理解其受害程度，并搜集了许多数据。之后，他们成立了ABCC（Atomic Bomb Casualty Commission，原子弹爆炸调查委员会），此组织的主要工作在于调查受害者的受害情况，并不做任何治疗——他们不以治疗为目的，治疗是委托给民间医院进行的。美军进行这些调查，取得数值与资料，目的是为"冷战"下即将来到的核战争做准备。也就是说，广岛与长崎的受害者，对美军而言其实只是一种人体实验。对此，广岛对ABCC是充满怨怼、愤怒的。

1975年，ABCC在日美共同研究的名目下换了名字，改为以RERF（Radiation Effects Research Foundation，放射线影响研究基金会）为名的美日合作研究单位。虽然换了名称，但它的性质并未改变，尤其在福岛事故之后，这个研究单位的研究员出面替日本政府机构做了背书，完全没有站在民众立场上对政府提出批判。该研究单位的一员，现在甚至担任福岛县内某医科大学的副校长，恐怕正跟美军进行合作，在福岛搜集关于核灾难受害者的相关数据资料。

在此背景下，民众自行发起对于辐射线的监测运动，借由自己的主动行为把看不到的辐射显像，这种行动的意义在于，它是对于 ICRP 的抵制。而这个 ICRP 背后有一个巨大存在——IAEA，而 IAEA 的背后就是美国。

"非核家园"？——用身体记住"3·11"

刚才谈的全民科学运动，是一个科学计量的运动，和社会科学没有直接关系；但是，能否借由这样的运动，进而理解"冷战"背后的日本现代史以及美国的核能政策、核武阴谋？"到底是谁让日本拥有这种东西的？""到底是谁带来了这个危险？"现在日本人渐渐能体会到，这些问题所指向的，就是美国。

过去，相当不可思议，每当日本谈到核能发电的相关事情时，对美国的讨论都是缺席的，而且大家似乎是刻意不提。广岛、长崎每年 8 月举办的战后和平祭典，也完全不会提到美国与核电问题。但是，在"3·11"事件之后，今年的和平祭典上，首次提到了核能发电问题，并首次提到对于非核家园的盼望，我认为这是一个创时代的发言——虽然发言中仍未提到美国。

经历 1945 年原子弹爆炸和 2011 年 3 月福岛核爆、超越生存危机，今后我们能否继续推进对于核电、核能的认识？这并非仅仅是用"头"想，我们必须以"身体"记忆。尤其，污染状况将伴随时间的延长而扩大，其深刻程度，大家都感受到了。

现在，在福岛与东京，持续进行着一种"除污作业"，也就是将被污染的泥土挖起、将被污染的家具与物品用水冲洗。虽然这样的除污作业每天都在不断重复着，但我认为效果相当有限：被污染的泥土被挖起之后，该放到哪里去呢？就算是用水清洗受污染的物品，放射性物质仍不会消解，而是留在水中，并随着水流进河川，被污染的水又成为云雨，可能飘散到任何地方。也就是说，除污作业的功效是有限度的。一个学者曾经计算过，若要将所有被污染的土地都进行除污，大概要花 800 亿日元，这是料想得到的金额。

此外，接下来将产生大量的难民，这些难民需要移往别的地区、别的国家，当地人怎么接受他们，他们又将如何生活？海啸侵袭地区已有 50 万人避难去了，核事故也已造成数万人的避难潮，我想，接下来还有更大的灾难等着我们。距离"3·11"事故已经半年，科学性的民众运动，又该如何进入社会层面、政治层面？这就是福岛的现状。

2011 年 9 月

祝岛民众反核运动 30 年或终结日本对核能依赖 ●

艾 芳 编译

祝岛，是日本山口县的一个小岛，位于濑户内海。在 20 世纪 60 年代日本高速发展时期，这个岛上的人口开始向大城市迁移，它逐渐成为一个人烟稀少的小村庄。岛民主要以渔业和农业为主，过着简朴平凡的生活。不过，一切安宁被一个修建核电站的计划所打破，岛上的居民也由此掀起了长达 30 年的反核运动。

反核运动掀开序幕

祝岛隶属上关町。这个地区缺乏工业，主要以小规模的农业和渔业养殖为主。在日本战后经济高速发展的年代，这个落后偏僻的小渔港也期待能跟上经济发展的浪潮。因此，当 1982 年日本的中国电力株式会社 ● 提出在这个地区修建核电站时，附近居民的热情都很高。根据计划，这个核电站将要占用约 33 万平方米的土地和海域。

● 文章出自网易探索：http://3g.163.com/news/11/0831/09/7CPB7MTS000125L l_0.wml。
● 中国电力株式会社是日本一家负责地方供电事务的企业，主要为鸟取县、岛根县、冈山县、广岛县和山口县等五县提供服务，因处于日本中部地区，所以称为中国电力株式会社。

为了打消安全方面的疑虑，中国电力株式会社组织当地居民前往日本国内各个核电站考察。据参加该活动的居民回忆，考察内容还包括在一些旅游景点泡温泉。此外，中国电力株式会社还提出对因修建核电站而失去渔场的居民进行经济补偿。现年 67 岁的香积井上就是支持这一计划的，他表示："我们当时需要钱。整个上关町地区的经济都在萎缩，我们需要增长。"

不过，距离核电站选址地点约 2.5 英里远的祝岛居民却并不赞同这一计划。这个在当时大约只有 1000 个居民的小岛在一次投票中一边倒地反对修建核电站。因此，在 1983 年一个阴冷的早晨，祝岛居民中断了庆祝新年的活动，走上街头表示抗议。男人们穿着钓鱼靴，女人们戴着针织帽，沿着小岛上狭窄的道路游行。这是祝岛上第一次出现规模超过 1000 人的抗议活动。在当年的一次抗议活动中，一小队渔民还驾驶着渔船将中国电力株式会社的作业船围了起来。在愤怒的鸣笛声中，这些渔民高喊着"不准修建核电站！""这片海域不属于你们！"等口号。

虽然当时很多日本民众都不知道为什么要反对这一计划，但是祝岛的居民很清楚他们在做什么。这片海域是他们的主要生活来源，而且一旦核电站发生事故，他们甚至连逃生的机会都没有。

除此之外，祝岛上还有许多居民曾在其他地方工作。他们当中有一些人就是核电站的工人。这些人不仅站在抗议活动的最前沿，还给当地居民带来了很多坏消息。现年 88 岁的矶部一夫就是其中一位。他曾于 20 世纪 70 年代在当时新建的福岛核电站工作过，主要任务就是穿着防辐射服在 2 号反应堆内进行清理。在工作三个月后，矶部一夫身上检测到的核辐射量达到了创纪录的 850 毫希沃特，而通常情况下，一个核电站工人一年累计的核辐射量才能达

现年88岁的矶部一夫曾在福岛核电站工作过。他目睹了核辐射是多么难以控制，因此一直站在反核运动最前沿

到这一数值，这更是超过了普通居民核辐射标准的八倍。

在听到家乡要修建核电站的消息后，矶部一夫感到很"恐怖"，他马上返回了祝岛。矶部一夫说："我亲眼看到核辐射是多么难以控制。我告诉周围的每一位邻居，让他们不要相信中国电力株式会社工作人员说的任何话。"

力量悬殊的对决

不过，上关町的居民仍然支持这一计划。自1983年以来，每一位赞同修建核电站的候选人都能成功当选，而且上关町大多数的议员也倾向于这一观点。到了1994年，日本中央政府也表态支持，并明确指出核电是日本"电力能源的主要来源"。此外，相关数据还表明，自1984年到2010年，上关町获得的来自政府的补贴多达45亿日元（按照目前汇率约为3.7亿元人民币），中国电力株式会社也累计拨付了 24 亿日元（约 1.99 亿元人民币）的款项。

　　但是，祝岛居民并没有因此而放弃。他们在议会中选出具有反核立场的候选人，同时还拒绝了中国电力株式会社支付的 10 亿日元（约 8300 万元人民币）的现金补贴。当中国电力株式会社向日本政府提交环评报告后，他们明确指出了其中的疏漏之处，比如报告没有提及对生活在近海海域的海豚的影响。祝岛居民还起诉中国电力株式会社，称核电站建设可能侵占公共用地，不过日本最高法院于 2008 年驳回了这一诉讼。现年 68 岁的加藤石井说："我们已经尽了一切努力去阻止核电站的建设。"他为这一案件奔波了八年。

　　对祝岛居民来说，最具毁灭性的打击发生在 2008 年。上关町所在的山口县当年做出决定，允许这一核电站重新开始建设。愤怒的居民在核电站建设地点附近修建了一个小屋，准备对建设进程进行 24 小时的监视。2009 年 12 月，中国电力株式会社用浮标在海面上圈起一块区域作为核电站的建设区域。当地居民得知后迅速驾驶渔船冲进了这一区域，其中一位叫竹内民子的 68 岁老妪更是冲上码头疯狂地虐打自己，其他的人则趁机跳上核电站的作业船阻止施工。这一幕在一向低调的日本民众中并不常见，也只有绿色和平组织曾采取过类似的激烈举动。竹内民子祖祖辈辈都在这里以打鱼为生，她表示："这片海域是我们的生活来源。我们不允许任何人玷污它。"

　　然而，一个月以后，中国电力株式会社趁着夜色又在海上用浮标圈起了一块区域，并声称重建工作已经开始。此时，祝岛却面临着另一种窘境。由于长期以来的经济萎缩，岛上居民的人口不断减少，留下的大多是年迈的老人，而且小学和中学都已经停办。截至 2010 年 3 月，祝岛居民的数量已经下降了一半，只剩下 479 人，平均年龄更是超过了 70 岁。他们已经无法组织长达几个小时的抗议活动了，每次游行只能持续 20 分钟。现年 70 岁的多绪久子说：
"我们每个人都拄着拐杖，根本就不能进行抗争。"这一次，祝岛的
居民似乎要在这场持续近 30 年的斗争中面临失败了。

斗争仍将继续

突变发生在 2011 年 3 月 11 日。这场灾难性的大地震以及随
后引发的海啸给了福岛核电站致命一击，并造成了地球上有史以来
最严重的核泄漏事件之一。矶部一夫说："这次地震改变了一切。"

山口县县长最近表示，他将重新审核中国电力株式会社修建
核电站的许可。周围的市镇也对这一计划表达了反对意见。甚至长
期支持核电站修建的上关町官员也表示这一项目可能会取消。

不过，中国电力株式会社新任的社长在一次内部讲话中却表
示，公司将继续推进修建核电站的计划。此外，中国电力株式会社
的高层还向当地的一些政治人物保证，新建的核电站将采用最新的
防震技术。对此，祝岛居民反对核电站建设的领导人贞和大夫称：
"我们一定会阻止他们。这是我们近 30 年来最好的时机。"

考验日本对待核能的态度

祝岛居民近 30 年来的反核运动在某种程度上已经成为日本国
民对待核能态度的试金石了，尤其是那些刚刚从福岛核危机中警醒
过来的人。他们长期以来都相信日本政府的保证：核电是安全的。
日本政府一直在计划修建更多的核电站，而祝岛核电站是目前最有
可能获得批准的，因此很多反核人士将祝岛的抗争看成他们终结日
本对核能依赖的最好时机。

如果这一计划破产，将为日本民众反对核能开创一个先例。

日本农民的双重挑战：
核灾难及太平洋区域的合作关系

安藤中雄 文　房小捷 译

刚刚经历过 2011 年 3 月 11 日的巨大地震和海啸的日本，弥漫着灰暗和沮丧的气氛。灾难过后，各公司纷纷停止在电视上发布自己的商业信息，曾经终日遭受无穷无尽的商业信息轰炸的日本人民终于可以消停几周了。但是他们一打开电视，就又得不断重复收看私人非营利组织 AC（日本广告协会）炮制的广告信息。许多日本人一遍又一遍地看到三个日本足球运动员向在地震和海啸灾难中受损的公众呼吁团结。内田笃人是其中一位加盟德国某俱乐部的才华卓著的足球运动员，他鼓励日本人民道："每个人都应该做他或她能做的事情，日本是一支队伍。"他号召他的队友日本人民团结起来（如同一支组织起来的球队）战胜困难。这种将日本人民视作一个不可分割的整体的观点并不新鲜，只不过经历了地震和海啸之后在媒体中影响大增。

我并不想否定这种国家主义在灾难过后的复兴。我只是担心这种观点会导致我们忽视不同集团的日本人之间不平等、不公正的关系。弱势群体的清单包括：临时工、福岛的居民，以及农民和渔夫。本文将详细探讨在核灾难中受害的日本农民的处境。他们还遭受了TPP（Trans-Pacific Partnership Agreement，跨太平洋伙伴关系协议）的挑战，该协议旨在促进亚太地区的贸易自由化。

核灾难和农民

福岛第一核电站灾难紧随地震和海啸发生，给无数的日本人民带来了巨大的灾难：高放射性物质从核反应堆中泄漏出来，大量排入空气、土地和水域中。居住在福岛的人民受害尤其惨重，超过十万人被迫离开家园，而另外的大量人民面临一个艰难的选择：要么背井离乡，要么留下来忍受放射性污染。

并不是所有的损害都显而易见。福岛人民在精神上受到的伤害不亚于物质损失。2011 年 4 月我造访福岛期间，与当地日本农业协会（JA）分支机构的一位雇员进行了一次谈话。他说："福岛就是一座被孤立的岛屿。"大量的故事都在诉说着福岛人民遭受的精神创伤：邻近城市许多宾馆的雇员都拒绝接纳从福岛疏散出去的人，任其无处容身；一个从福岛疏散出来换了学校的孩子被学校里的其他孩子欺负，他们说他会给他们带来辐射影响。这些伤心的故事令福岛人民被孤立的感觉不断上升。

哲学家高桥哲哉强调，福岛和日本东北地区就好像冲绳，在日本近代史上为东京和其他大城市所牺牲。❶ 数千年前，东北地区人民主要依靠狩猎、捕鱼和采集获得生计。该地的经济明显区别于主要依赖水稻种植生活的日本东南部。大海和群山赠予了在东北地区生活的人民丰富的食物和充足的能量。❷ 一份大约 100 年前的报告指出，双叶地区，也就是今日福岛第一核电站坐落之处，在当时备受大自然的眷顾馈赠：太平洋中渔业资源取之不尽，群山之中蕴藏着无数的林产品，沃野之上农田交错、牧场遍布，南边还拥有一

---

❶ 高桥哲哉：《牺牲的系统——福岛·冲绳》，集英社，2011。
❷ 高桥富雄：《东北的历史与开发》，山川出版社，1973：128。

处广袤无垠的煤海。❸

那些日后成为现代日本政治领袖的人，曾经遭受东北地区不少地方的反抗，因此，自现代日本国家建立的1868年起，这些地方就处于不利地位。日本政府的那些精英们，几乎不在这些地区投资发展新型工业。在日本快速推进现代化的20世纪早期，东北地区逐渐被纳入日本的整个国民经济体系当中。这导致东北地区的经济转向以大米生产为主。20世纪30年代早期，东北地区遭遇严寒，水稻和其他粮食作物统统歉收，媒体对这一地区人民所受苦难的报道令世人震惊。当时日本人经常生吃一种白色的小萝卜，一张一个小孩子啃食这种萝卜的照片被许多报纸刊载，用来表现东北地区的饥荒。

就如同第二次世界大战后，美国的政治精英将生活在南美洲、亚洲和非洲的人民看作处于"不发达"状态一样，❹日本的政治家认为东北地区的人民生活"贫困"，而他们自身有帮助这些人摆脱贫穷状态的伦理义务，这为他们在各个领域从头至尾全面干涉东北发展计划提供了合法性。东北的发展计划主要集中于推进电站建设上，水力发电因这一地区丰富的水能资源而被置于发展计划的核心位置。❺可问题在于，这些计划在推动人们投入大量精力进行电站建设的同时，并没能带动东北地方工业的进步。❻

在20世纪50至60年代经济高速增长时期，为了推动国民经

---

❸ 川子健吉编：《福岛县史料集成第3辑》，福岛县史料集成刊行会，1952：960。
❹ 阿图罗·埃斯科巴：《遭遇发展：制造和毁灭第三世界》，普林斯顿大学出版社，1995。
❺ 佐藤竺：《日本的地域开发》，未来社，1965：16。
❻ 同上书，86。

济发展，日本政府在从东京大都市区经名古屋和大阪到日本西北部大城市福冈的环太平洋沿岸工业区进行投资。随着日本融入国际市场，政府慢慢地放弃了对本国农民的扶持（这件事很晚以后才被提及）。因为农产品价格不景气，大量东北地区的农民被迫流入城市寻找临时工的差事。

一些没能跟上国家经济发展的小村庄，决定接纳核电站建设项目，以获取政府和能源企业的资金补偿。在核反应堆开始建设的20世纪60年代末期，双叶町这个福岛第一核电站坐落的小镇，财政条件迅速好转，到70年代，就能够不再依赖中央政府的地方税收补贴来维持运转所需的资金了。这种情况在双叶町这样财政困难的市镇是很罕见的。通过这种方式，福岛和东北地区就好像成了专为东京和其他大城市提供廉价能源、食物和劳动力的供应者。东京大都市区和福岛/东北地区之间的关系变得越来越像殖民国家和被殖民国家之间的关系：先进地区生产高价的工业品输向落后地区，落后地区却只能出产食物和自然资源这种价格低廉而且经常贬值的货物。

然而，在日本民间社会的历史上可以发现许多扭转这种殖民式的关系的努力。将城市的消费者和农村的生产者联系起来的有机食品就是一个例子。从20世纪70年代开始，许多追求安全和健康食品的消费者就在不断支持从事生态农业的有机农夫。造访乡村的消费者与农夫和他们的家人谈话，获得对农事的印象。这帮助他们更加深切地理解农夫的欢乐和忧愁。❼ 福岛和东北地区便以盛产

---

❼ 树潟俊子：《有机农业运营和协作的网络》，新曜社，2008：64。

有机食品而著称。

这些消费者对他们在城市中方便的生活展开了反思，在这种生活里他们可以用几乎同样的价钱买到各种蔬菜，而不用关心季节和气候。人们常常指出，联结日本城市和乡村的纽带因有机食品促成，而有机食品在其他国家已于早些时候受到了社区支持农业（CSA）的扶助。❽ 有机农业对于城市消费者的重要意义不仅在于获取较安全的食品，更重要的是与乡村农民建立起更加公平的关系。这意味着消费者（东京）和农夫（福岛／东北地区）携起手来改变殖民与被殖民的关系。

然而，这些尝试在福岛第一核电站事故灾难之后受限于危机：辐射物泄漏污染了土壤和水体，这对农业生产产生了严重的影响。2011 年 3 月底，在蔬菜中检测出的污染水平超过了国家标准，日本政府命令整个福岛地区的农民严格控制其农产品的扩散。时至今日，许许多多的福岛人仍然在重重约束之下进行大米生产。由于对放射性污染的担心，越来越多的城市消费者停止购买从福岛和附近的县生产的有机食品。这种将消费者与福岛农民隔绝开的做法，导致他们的孤独感与日俱增。

有机农夫们感到绝望。2011 年 3 月 24 日，一位在须贺川生产卷心菜的有机农夫自杀身亡。在核事故发生之后，他的儿子听他嘀咕道："我们，福岛的菜农已经毫无希望了。"据大内信一说，福岛小镇二本松一位有机农夫的每月销售收入减少了一半以上。在销毁那些从市场上召回的自家出产的蔬菜时，他说道："如果他们（消

---

❽ 萨德·威廉森、大卫·英布罗西奥和格尔·阿尔佩洛维茨：《给社区留下位置：全球化时代的地方民主》，劳特利奇，2002：255。

费者）说他们拒绝购买是因为害怕遭受辐射污染的话，我倒是会相信。但是他们当中的绝大部分人只是说：'我们不需要那么多。'我除了说'晓得了'毫无办法。"❾ 许多日本有机农夫已经与城市消费者之间建立了超过 30 年的亲密关系，如今这一日本版的 CSA 正陷入危机之中。

跨太平洋伙伴关系协定（TPP）和农民

时艰未济，福岛和东北地区的农民又被添上农业市场自由化这道新苦。自由化正在通过 TPP 推进。这一项区域自由贸易协定于 2006 年开始谈判：参加的国家有美国、澳大利亚、新西兰、新加坡、智利、文莱、马来西亚、越南和秘鲁。❿TPP 旨在推动非歧视性的工业品和农产品自由贸易。这是一项涵盖内容广泛的协定，协议事项包括政府采购、投资规则和知识产权等。

正在丧失国内民众支持的美国奥巴马政府对正式签署 TPP 热心有加，试图以寻求扩大对亚洲太平洋市场的出口，来为美国的失业人群创造就业机会。紧随美国的政策，前日本首相菅直人曾宣布他的政府将考虑日本是否要参加 2010 年 10 月 1 日举行的 TPP 谈判。菅直人的继任者野田佳彦首相明确表示了他准备在 2011 年 11 月 11 日就日本加入 TPP 的问题与成员国开始谈判的意图。他坚持认为 TPP 有助于重振遭遇地震和海啸重创的日本经济。

日本的食物自给率已经低于 40%（按照热量计算），在 OECD

---

❾ 《东京新闻》2011 年 10 月 14 日。
❿ 作者有误：应为 2005 年。该年 5 月 28 日，文莱、智利、新西兰、新加坡四国协议发起跨太平洋伙伴关系。

（经合组织）成员国中排倒数第四。食物自给率的降低源自日本国家政策的转变。当我们追溯日本农业政策的历史时，会发现自第二次世界大战结束之后，两个相互矛盾的原则并存：保护小农和农业现代化。

前者以1947—1950年推行的农地改革为标志。这场改革制造了大量平均拥有一公顷左右土地的小农。1952年颁行的《农地法》的原则是只有耕作土地的农民才能拥有土地，旨在为新一代拥有土地的农民提供资金和供销服务的农业合作社也同时建立起来。由于日本在第二次世界大战中战败，美国于1945—1952年间占领日本，并在此期间推行了这些改革措施，但是许多日本政治精英也对改革持欢迎态度。他们的政策赢得了通过农业合作社组织起来的乡下农民的支持，因为这些政策优先考虑了那些人的需求。这也是自由民主党在选举中如此得势，并在几十年中持续掌握权力的原因。

接着，1961年颁行的《农业基本法》促进了农业现代化的进程。该法案的目的是使日本的农业和农民现代化：每位农民的土地面积上限被放宽到平均两公顷；每位农民的现金收入应该增加；农民家庭人口总数应当从580万降低到250万；农产品价格应当由市场确定。这些推动农业现代化的原则与保护小农的政策方向相抵触。第二次世界大战刚结束时，日本农业政策的一个显著特征就是两类政策同时并存。在经济快速增长时期的20世纪60年代和70年代，相比保护小农更加强调对农业现代化的推进，但是众多小农并没有停止进行农业生产。

当20世纪80年代末到90年代初，日本的食品市场自由化在GATT（关税及贸易总协定）的乌拉圭回合谈判中得到推进时，日本农业政策优先倾向于推动农业现代化这一极。这一趋势在1995

年 WTO（世界贸易组织）成立后进一步加速。这些国际贸易机构在监督各政府的产业政策，防止采用补贴、关税和其他贸易保护措施对本国和本地区农产品进行保护方面发挥了重要作用。

由于成员之间的矛盾分歧，多哈回合谈判在 2006 年开始陷入僵局，自此之后许多日本出口企业高层，例如汽车和电子行业对自由化进程缓慢表示不满。他们批评农业部门反对贸易自由化，阻碍出口扩张。许多政治领导人顽固地相信贸易自由化将会使长期低迷的日本经济复兴。他们试图通过双边和多边谈判来促进贸易自由化，但是对结果并不满意。

农业市场中贸易自由化的趋势导致国家农业政策的改变。例如，自 1942 年开始实施的维持谷物价格的政策甚至在 1998 年遭到废除。1999 年颁行的《食品、农业和农村基本法》意味着政府事实上放弃了对小农的保护，而该项法案同时确定了提高日本国内食物自给率的目标。如此行事，谁又能够取代小农扮演起食物供给者的角色呢？政治精英们假定农业企业对食物生产的影响力会增加。2001 年生效的《农地法》修正案清楚地表明了这一点。这项更改过的法案鼓励土地所有权的自由化，同意给获得资质的公司提供农业用地。通过这种方式，最近几十年来，日本农业一直向推动农业现代化和提高公司的影响力的方向转变。在这样的政治背景下，日本是否参加 TPP 的问题被列入了议事日程。

核能和农业

本文已经表明了日本农民正在同时经受核灾难和 TPP 的挑战。那这双重挑战将会给福岛和东北地区的农民带来什么呢？

首先，可以预料到的是，双重挑战将瓦解这些地方的基层社区。

在日本的政治体制中，中央政府能够决定给地方政府的财政补贴数额，并通过这种补贴控制地方政府。[11]事实上，日本地方政府缺乏以通过长期经营提高自身财源来支持大型工程和高水平的服务的灵活性。就是与其他单一制政体比较，日本中央政府对地方税收的控制也是十分严格的，连补助金和借贷都通常仅仅根据中央政府的意志确定。[12]著名的大型基础设施建设，比如大坝和核电站，对于地方政府的吸引力很强，因为这些能够为地方政府提供财源，显著改善地方财政状况。

20世纪90年代以来，经济低迷，税收收入急剧减少，日本中央政府紧缩了用于地方社区建设的财政预算。与此同时，许多工厂和机构从地方撤资，转而投资海外，比如中国，因为这些地方的劳动力和其他成本低于日本。向海外转移导致了日本地方工作机会的减少。种种迹象表明日本地方社区，特别是福岛和东北地区在2011年3月11日之前已经陷入危机，其后又遭受了核灾难的严重打击。

地方社区的破坏情况将在日本加入TPP后越发严重。一些经济学家宣称，TPP将为日本农民出口他们的高附加值农产品提供更多机会，不过这并不会实现。TPP将会把日本农民分成两部分：绝大部分的失败者和极少数大赢家。当廉价的进口农产品迫使以前的农民纷纷放弃农业，离开乡土社区转而进城寻找工作的时候，随之而来的问题就是谁作为迅速减少的社区成员中的一分子，留在乡

---

[11] 见R. 里德·史蒂文：《日本的地方管辖和政策制定》，匹兹堡大学出版社，1986。

[12] 沙伊·纳伊桑：《没有竞争的日本民主：一党独大下反对派的失败》，剑桥大学出版社，2006：109。

下面对社区公共事务中的困难，比如水和森林的管理。

经济学家川崎研一认为 TPP 将促使收入从农业部门向出口工业、汽车领域转移。[13] 鉴于大量农民生活在农村地区，而绝大多数出口行业的公司坐落在城市，TPP 实际上将导致财富由农村向城市转移。在遭受地震、海啸和核灾难重创的福岛和东北地区，生活着许多农民。这意味着 TPP 将影响人民挽回地震、海啸和核灾难造成的损失的努力。根据野田首相发布公告当天下午的采访，日本东北地区岩手县一名耕作水稻的农民铃木哲哉说："人民在地震和海啸中遭受了巨大灾难，现在政府首先要做的是重建这些地区的经济，可政府为什么要这么做（决定加入 TPP）啊？"[14]

其次，这种双重挑战破坏了单纯追求经济发展的模式之外的另一种生存模式，这种生存模式已经在日本民间社会中充分发展起来了。就如同上面所讲的有机农业的案例，生活在日本城乡的许多居民都在共同努力建立一种公正的社会关系，寻找一种方便和富裕之外的生活方式。这些基层的草根行动被核灾难和 TPP 摧毁了：因为担心遭受放射性污染，大量的城市消费者现在不愿意购买福岛和东北地区生产的农产品；因为找不到未来的希望，该地区越来越多的小农决定停止经营农场。

核灾难和 TPP 正在剥夺生存方式的多样性。在福岛和东北地区农村居住的人民的生活方式与东京等大城市迥异。他们与自然和谐相处，依靠蔬菜、海产、蘑菇等自然的赐予生活。他们半自给的生存方式在这一地区并非孤例。然而，如今他们因为放射性污染和

---

[13] http://www.rieti.go.jp/jp/columns/a01_0301.html。
[14] 《东京新闻》2011 年 11 月 12 日。

基层社区的破坏而被迫放弃自己的生存方式。

这意味着将为了生存而比以前在更大的程度上依赖大公司。例如，汽车巨头丰田公司在最近宣布的一项针对遭受核事故和海啸受灾地区的重建计划中表示，它将在福岛建立一个大型的"蔬菜工厂"，该工厂将仅仅依靠水来生产蔬菜，从而避免使用本地区受到污染的土壤。⑮可以预见的是，这个项目将导致小农因为担心放射性污染和农产品价格下跌而放弃独立农耕，转而成为公司雇用的农业工人。

城市和乡村之间的鸿沟

日本的社会鸿沟，特别是福岛／东北地区和东京之间或者农业部门和出口产业之间的鸿沟，已经浮出水面。然而，现在越来越多的城市居民开始行动起来，走上街头要求取消全日本的核反应堆。媒体主导的各种民意调查显示，认同日本应该转而减少对核能的依赖的人已经达到日本国民的 70%。2011 年 9 月 11 日在明治公园开始的停止一切核反应堆的示威，已经有大约 6 万人参加。阻止日本参加 TPP 的运动也日益兴盛。2012 年 4 月 25 日，超过 4000名群众冒着大雨参加了在东京日比谷公园举行的反对 TPP 的示威。街头运动比以前频繁得多了，而且在媒体上的声音也越来越具有影响力。

有趣的是，人们开始认识到核电站内的问题与 TPP 关联密切。福岛县二本松市的有机农夫菅野正寿说："建立一个无核社会，必

---

⑮ 《朝日新闻》2011 年 10 月 27 日。

须保护基层社区和生态有机农场。自从福岛人民失掉培育地方产业发展和增加就业的时机以来，他们就不得不接受核电站。如果日本加入了 TPP，农业部门的工作机会就会被剥夺。我觉得，TPP 和核灾难这两个问题在基本方面是相互联系的。"

全日本的地方小型产业在近几十年中被核电站逐渐侵蚀替代；TPP 将剥夺许多基层社区群众的工作。基层群众如果接受了核电站和 TPP 的话，将丧失他们的自主权。越来越多的日本农民和市民开始认识到，核能和自由贸易协定之间具有相似的结构。他们现在行动起来要求收回地方主权，也就是当地人民自决的权力。

然而，仅靠街头运动并不足以收回地方社区自决的权力，特别是在福岛和东北地区。下面将讨论几个重要的问题。首先，农业和渔业如何重建？福岛和东北地区的基层社区不同于东京这样的大城市，这里的人民离开第一产业便无法生存。那么谁将负责在这一地区重建第一产业呢？是小农和渔民还是丰田这样的大公司？

其次，如何重建福岛／东北地区和东京的关系？基层运动的一个例子是立足东京的 NGO 组织 APLA（Alternative People's Linkage of Asia）对福岛县二本松市有机农夫的支持。该组织自20 世纪 80 年代开始就在菲律宾、印度尼西亚和东帝汶致力于推动对小农的公平贸易。它帮助农民进行可持续耕作并建立了基层社区。核灾难发生后，APLA 发布了帮助福岛有机农夫的新计划。

APLA 现在与二本松市的一个小型有机农夫团体合作共事，该团体反对能源密集型农业。该团体的农业生产由于土地和农产品的放射性污染而遭受严重损失。该团体的主要产品是水稻，但是土壤中的放射性物质比如铯早已转移进了水稻之中。经过一年多的反复试验和失败，他们终于发现放射性物质比较难以进入胡萝卜。他们决定转而出售胡萝卜汁来补偿买方以减少损失。运用高效能探测器对胡萝卜进行的检测表明，放射性污染程度微乎其微（第一次测试为 1 贝可勒尔 / 千克，第二次测试同为 1 贝可勒尔 / 千克）。ALPA 通过自身和城市消费者团体的联系来帮助农民们出售胡萝卜汁。

对于农民来说，最好的莫过于能够出售大米了，但是这目前的确还难以做到。一旦他们停止耕作，将来再回归农业的可能性就很渺茫了。农民认为现在放弃农业将导致福岛的第一产业就此终结。他们计划在未来的 10 年，乃至 100 年继续从事农业工作，通过改变生产品种来寻找更好的农业经营方式，以避免放射性物质向他们的产品中转移。他们的农业经营得到了城市 APLA 团体的支持；该组织在向城市消费者发布这些农户的农业信息的工作中扮演了重要角色。

正如本文讨论的，日本农民经受的双重挑战毁坏了福岛 / 东北地区和东京的关系。尽管如此，在这场危机中，日本的民间社会做出了重建城市和乡村之间更加公平的关系的种种尝试。未来的前景依旧不明朗，但是福岛和东北地区的农民，已经与城市的活动分子携起手来进行工作，完成了重建自身生活和建设一个没有核能的地方经济的第一步。

60 年的阴影与躁动：日本核电大跃进 ❶

王　选　离　原

甲级战犯最关心的话题

　　作为太平洋战争的甲级战犯，20 世纪 50 年代初，后藤文夫从关押他的巢鸭监狱被释放。这位曾任职于战时东条英机内阁的国务大臣出了牢房，对前来接他的人说的第一句话就是核能的和平利用："日本落后了，日本不能落后。"在监狱里，后藤文夫可以读到英文报纸，了解了美、英、苏关于核能新能源的消息。他说，我们这些人是战犯，把国家搞得一塌糊涂，想利用核能把日本再建起来。

　　在当时这并不是后藤文夫一个人的想法，而是日本经过战争的一群精英的共同想法。战后的日本百废待兴，电力供应严重不足，日本整个国家在做的一件事就是节电。水电和火电的开发已经走到了尽头，日本国内已经没有什么地方可以再建大型水电堤坝，而火电尽管从美国新引进了最先进的技术，但仍然远远不能满足需要。

日本重新入核

　　1945 年战败后的日本满目疮痍，核试验也被禁止，核实验室

---

❶　本文首发于第 203 期《Vista 看天下》，略有修改。

被关闭，所有的设备均被作为同盟国占领军的美军拆除。其实，当时日本的核研究已经不落后于世界先进水平。

战争使日本成了世界上唯一一个受到原子弹打击的国家，核能的恐怖已经植入国民的记忆。许多人死于原子弹爆炸（以下简称原爆），很多人是原爆的受害者，他们虽然还活着，可是身体内藏的放射能像炸弹一样，不知道什么时候发作。广岛大学研究核能的教授三村刚昂也是原子弹核辐射的受害者，当时广岛大学成为一片瓦砾，他的许多同事死于原爆。他亲眼看到原爆的气浪把覆盖人体的衣服都剥离，身上的皮肤破裂，碎成块的肌肉组织不断流血。这个记忆使他成为核能利用的坚决反对者，日本有很多人和他一样，对核能利用保持着相当的警惕。

1952 年以美国为主的 14 国签订《旧金山和约》，免除了日本的战争赔偿，此时，日本核领域研究的禁令也被解除，日本可以再次介入核能的研究。

苏美竞争，日本跟班

1951 年 9 月，苏联开始核电站的建设，美国感到挑战和压力，1953 年 12 月美国总统艾森豪威尔在联合国发表演说，呼吁世界拥有核技术的国家形成合力，设立国际原子能机构，以和平利用为目的，共同研究和开发核能。

"冷战"格局下，核能研究是美国和苏联大国竞争的角力点，日本政治家也超乎寻常地积极。艾森豪威尔讲话刚过去三个月，日本政府就拿出了日本核能预算案。原日本自由党议员前出正男说，当时大家的感觉就是核能时代到了，日本不做不行了。

1954 年 4 月，当时的政治家中曾根康弘将核能预算案提交国会通过。日本大阪大学教授伏见康治是学界中主张利用核能的，就算是他，也大吃一惊："早上起来看新闻，吃惊得不得了，中曾根预算出来了！这种事情按理应该先由核物理学家启动去做，而不是绕开学界由政府直接搞。"

日本学界当时正在进行核能利用的研究和讨论，有三种不同的意见，争论激烈，一派说要搞，一派坚决反对，另一派要选择适当的时机搞。突然之间，政府的预算就摆在了眼前，也就是说这件事就得做了。

原通产省官员伊原义德参与了预算的分配，据他说，在这个预算案里，核研究"科学技术振兴费"三亿日元，"反应堆建造资助费"两亿六千万日元，此外还有用于新铀矿的勘探费用，等等。"对于核能我们根本就不懂，于是拼命学习。当时日本原子能学术会议的专家的研究结论还没有出来，我们根本就没有想到政府的预算会出来。"

日本通产省是管理核能开发的政府部门，可是官员们从上到下根本就不懂什么是核能，也从来没有想过要搞核能，所以有些心不在焉。1954 年只花了 6000 万日元。预算用不完，应该怎么用，用在哪里，也不知道，可是数额却不断增长，四年后的 1958 年，预算就增加到原来的 30 倍，达到 76.8 亿日元。

诺贝尔物理学家与核政治新星之争

当时任日本《读卖新闻》社长的正力松太郎是核能开发的积极推进者。他想把世界著名的核能专家请到日本来，在日本进行一场大规模的核能普及和宣传。1955 年，美国核能和平利用使节团来到日本，团长霍普金斯·劳伦斯在就和平利用核能发表的演讲中说："核能的利用将给我们带来无限的未来。"这一点切中了战后日本渴求快速重建的社会心理。《读卖新闻》对美国使节团的来访做了连篇累牍的舆论操作，其中最吸引读者的广告词是核能是非常经济的，成本是水电、火电的两千分之一。

趁着美国使节团来访的热乎劲，11 月，和平利用核能技术博览会在东京日比谷公园开展，有 300 万人参观了展览。第 100 万个参观者受到了特殊的欢迎。这是一个矮个的日本年轻人，他被披上彩带，人们向他欢呼，一个以日本漂亮主妇为模型的机器人向他献上了一大束鲜花。接着，展览在日本 11 个地方进行巡展。这一切都被当年的胶片记录下来，画面上可以看到日本人一双双好奇又兴奋的眼睛。说服日本接受核能并不是一件容易的事，因为他们应该记得核能留下的恐怖经验。

最难攻破的堡垒恐怕就是广岛，已经成为世界文化遗产的广岛原爆残存建筑的圆顶，以冰冷的钢筋裸露着核武器的威慑力，受原爆摧残的许多人还活着，广岛当时 60 岁以上的人基本上都是核能反对者。

美国人很聪明也很小心。核电的反应堆模型被运到了广岛，放到了广岛原爆纪念馆里展览。森泷是广岛原爆受害者的代表人物，也是坚决反对核能的一员。但是，反应堆的构成、核能发电的原理、展览科学的讲解方式改变了他的看法：核是一个恐怖的怪兽，但也可以为人类带来福利。日本人是相信科学的，受害者代表也发表声明，成为核能利用的支持者，广岛人都接受了，日本还有什么人不能接受呢？

日本人心中的核阴影被逐渐驱散，民族的核灾难记忆，最后一块挡在日本奔向核电之路上的拦路石，也被挪到一边。反对的声音在和平利用核能技术博览会之后集体沉默，学界的主流见解转变为：为了日本的发展，进行核能和平利用的研究是必要的。

正力松太郎在整个运作中显示了他的宣传和鼓动才能。可以说，没有正力松太郎，没有《读卖新闻》，就没有日本核能的新局面。这时的正力松太郎已成为日本原子力委员会委员长，又当选日本国会众议员，他发誓要在五年之内，推动日本核能发电从研究走向实际运用。

然而，正力松太郎的做法，受到了日本诺贝尔物理学奖得主汤川秀树的反对。作为物理学家，汤川秀树也是日本原子力委员会委员，他提出核能发电在日本是一个空白，要从基础理论研究做起。

汤川秀树的弟子森一久回忆说，有一天，他被老师叫去，一进门看到老师正在发火，原因是老师看到了正力松太郎的声明，说日本不需要进行核能利用的基础研究，直接从国外引进技术就可以。

汤川秀树宣布退出日本原子力委员会。他说，形势在急速变化，今后的局面也是可以预见的。核能发电是不能着急的，日本有一句话，欲速则不达。这句话在核能利用上是再重要不过了。此时日本热心推进核能发电的精英们没有人耐下心来，认真听取这位科学家的意见。正如他的另一位门生所说，尽管汤川秀树是德高望重的大学者，但他的建议并不能左右政府的行为，政府想从他那里得到的，只是支持核能发电的"科学鉴定报告"。

战后日本产业的救命稻草

科学家走了，更多的人加入进来。其中有闻风而动的三菱、三井、住友等大企业。

对于日本的产业巨头来讲，战后的日子非常难过，1947 年，盟军占领军将日本财阀解体，支撑了日本战时"国策"的这些大企业被解体后，很不景气，连三菱公司也是过一天算一天，今天不知明天的事，到了破产的边缘。那时候，国家的核能预算是多大一笔钱啊，三菱受到了极大的刺激，立即决定要上核能项目。"我们也不要误了这班车"，日立看到三菱的举动，也加入进来。

制造业、银行、政界，只有正力松太郎可以把他们搞到一起。1955年4月28日，在日本首相官邸，正力松太郎把日本66个企业界和政界的头面人物召集来，开了这场"原子力和平利用恳谈会"，让日本政界和企业界各方力量联合，为发展核电牵手。

接下来的核能大餐，参与的企业甚至来不及细细体会。第一个从美国引进的实验性反应堆（JRR-1）落户于茨城县东海村。日立、三菱和东芝商社的社长、副社长都来了，大家都是第一次见到反应堆，一切都是那么新鲜，虽然还不会操作它，1957年8月它还是被启动了。日立公司负责东海反应堆建设的神原丰三回忆，反应堆刚一启动，就各种麻烦不断，比如反应堆的底下开始出水——从洛杉矶来的反应堆没有考虑到日本的潮湿气候，没有排水装置。好不容易才从消防队弄来水泵，总算把水排出了。发电所为排除险情，费了九牛二虎之力。神原丰三说，用了才发现反应堆是个很麻烦的东西，这不对那不对的事情简直是太多了。

三菱商社跑在了日本商界的前列，拿下了第二个实验性反应堆CP-5研究堆这个大项目，当时整个三菱集团都感到很荣耀，似乎一跃而上了一个新台阶。三菱商社浮田礼彦的夫人浮田久子回忆，当年丈夫回家总是和她讲公司的"新产品原子力"，"我觉得放射是挺可怕的，怎么会拿它当成生意，成为商品？大家都没有去考虑安全性吗？"

就在这样的形势下，日本原子力发电株式会社问世，这个大公司民间注资占 80%，国家占 20%。正力松太郎也在此时成为日本内阁核能大臣。1961 年，日本政府发展商业用核能的长期计划出台，这个计划设想在未来 20 年里，日本的核发电量要达到总电量的 70%。

1959 年 12 月，日本决定引进英国的锅炉型核能发电设备。正力松太郎说：英国核能发电和日本火力发电的价格比差不多，而且核能发电成本会越来越低。但是据当时通产省的伊原义德说，英国火力发电用的原料煤炭的价格非常高，按此核算的话，核能发电和火力发电成本差不多；可是，当时日本刚从美国进口了新型火力发电设备，规模很大，效率也非常高，所以在日本，火力发电的成本要比核能发电低得多。此外，英国的核电用原料钚在用于发电后，政府会全部买下来，作为核武器的材料，这一部分也算入了该设备的生产利润中。当通产省官员将此事报告正力松太郎时，正力的回答是，不准在国会把这件事抖搂出去。

此后，更严重的问题出来了，英国的那套设备没有防震设计。当时东京大学原子研究所教授藤本阳一在国会做证，指出了那套设备的设计缺陷，认为它有造成核泄漏的可能性。英国是一个几乎没有地震的国家，在日本就不同了，耐震性是非常重要的。

于是，原子力委员会立即指示科学技术厅制定安全对策，科学技术厅马上召集研究人员进行研究。据参与者回忆，当时与其说是给时间沉住气研究探讨，还不如说是要求赶快出结论报告，连安全性也没有成为第一考虑，就是尽快往前推，后面怎样，谁也不考虑。事情就这样"被搞定"，成了"既成事实"。

跳过了汤川秀树的主张，没有从基础理论研究开始的日本的核电产业就是如此快马加鞭地发展着。

世博会点亮的核能灯

1970年3月14日，日本大阪世界博览会开幕，日本全国有6400万人前往参观，一睹先进的科学技术带来的璀璨未来。开幕那天，特别吸引人们前往的，是一座华灯点缀的城市雕塑似的建筑物——"原子的灯"，同一天，敦贺核能发电所第一天发电，将核电送到了万博会现场，点亮了这座日本未来的象征物。

敦贺核能发电所用的是美国当时最先进的轻水炉核电设备。从美国引进时，对方称技术经全面验证，非常可靠，但实际并非如此。比如当时一手负责该设备安装落成到启动的日本核能发电公司的滨崎一成发现，对发电废料的处理不够，设备内部也有各种毛病，后来花了很大的力气去应对。

麻烦的到来不仅仅是因为当时世界核能发电技术的不完善，还有日本匆忙上马、急于求成的原因。20世纪60年代的日本制造业，还没有能力进行核电设备制造。实际上，电力公司只是运作现成的设备，开发新技术、改良设备的能力基本上没有。核电技术并不是日本的东西，一向以制造精良著称的日本在这方面也没有多少自信，只能做些细枝末节的修修补补。基础理论研究与核心技术的缺乏终于成为日本核电跃进式发展的羁绊。

60年代末70年代初几座大型核电站投入使用。1970年，敦贺核能发电所的核电照亮了日本世博会；同一年，民间独立出资的美滨发电所也开始运作；1971年，福岛第一核电站开始发电。日本核电一路在磕磕碰碰中向前奔跑，核电带来的电力供应的猛增使人们马上尝到了核电的好处。70年代日本经济高速增长，每年经济增长率达到 10%，城市飞跃式发展，老百姓的直接感受是都市的夜空亮起来了，五六十年代的拉闸限电从记忆里逐渐消退，家用电器的日渐丰富大大提高了城市人的生活水平。

于是，日本的政治家提出整治日本列岛计划，要在尽可能多的地方用建核电的方式拉动发展滞后地区的经济，以缩小快速发展带来的城乡差距。1974 年，日本国会通过三个法案，分别是《电源开发促进税法》《电源开发对策特别会计法》《发电用电设施周边地域整备法》，愿意建核电站的地区，国家将给予特别财政补助。在政府政策的引导下，到了 80 年代，日本已拥有近 30 座核电站，占目前日本核电站的 50% 左右。

就在核电发展最盛之时，核电事故却成为绕不开的困扰。1966 年 7 月，英国锅炉型设备的改良版核能发电设备总算开机，使用这一设备的东海发电所成为日本国内第一家商用核能发电所。可是设备开机不久就紧急停机，此后问题不断，每年检修、维护费高达一亿甚至六亿日元。

当年东海发电所所属的东海电力公司的总负责人、日本原子力发电社社长一本松珠玑写道："日本没有核能发电的经验，只以为是把火力发电炉换成核反应堆，可是，两者性质的不同后来逐渐显现出来。面对如此复杂的新技术、未知的工学领域的挑战，还要求有利润，怎么可能呢？"

1970 年日本核电站开机运作率达 74%，此后便一直下降，到 1975 年仅五年时间就下降到了 42%。核电站停停修修都是常有的事，有的机组一修就是半年一年。低开机率意味着成本的陡然上升，这对于商业性核电站是极大的压力。针对这些问题，日本通产省建立了核电标准改良委员会，研究投资额猛增，从 1972 年的 70 亿日元升到 1984 年的 350 亿日元以上。

不祥的事一件接一件发生

1974 年 9 月，日本第一艘核动力轮船"陆奥"号建成。下水仪式上，万头攒动，到处都是兴奋与喜悦的笑脸，当年的太子妃美智子、如今的明仁皇后（2019 年，明仁天皇退位，美智子被称为上皇后——编者），盛装出现在剪彩现场，美人送巨轮下海，成为最亮的亮点。

然而核动力船下海不久就出现了核泄漏，日本民众大惊，渔民们断然拒绝"陆奥"号在自己的港口停泊，一时间核动力船竟然无法回家。核动力船放射性物质泄漏事件使一向事故不断的核电站的安全问题空前尖锐化。

1971 年 3 月，日本引进的美国第一座轻水反应堆在福岛第一核电站落成运行。轻水堆被认为是具有划时代意义的"最新""最经济""最安全"的核电技术。摄制于当年的一部纪录片在描述这座预示着新希望的核电站时，用了一轮从海上冉冉升起的太阳，太阳的红色光束照耀着核电站，太阳、核电站、新日本，拍摄者的用意尽显无余。

轻水堆的出现让日本所有的核电"慎重论"全部噤声。日本通产省核电发展相关部门的岛村武久表示：当年的日本学界有一种倾向，认为关于核能源的研究已经没有什么可进行的了。当年日本第一座核能发电炉所属的东海电力的 JRR-1 技术人员至今还认为：汽车刚发明的时候，也没有人谈交通安全问题，如果只是要安全，人类什么都不要去做了。安全并不是核能的目标，核能的目标是发电。由此可以看到，当时再谈安全问题会显得多么不合时宜。

日本精英界对核电的集体失声

日本核动力船泄漏还不是最坏的消息，1979年美国三哩岛、1986年苏联切尔诺贝利核电站事故用无数人的生命和广大地域长期污染的代价，给人类添加了核能方面的新知识。

1991年，日本核电发展研究者岛村武久的研究所请来了深受切尔诺贝利核事故之苦的欧洲学者和日本核学界、企业界人士座谈，在三哩岛、切尔诺贝利巨大的、人类完全不可想象也承受不起的灾难面前，日本人深深感慨：在利用核能的道路上，日本人应该是最受益的，日本应该为之深深庆幸！

定时炸弹马克－1型

1979年美国三哩岛核电事故后，美国通用电力原技术人员德里欧·布拉恩德博曾向美国议会提出：美国通用电气制造的马克－1型，也就是日本福岛第一核电站1号炉的轻水反应堆设计上有技术缺陷，该技术缺陷与三哩岛核电站的事故有很大的关系，需要马上将这类反应堆停机检查，并等待检查结果。这一消息在第一时间知会了日本，但是东京电力公司负责人当时想的只是如何将安全检查的时间缩短一点。就这样，东电始终没有做到对马克－1型轻水堆百分之百的关机检查。

幸运之神终于不再眷顾日本，2011年3月11日，"定时炸弹"马克－1型轻水反应堆在因9级地震引起的海啸涌来后，发生了核泄漏和爆炸。

活着的废墟：福岛核电站——从原子弹爆炸谈起 ❶

武藤一羊 文 庄娜、张婧、马晓梅、金赢 译

我们不得不承认，在不停地排出放射性物质的福岛第一核电站里存在着某种意志，而且它发挥着作用。这并非比喻。实际上，这个活着的废墟是建立、支配核电站体制的人们意志的结晶，并且成了他们在此基础上长期活动的一种单纯化的形态。这种意志在核电站体制的统一支配下，被清洁能源以及对未来的美好承诺等面纱所遮蔽。我们不断被告知，如果没有核电站，就无从谈及大规模消费、方便与繁荣，而我们——社会中的大多数——也接受了这样的说法。但是现在核电站已经变成了对环境造成无限污染、持续侵害人类生命而且无法轻易消灭的残忍活物，它的本来面目和起源也随之暴露无遗。

长期以来，我并未充分意识到核能发电这一事物根源性的残忍。我虽然不是反核电运动的活动家，但对从 20 世纪 70 年代开始的反核电居民运动深有同感，做了一些事情把这一信息传递给国际社会，并参加了相关的游行。同时我也发表了一些言论，倡导建立一个与以往以开发和经济增长为目标的社会相对的另类社会。但

---

❶　此文节选自武藤一羊先生的著作《潜在的核保有与战后国家》。

是，"3·11"地震、海啸造成的日本东北沿岸社群的彻底破坏和大规模死亡，使我看到的因东京电力公司福岛核电站的崩溃而暴露的现实却完全是另一回事。我被打垮了。我本人并没有在地震中受伤，房屋也没有倒塌，却在这儿说什么"被打垮"，显得有些狂妄、不知分寸，甚至愚蠢可笑。但是，在这次灾难与政权水准低劣、无力应对等问题相叠加所造成的事态中，我感到了一种社会全面崩溃的危机。

这虽然不是战争，但是它让我们看到了一个深渊——本来作为自明的、前提的自然、社会秩序开始从身边崩裂。从这一点来看，它与战争——而且是核战争——相连接。已经有许多居民被推入这个深渊之中。对于那些从福岛的受辐射地区撤离，被迫抛弃家园、抛弃城镇避难的人来说，他们自己一手建立起来的自然、社会组织遭到了致命性的破坏，从身边开始崩裂塌陷。而且由于是核污染，破坏过程所造成的灾害并不是一次性的，而是会以数十年，甚至上百年为单位持续下去，一点点地扩大，侵蚀自然和社会。如果是自然灾害，还可以通过灾后重建得以复兴。但从规定了这次灾害整体特质的福岛核电站的悲惨结局来看，同样意义上的重建是不可能的。放射性污染对人类和环境所造成的污染和腐蚀影响是永久性的，其破坏不可逆转。密密麻麻排列在日本列岛大部分海岸线上的54个核电机组和处理设施也表明了日本列岛上的社会组织无从延续的事态并非不可能出现。

即便如此，人们（我们）也一定会继续活下去、重建社会、徐图复兴的吧。而我要拒绝这一启示录般的遐想。这在广岛、长崎、南京、切尔诺贝利、法鲁加、越南、柬埔寨以及南斯拉夫都得到了证实。但是这与政府以及媒体的"来吧，让我们踏上复兴之路！"的呼吁造成的局面转换无关。如果灾后重建与破坏及解体的性质、灾难性结局的严重程度不相符，那么"复兴"将会采取把危机埋入地下、以谎言覆盖真实的形式进行推进。将危机埋入地下，一定会通过分离灾难受害者、抹杀当事人的声音并使得生活实际状况无从呈现给外界的方式来进行。这一灾难已给太多人造成了各种程度、各种状态的伤害与破坏。受灾者才是在根本上具有决定权的当事人，只有他们不断站出来，灾后复兴才真正谈得上有希望。在发生了福岛核电站事故之后，虽然污染在无止境地蔓延，受灾范围在无限扩大，但整个事态被编入了以福岛的牺牲来支撑东京过度消费的中心／边缘结构中，因此就需要一种能打破并跨越这一障碍、将这一关系本身转变为公正关系的能动力量——社会运动，这就是使当事人发挥他们的作用。这里，当事人从周边发出来的声音是其中的主导力量。只有以当事人生存权、否决权、决定权的行使为基础，重建才会成为可能。能否在"收拾""复兴"的呼声中将力量落实到救助对象的立场上、粉碎企图抹杀当事人声音的势力，这是围绕着灾害问题进行斗争的核心内容，也是展开对峙的战线。在这一对峙中，并不是只有受灾者才是当事人，所有认为核能理当纳入社会的人，都承担着决定是否使这一状态持续下去的责任。在这个意义上，他们都应当作为当事人站出来。

这一战斗能否取得成功，就取决于这些以复合方式组合到一起的众多当事人在孕育着矛盾的动态过程中能否携起手来，抓住危机的根本要害，并挖出其病根。

"3·11"之后的事态已经充分证明，核电这一事物当中蕴含了社会解体的危险。也就是说，核能发电已经不再作为探讨能源政策时的一个选项、缺乏能源的日本所必需的动力源，或是维持国际竞争力这一讨论层次上的事物来谈了。

我们必须无条件地将它废除。

如果是这样，那马上会浮现出来的一个疑问，就是这种事物最初为什么会进入我们的日常生活。尤其是在地震多发国日本，海岸线上并排耸立的核电机组竟然达到 54 个之多。这种有悖常识的事情为什么会发生？

许多书和论文已经对这些问题做出了解释和说明，我也并非这个领域的专家，但是由于我个人长年来一直带着批判的眼光审视战后的日本，我感觉有必要以我自己的方式对这一问题做出回答。也就是说我不打算从能源问题或是环境问题的角度对日本的核电问题进行把握，而是把它与战后日本形成这一问题联系在一起进行讨论。对于已经成为争论焦点的废除核能发电这一当前不可回避的课题，我也想从另外一个角度去探讨它的意义。尽管有些迂回，但让我们从一个旧的话题开始谈起。

与核电的奇妙邂逅——1957 年的广岛

最近我才意识到，我与核电问题的最初相遇是在 1957 年，那时我还没有意识到上述问题。那一年年初，我作为刚刚成立不久的废核协议会（原水爆禁止日本协议会，简称日本原水协）国际部的事务局员工，正在为 8 月要在东京召开的第三次废除核武器世界大会（原水爆禁止世界大会）紧张地做着准备和推进工作。对于一个像我这样从朝鲜战争下看不到光明和出路、突然转向了充满光明和生机的活动场域的年轻社会活动家而言，这项工作极有价值。在美军结束对日占领两年以后的 1954 年 3 月，美国在太平洋的比基尼环礁进行了氢弹爆炸试验，试验产生的死亡之尘飘落在捕捞金枪鱼的日本渔船"第五福龙丸"上，导致船上的人员遭到核辐射。对此，东京杉并区的主妇们自主发起了禁止核试验的签名运动。这一运动瞬间遍及全国，并与广岛的运动会合，发展成为废除核弹的大型运动。（藤原、丸滨）运动的成员从自民党到社会党、共产党、地区妇女会与青年团，从学生运动到劳工运动，它最终发展成为一个与平等的诉求相关联、名副其实的大型跨党派运动，共征集了3200万人的签名。这一运动于1955年和1956年分别召开了第一次和第二次废除核武器世界大会。在会上，广岛、长崎的原子弹爆炸受辐射者首次公开发声，向世界呼吁废除核武器。对核武器受害者的救助也被选定为运动课题。我是从第三次大会开始参加大会组织的。大会在东京召开，之后外国代表开赴广岛、长崎，为了协助他们，我第一次踏上了广岛的土地。

借着这个机会，我第一次参观了原子弹爆炸资料馆。展览很有冲击性，展现广岛整座城市被原子弹轰炸情景的立体示意图位于大厅的中央，稍显昏暗的通道中，依次展示着原子弹爆炸受难者的照片和遗物。原子弹造成的大屠杀以一种压倒性的、令人窒息的现实感扑面而来。但是在这一路线的尽头，却有另外一个展室。穿过一道门后，灯光突然变得异常明亮，使人头晕眼花。说明上写着这是"和平利用核能"的展室。展览先是告诉你核能是伟大的科学发现、人类的未来会因核能而愈加开阔，其后一幅幅色彩华丽的展板相继进入眼帘，它用图画讲解处理核物质的机械手模型、核动力飞机、核动力船只以及核能发电等。如果从昏暗的原子弹爆炸受害展室走入这个空间，人会有一种强烈的不协调感，像走进了另外一个世界。原子弹爆炸造成的无情的大屠杀与核能许诺的光明未来就借着这一扇门，被捏合在了一起，几乎使人目眩。

这就是 1957 年的原子弹爆炸资料馆。我当时尽管感到了这种不协调，却并没有试图去分析其中的意义。当时的我投身于废核运动这一和平运动，不管是核能还是别的什么，不是炸弹的都被我排除在关心范围之外。

为什么在原子弹爆炸资料馆里有一个"和平利用核能"的展室呢？我在很久之后才知道了其中的缘由。在我参观资料馆的前一年，也就是 1956 年，广岛举办了一次关于和平利用核能的博览会，会场就选在了和平纪念公园内的原子弹爆炸资料馆。为了给庞大的展品腾出空地，原子弹爆炸资料馆的展品全部被移了出去。1956 年是废核运动大有进展、组织渐趋完备的一年。然而正是在这样的形势之下，和平利用核能博览会被搬到了广岛，挤走了原子弹爆炸的展品，在原子弹爆炸资料馆里召开。后来我才知道，在博览会结束之后，和平利用核能博览会的一部分展品被"捐赠"给资料馆，为了容纳这些捐赠品，资料馆设置了一个单独的展室。1957 年我所见到的正是这些展品。

这些经过，我是从广岛废核运动的领袖，也是运动的精神思想支柱森泷市郎的著作（森泷，1994，以下对森泷的引用皆出自此书）中得知的。伦理学家森泷本人即是原子弹爆炸的受害者。他在书中躬身自省，引用自己的日记对"和平利用核能"是如何被搬到了广岛，以及广岛人做出了何种反应做了如下叙述。

"我在广岛全面接触核电问题，是在 1955 年（昭和 30 年）的 1 月末。"森泷写道。那年的 1 月 27 日，美国民主党的众议院议员耶茨在议会上提出了在广岛建核电站的决议案（田中，2011）。这个消息给广岛市民带来了巨大冲击，引起了强烈反响。2 月 5 日的《中国新闻》报道称，耶茨在给原子能委员会及艾森豪威尔总统的信中就这一决议案提出：1. 将广岛作为和平利用核能的中心；2. 广岛核电站三年以内投入使用；3. 虽然最初计划建设医院，用于救治至今仍需治疗的 6000 名原爆受辐射者，但建设核电站更加有用。

森泷在日记——1 月 28 日（星期五）的日记——中这样写道：

> ……晚上，废核广岛协议会常任理事会。……美国众议院议员耶茨提议应在广岛建立核电站的报道出现在今天早晨的报纸和广播中，我们对此进行了热烈讨论。最后，我们决定向市民发出揭示其中问题的声明书。起草委员包括渡边、森泷、佐久间、田边、迫。

声明书中列举了核反应堆产生的放射性物质极有可能对人体造成危害，其运营会使日本受制于美国，一旦发生战争广岛将成为最先受到攻击的目标等理由，并且指出我们希望首先对受原子病痛折磨的数万名广岛市民在治疗、生活两方面给予完全补偿。为此《中国新闻》将其作为《核电站反对声明》做了报道。但是，森泷回顾道：

> 看到这一声明的滨井市长没有掩饰他的困惑和失望。见到他的时候，他对我说："在报纸上看到那篇声明的时候，我不禁想，'这可糟了！'，本来正冈迈克 ❷ 真的是出于好意才到

---

❷ 正冈迈克（Mike Masaru Masaoka），第二代日裔美籍人，是日裔美籍人市民同盟的领袖，曾经参与第二次世界大战中被强制收容的日本人与美国政府之间的斡旋工作，提议组建日裔部队。该提议被采用后，他又志愿加入日裔部队第 442 联队战斗团，参加过在法国、意大利的战斗。战后以日裔美籍人说客的身份进行社会活动。

那里去的。"

滨井市长在报纸上谈道:"我从去年开始向美国呼吁和平利用核能,特别是去年访美的时候,我向正冈迈克提过此事。他的积极活动终于结出了果实。但是,如果不解决微量放射能所带来的坏影响,就不可能有和平利用。但不管怎么说,能在最初因核能而牺牲的城市进行核能的和平利用,也是对逝去的牺牲者的慰藉。以致死为目的的核能如今可用于人们的生存,对这一点,我想市民们会表示赞同的。……我相信这是为了生存、充满着善意的馈赠。"

于是第二年,"和平利用核能"博览会就来了。如果说"在广岛建核电站"的提议最终只是以一个小插曲而告终的话,那么"和平利用核能"博览会则是由广岛县、广岛市、广岛大学、中国新闻社和美国文化中心等共同举办的声势浩大的正式活动。于是"和平利用核能"强行挤进了广岛,并待着不走了。市里提出的将原子弹爆炸资料馆作为博览会的会场、将关于原子弹爆炸的 2000 件展品全部移至中央公民馆的提议当然也遭到了原子弹爆炸受害者组织的反对。森泷这样写道:

美国推广到全世界的和平利用核能博览会,已经在 26 个国家得以举办,观众人数突破了一千万。在日本东京、名古屋、京都、大阪的会场,有近百万人前去参观。终于,它也来到了广岛。原子弹受害者的微弱反抗没有发生任何作用。但是,要把原子弹爆炸资料馆的展品撤去,把那里作为博览会的会场,却很难不让人反对。

但是市里说，要是不使用资料馆，就不得不新建300坪的会场，需要1000万日元。市里拿不出这些钱，所以，没有办法，只能在资料馆举办。

2月10日（星期五）的日记：

……晚上，与市长（渡边氏）就（为和平利用核能博览会）转移原子弹爆炸资料馆的陈列品一事进行了谈话。市长也觉得撤出陈列品不是明智之举。但是，他还是说："由于财政上的问题，现在只能利用资料馆做会场。"

4月25日（星期二）的日记：

……从美国文化中心馆长耶茨那里收到了美国政府的答复。这是根据3月1日比基尼两周年集会所作的决议而向美、英、苏三国首脑递交呼吁废除核试验的请愿书后收到的回复。对日本政府的回答和内容基本与此相同。

那时，美国文化中心在广岛承担了"美国大使馆驻外机构"的任务。我收到这一答复的信件之后，对Futsui馆长耐心地反复强调，不应该为了做和平利用核能博览会的会场而把原子弹爆炸资料馆的陈列品撤出去，应该充分考虑到遭受原子弹侵害的市民的感情。

"如果我是你，就绝不会做这样的事"，我用了近乎强硬的语气向他说道。而Futsui馆长听后也不再客气，说："我一定要把'和平利用！''和平利用！''和平利用！'涂遍整个广岛。"

让我再次感到震惊的是，这些围绕着和平利用核能而发生的事件发生在1955—1956年。1955年是废核世界大会在广岛召开之年。当时废核运动发展蓬勃，盛况空前；紧接着，1956年又在长崎召开了第二次世界大会。而就是顶着这种氛围，"和平利用核能"从外部、由美国带了进来（田中，2001；加纳，2011）。

这一过程体现了"和平利用"被嵌入了怎样的脉络当中。这一脉络以辉煌的"和平利用"遮掩并冲销了带来死亡与破坏的原子弹爆炸体验。"要把'和平利用！''和平利用！''和平利用！'涂遍整个广岛"，能说出这种话，真让人感觉奇妙，而且似乎也达到了这样的效果。反映参观者感想的《中国新闻》的版面上跃动着"为人类的未来带来希望"或是"活到今天真好——惊异之旅"之类的标题，引用的知名人士的谈话中也见不到对和平利用本身的批判。各种评论中虽然提出和平利用要以废除一切核弹并研究根治放射病的疗法为前提、原子反应堆是否有产生致命灰尘的危险、放射性废弃物该怎样处理等根本性的问题，但这些声音整体上都在"和平利用"是好事的框架下平息了（《中国新闻》1956年5月26日、27日）。

占用资料馆长达三周是转换了核能意义的象征性行为。尽管人们私底下对这一不客气的行为也感到不满，但最终还是都被引向了"和平利用"＝好事的阵线。森泷在日记中引用了当时的滨井市长一句非常有冲击性的话："在最初因核能而牺牲的城市进行核能的和平利用，也是对逝去的牺牲者的慰藉。以致死为目的的核能如今可用于人们的生存，对这一点，我想市民们会表示赞同的。"原子弹爆炸越是坏事，和平利用核能就因此更加是一件好事——通过这种逆转或是倒错的逻辑，人们被诱导到了"和平利用"的舞台之上。这成了之后"核能是清洁能源，既安全又令人放心"这种意象的原型。

但是这里有一个问题需要注意，那就是在美国淡化原子弹轰炸、将"和平利用"涂遍广岛的地毯式轰炸与接受方日本的脉络之间，存在着某种错位。《朝日新闻》（2011 年 8 月 3 日）适时地刊登了评论文章《"在原子弹受害国进行核能发电"的逻辑"正因为……才更要"的推进方式本为救赎与复仇心》，对"正因为是原子弹受害国才更要和平利用"的"正因为……才更要"的逻辑列举了几个版本并逐一进行了批判性的探讨。

抓住"正因为……才更要"这一逻辑是恰当的。上文所提的滨井市长的逻辑就是典型的"正因为……才更要"的思维逻辑。而且，原子弹轰炸与和平利用核能之间的这种关联，在美国一方的战略性逻辑当中并不存在。❸ 我认为，这种"正因为……才更要"的逻辑植根于战后日本得以确立其自身的根本性结构本身。它把原子弹轰炸的体验当作了被给予的东西来对待，认为它是已经发生过的、无可更改的事实，所以不愿再次把它作为讨论的对象，而是当成先

---

❸ 根据田中利幸发表在《世界》杂志的论文（田中，2011，p.251），我们知道，在战略立场之外，美国还有一种与日本的"正因为……才更要"的逻辑不对称的核电出口论。该论文称，1954 年，曾参与曼哈顿计划的美国科学家鲍尔·波特在视察广岛之后曾与滨井市长会见，并对其说"广岛因为遭受过核弹灾难，所以拥有主张优先享受和平利用核能的权利，而实际上，美国国内已大致具备了接受这一提案的环境"。同年，美国原子能委员会委员托马斯·马来在美国钢铁工会大会上提议美国援助日本，在日本国内兴建核电站，其理由就是"在广岛、长崎的记忆还历历在目之际，如果能够在日本这样的国家建设核电站，不但非常有助于使全体美国人摆脱对两个城市施加伤害的记忆，而且符合基督教精神"。日本方面"正因为……才更要"的反转是受害者体验的反转。与之相对，美国方面的反转则是加害者感觉的反转，即通过将加害反转为恩惠，忘记、埋葬加害行为，并将其正当化，使之成为遮断追究加害责任的工具。美国所谓"投放原子弹挽救了 100 万人的生命"的公开表态，也同样是反转、遮断的工具。直到今天，这种帝国的主观生产工具还在发挥作用。

在的东西。在此基础上，就开始寻找自初就带上了正面印象的"和平利用"与遭受原子弹轰炸危害的体验之间的关系，其中包含了一种希望二者之间尽量是亲和性关系的愿望。在这样的追寻中，遭受原子弹轰炸的体验就被全部绑在一起、抽象化了。因为从每一个人被轰炸的个别体验中很难找到通向"和平利用核能是件好事"的道路。而个别的体验一旦被抽象化为一个遭遇原子弹爆炸的普遍化事件，这种抽象就可以与和平利用核能建立起关联。而在其中起捏合作用的，就是"正因为……才更要"的逻辑。这时，正面面对原子弹这一对象的通路就被堵上了。到底原子弹爆炸的代价是什么？为什么会制造出原子弹这种东西？为什么在1945年8月6日会有原子弹落下？为什么会落到人口密集的地方？到底是谁投下了原子弹？是谁做出了使用原子弹攻击的决定？到底那次战争是怎么一回事？是谁发动了战争？是谁、在哪里成了加害者？是谁、在哪里成了牺牲者？进入这些问题的通路都被封闭了。那个时候"和平利用"的具体内容没有得到追问，而是作为正面的价值被抽象化地处理。最终，情绪和道德把理智认识推到了一边。

但这也可以算是总结战后日本的历史经验特有模式的一个例子。"战争终于结束了，现在已是和平国家了"，或者是"正因为战争如此悲惨，今天的和平才得来不易"。这些抽象的、无法再继续向前推进的命题，将个人具体的体验吸纳于无形，因而阻断了总结活着的历史的道路。"正因为……才更要"的逻辑就是这样一个阻断装置。对这一逻辑运用到极致的是"正因为在战争中有数百万人牺牲，才有现在日本的繁荣"，这样的说法不仅是"靖国派"的论客在使用，也是在"8·15"的政府投降仪式上被宣读的正式文书等情况下常常被运用的逻辑。"数百万人的牺牲"（Ａ）与"现在的繁荣"（B）之间到底有何种关联，这一问题并没有得到说明。但是把肯定性的（B）看作拜否定性的（A）所赐，就变成了一种理所应当的道德要求、强迫让人接受。如果要否定二者之间的关联，等待着的将是一种"你想冒犯死难的同胞吗"的胁迫。正是这种不以逻辑为媒介的情绪性的结合成了战后日本推卸战争责任、免除殖民地责任最为便利的手段。如果50年代的日本能够对投放原子弹等一系列问题进行认真的追问，那么全面揭示以投放原子弹而结束的战争的意义的通路就会被打开，这之中也包括日本的加害责任和使用了原子弹的美国的战争犯罪行为。紧接而来的会是追究各自责任的过程。如果是这样的话，在原子弹的死难者慰灵碑上就不会写上"请安然长眠　过错将不会再重复"这样暧昧的话了，在原子弹与"和平利用"的问题上也就不会出现"正因为……才更要"的关系了。这里面潜藏着的是战后日本国家确立本身的问题之所在这一秘密。

这里有必要对"和平利用核能"这一表达稍作思考。这一说法在20世纪50年代曾被大量使用，之后虽未变成废词，但似乎不大使用了。我并未调查过它的使用频率是从什么时候开始下降的。但是有一点可以确信无疑，那就是"和平利用"这一说法是与"军事利用"成对出现的。正因为核能首先是以原子弹、氢弹的方式出现，所以才有必要提出还有不是炸弹、不是"军事"的利用方案。这就是所谓的"和平利用"。只有在这个对比之中，"和平利用"这个说法才具有意义。然而通常情况下，词语并不这样用。谁也不会去说"和平利用石油"。石油以战斗机、战车燃料和凝固汽油弹材料等各种形式被用于军事，但是在用于暖气、发电以及私家车的燃料等途径的时候，人们绝不会说石油的这种使用方式是"石油的和平利用"。同样，人们也不会说"铁的和平利用"。其理由就是，石油和铁最初就是具有广泛用途的物质。有很多可以在日常生活中使用，同时也可以用于战争的东西，但人们不会一个一个地去说某某的"军事利用"或是"和平利用"，只有在核能上人们才说"和平利用"，是因为它本来专用于军事。这一用语揭示了核能"出生的秘密"，即军事才是核能原本的利用价值之所在，而"和平利用"以及作为其核心的通过核反应堆进行核能发电其实是原子弹的副产品。

"和平利用核能"这句话的使用，是从 1953 年 12 月美国总统艾森豪威尔在联合国上所作的知名演讲《用于和平的核能》（Atoms for Peace）开始的，但人们很少提及这一演讲的题目。"核能"（atoms）本来就是用于战争的（for war）。但是今后也可以用于战争以外的目的（peace）、可以转而用于原本目的之外的目的。这一题目正是作为这样一个宣言才开始具有意义。

那时"冷战"正酣。苏联已于 1949 年拥有了原子弹，并于 1953 年进行了氢弹试验，打破了美国的核垄断。英国也开始独立研发核武器，并在 1952 年进行了原子弹爆炸试验。1950 年开始的朝鲜战争在 1951 年 6 月差一步就发展为核战争，全世界都为之震动。在之后的十年里，"冷战"与扩充核军备的竞争日益激烈，再加上远程导弹的竞相开发，人类研制出的核弹头的破坏力总计达到了足以将全人类杀死数百次的程度，如拉尔夫·莱普（Ralph Lapp）所说的"过度杀伤"（overkill）。这自然使美国、苏联和英国进一步提高了以制造核弹头为目的的核反应堆和浓缩设备的生产能力，超出军事需要水平的核物质被大量生产出来。但是既然这些武器无法被消费（既然不能发动核战争），那么不管再怎样增加核弹头的储备、怎样开发新型武器，也无法无限制地持续制作下去，而且这个费用必须由国家的军事预算来填充。仅仅靠制造炸弹，不可能维持一个生产部门。为了能够维持下去，就必须把核能卖到什么地方去才行。武谷三男这样写道：

> 一开始制造的核反应堆既笨拙，体形又庞大。开发它是为了制造原子弹所需要的钚。当时建造了很多这样的核反应堆。在初期，它所产生的能源是麻烦的副产品，被排到大气和河川中。而核能受到关注则是在原子弹、氢弹的军备膨胀、材料生产开始过剩之后。（武谷，p.39）

在这样的背景下，民营化核能产业开始得到培育。英国和美国开始将军用核反应堆转为用于发电的核反应堆。艾森豪威尔"和平利用"的提案就是基于这种需要提出的。

艾森豪威尔的"和平利用核能"是美国在失去对核武器的垄断之后的一个计划，它的目的是将美国生产的浓缩铀等核物质向国际的转移过程置于美国支配的国际机构的管理之下，从而使美国支配世界。也就是说，它是20世纪50年代美国霸权的战略性构成要素，是以核战斗力为主轴的军事霸权体系的有机组成部分。回头重新再看艾森豪威尔在联合国所作的演讲是否真的是一个"和平利用"的提案，就越发显得可疑。演讲的前半部分强调了核武器的破坏力，并夸示了美国在受到核攻击时消灭对手的能力。仅在最后三分之一的部分，才提到了包括苏联在内的"主要相关国"要将核分裂物质的一部分交由新成立的国际机构（IAEA）来管理并促进"和平利用"的提案。这是与废除核武器及解除核武装完全没有关联的"和平利用"。这个"和平利用"从提案的时候开始就不折不扣的是军事利用的附属品。

战后，美国多次提出了意在由处于美国实际支配下的国际机构来进行军备管理的提案——即通常所说的巴鲁克方案（Baruch Plan），但都遭到了苏联的否决。这次对于延续了美国一贯意图的艾森豪威尔提案，苏联同样断然否决。于是在东西方"冷战"的条件下，"和平利用"的形式成了东西方围绕带有附加条件的核反应堆建设展开的封闭性竞争。美国通过在其严加控制之下提供核能技术和浓缩铀的双边协定，确立了美国主导的核能利用同盟；而比美国更早开始了民用核能开发的苏联（1954年）也建立了同样的核能同盟。"和平利用"的同盟是沿着"冷战"下两个帝国的分割线确立的。

到了60年代，随着法国（1960年）、中国（1964年）相继加入核武器国俱乐部，世界上的核利用状况也必须适应这种新的情况。已拥有核武器的美、苏、英、法、中五国开始着手建立核不扩散体制，以阻止出现新的核武装国，并于1970年确立了《不扩散核武器条约》（NPT）。

核能发电起步并与军事结合

核能发电也于同一时期走向成熟。在60年代中期，"用于发电的轻水反应堆的订购迎来了世界性高峰"，因此，吉冈齐认为"这成为起爆剂，实现了核电产业的起飞"（吉冈，2011）。但是，真的可以认为核电已经从军事中独立出来、成了一个单纯的产业部门吗？核能的"和平利用"真的成了脱离"军事利用"的一个普通业务了吗？

并非如此。核能发电确立为产业并不意味着它从军事中独立出来。只是产业与军事这两个要素的结合形态发生了变化。在由原子弹爆炸起步、走向后来的核电这个通路之外，一条新的通路被打开，那就是从核电通向原子弹爆炸的通路。NPT 自身就表明了两者新的结合关系。这一条约在缔约国之间把和平利用核能作为一项权利加以确认（第 4 条），对于未拥有核武器的国家，禁止其制造、获得核武器（第 2 条），并且为了检查这些国家是否严守规定，规定了非核国家有接受 IAEA 的"保障措施"（监察）的义务。核能的和平利用，也就是用于发电的核反应堆的运转以及浓缩铀和使用过的燃料的再处理、核物质的保有量、储存场所等一切都是 IAEA "保障措施"的对象。也就是把有关核能发电的"和平利用"的一切，都作为核武器的潜在生产能力来对待。当有转用于制造核武器的嫌疑时，就要进行强制监察。从朝鲜、伊朗的例子来看，由于用于发电等用途的"和平利用"与制造核武器之间的隔断仅仅取决于国家的政治性决定，因此这一隔断可以在任何时候被撤除。也就是说，核反应堆能不断地回到其起源——原子弹那里。对于牢牢控制世界特权的核拥有国来说，那些在政治上无法掌控的国家所进行的核电建设都意味着潜在拥有制造原子弹的能力。NPT 就是在这样的前提下创立的制度。

这里尝试追问的是，如果没有珍珠港袭击，没有曼哈顿计划，没有制造过原子弹，广岛、长崎也没有被原子弹轰炸过，那么会有现在这种形式的核电存在并且得到普及吗？我对此表示怀疑。无论对利润多么敏感的企业，会为了发电而想到以如此高昂的代价、冒着巨大的危险建设核反应堆吗？这一庞大、复杂、精密、昂贵而又危险的设备仅仅是为了将热水煮沸产生蒸汽，从而使叶轮运转起来用于发电。这与用煤烧锅炉的原理没有什么差异，技术设想上非常原始。的确，这一发电方法对于需要长时间连续潜水航行的潜水艇来说是有意义的。美国1954年起大肆宣传的是由通用电气制造的最早的核潜艇"鹦鹉螺"号上搭载了重水型核反应堆，之后它就成为核能发电的榜样加以宣传。然而商用的核能发电与"鹦鹉螺"号的核反应堆却完全不同。不过是给数万家单位、几百万人的日常生活供电而已，为何不得不用这样复杂且高成本的烧热水的热源呢？何况这发生在1973年OPEC攻势之前，那个时代英美的国际石油资本支配着中东，原油可以低价轻松入手，为何会有使用核能进行民用发电的必要性呢？原本只有瞬间的大规模破坏才能最大程度发挥作用的核裂变技术被转换成最忌讳瞬间大规模破坏的民用发电，这一想法无疑极不合理。那又为何毫不费力地为人接受了呢？

我并没有分析历史经过、回答这些问题的能力。在战后初期充斥着实现支配世界的浮躁感的美国，曼哈顿计划所提出的原子弹成了美国永远繁荣的象征。我推测，这一"美国的世纪＝核能"的心理背后大概也有"如果只是普普通通的话就会被击退"这一选项。

从NPT可以看到，核能发电（也就等同于核反应堆的运转）与军事直至现在还有联结。若是如此，认为以核能发电为其一端的联结的另一端不可能不受军事影响的想法也很自然。在这个意义上，有必要提前确认军队会遵循杀伤、破坏、削弱敌人，保存自我的原则。军人的本职是有效杀伤敌人。为此军人会把对方士兵的生命看作必要成本来进行计算。对军人而言，他们必须守护的是国家这一抽象物，而不是活生生的民众。军队并不关心环境。战争恰恰是最大的破坏环境的行为，也从未有过对环境有利的战争。军队在作战中不会去修复破坏了的建筑。军人会固守军事机密，绝不公开核心信息。

然而，核武器的问题不光出现在其使用上，甚至从铀的采掘起，放射线所导致的对人的生命以及对环境的破坏就开始了。自始至终，这一点从未有过改变。制造开发过程也是以破坏人的生命与环境为前提开始的。进行过核武器试验的内华达州、新墨西哥州、马歇尔群岛、塞米巴拉金斯克等地周围的居民遭到辐射，尽管寿命缩短，政府也不觉羞耻，没有受到什么处罚，甚至让本国居民注射钚、进行人体试验。美国的医学调查机构 ABCC 为了给下次核战争收集活体资料，将广岛与长崎的受辐射者当作小白鼠一般来对待。比基尼岛氢弹试验中的日本渔民遇难时，美国政府首先怀疑渔民是间谍，接着又否认了与试验的因果关系。这中间蕴含着人与自然关系的某种哲学——将生命当作工具，把漠不关心视为正当的犬儒主义哲学。

　　核电本身并非军用，然而它的技术与使用形态的哲学难道不是继承了军事基因吗？"和平利用核能"的军事起源开始的连续性不也正是伴随着哲学上的连续性吗？尚不知处理核废弃物手段之时就来进行核能发电、运转核电站，这种风格不正是继承了只追求眼前的破坏、置社会与人所承受的后果于不顾的原子弹攻击者的行为吗？核电以剥削人的生命作为其前提，这跟军队以士兵会在战场受伤战死作为前提而进行组织是相通的。采集核电所用的铀并未与原子弹区分开来，侵蚀着环境与居民（尤其是原住民）的生活。这种对待生命的犬儒主义难道不是从这一起源继承而来的吗？

　　尤为特别的在于对于放射线的态度。让人难以想象的是日本政府在福岛核电站受灾之际，回避声明其最高使命在于面对放射线的伤害"守护居民安全"。政府持续让居民处于高强度的放射性环境中，还在这时向外部发出虚假信息，主张"同时对健康没有影响"。

直至今日，政府也没有公开全部信息。人长期面对原子弹、核电与放射性物质这些眼睛无法看到的有害源，生命会渐渐遭到侵蚀，甚至失去。权力尽量不去多谈核所特有的、必须对其加以警惕的一面，而是将其从人们的视野中隐去。无论是在原子弹还是在核能发电中都能看到这一倾向，这大概并非偶然。

曼哈顿计划的负责人法莱尔准将于1945年9月率美国陆军视察团来到日本。他在东京的记者会上对原子弹的射线与热辐射的威力进行了宣传，并说"未发现有日本报道中所提的由放射能辐射而死亡的案例：原子弹经过长时间后，尚未发现由放射线而死亡的案例，广岛现在完全是安全的"，日本方面对放射性物质的主张只不过是"宣传"（繁泽，p.93）。这与福岛核电站事故发生之后日本政府与御用核能学者的态度有着奇妙的一致。双方都无视或低估了不可忽视的放射性物质的影响。前者是为了避免战争犯罪的罪名，而后者则避开了从根源上对离开人的控制就会出问题的核能发电进行批判，遮掩了政权负荷不了的状况。法莱尔否定有受辐射人群的存在，日本政府则牺牲了民众的安全。从面对这次核电事故的政权以及东电对待民众的态度中，我们可以看到他们与军队的相似性。

福岛核电站事故以来政府坚守了什么呢？文部省从未表示过"坚守孩童的安全"是自己的使命，而是将规定"安全"数值扩大到臭名昭著的20毫希沃特，因为若不如此，福岛县的公共教育则无法维持。在这里，必须优先守护的是学校制度，而不是活着的孩子。给福岛县居民做健康调查的态度也与过去ABCC把受原爆辐射者当作数据对象的"小白鼠"的态度如出一辙。

不过在此暂不深入来谈，而是回到战后日本继续刚才的讨论。

美国、废核运动、"和平利用核能"

美国对战后日本"和平利用核能"的引入并非只是针对"用于和平的核能"这样一般性的战略目标,而是为占领后的日本所开的特殊处方。这一处方是:1.以美国在广岛、长崎投下原子弹进行大量虐杀这一事实为背景;2.要求作为旧的敌对国的日本,保证不再与美国二次敌对;3.不得对利用处在"冷战"最前线的日本作为反攻基地的特定必要性问题做出回应。

在此意义上,对日本而言,1954年是决定性的一年。如前所述,这一年的3月1日,由于美国在比基尼岛进行氢弹实验,"第五福龙丸"遇难。第二天(3月2日),改进党的中曾根康弘、稻叶修、齐藤宪三、川崎秀二在国会提交了核能研究开发预算。虽然发生的时间有其偶然性,但两件事情的展开一直都具有内在联系。

40年之后的1994年,NHK从3月16日起分三次放映了题为《引入核能发电的情景——"冷战"下的对日核能战略》的纪录片。这一出色的节目将充满了政治野心的正力松太郎与美国谍报机关的关系作为中心,敏锐地描绘出"和平利用核能"是怎样作为新的对日心理战而展开的。这部纪录片中除了对华盛顿的国家档案馆的细致调查,还收录了对当时仍在世的美国工作人员、日本内部秘密打听"接受"浓缩铀的外务省官僚、就核能协定与日本政府交涉的美国原子能委员会原国际部长、日本学术会议和平利用问题的代表武谷三男等人的原始采访,弥足珍贵。众多重要的证言与观察中,给我留下最深印象的则是可以从中理解美国政府面对当时废核运动的高潮有着怎样的慌乱与恐惧。

当时经历废核运动的我所看到的废核运动并不是反美运动。但人们已了解广岛、长崎的惨状,而且对美国强硬否认氢弹试验责任表示愤怒，因此也绝不会是亲美运动。从比基尼的"死之灰"中守护孩子的母亲们的活动，到守护海洋、守护鱼类的渔民、渔商的活动，进而到占领下压抑着的反对原子弹的呼声的爆发——市井的人们在各种动机（尤其是希望停止核试验）的推动下，在忐忑不安的生活中推进着运动（藤原，丸滨）。

　　然而，美国当局的眼中看到的则是危险——这给日本走向反美运动和共产主义提供了机会。1953年美国虽实行了"对日心理战计划"（PSB D-27 1953年1月30日）（有马，pp.63-64），"给日本知识分子施以影响，支持那些愿意迅速重整军备的人，通过快速实施促进日本及其他远东自由主义国家相互理解的心理战，与中立主义者、共产主义者及反美情感作斗争"，但这一心理战在比基尼事件中遇挫。有马认为1954年比基尼事件引起的废核运动意味着"对日本的占领结束以来最大的心理战完全以失败告终，是外交上很大的污点"（有马，p.71）。NHK常引到的国家安全委员会（NSC）文件《美国对日本的目标与行动方针》中谈到"日本对核武器的反应的激烈程度成为我们对日关系所有方面的一个要素。它对我们在太平洋上所进行的以上试验，以及美国开发'和平利用核能'的行动都提出了特定的问题"。于是有必要修正针对日本的心理战略计划。当时负责与日本关系的沃尔特·罗伯特森❹在寄给驻日大使约翰·阿里逊的书信中谈到了"第五福龙丸"事件时日本的

---

❹ 沃尔特·罗伯特森，1953年是美国国务院助理国务卿。在与时任日本首相吉田茂的特使、自由党政调会长池田勇人的会谈中，他承诺美国将援助日本重整军备。会谈的结果就是第二年缔结的《日美相互防卫援助协定》（MSA协定）。而且在这次会谈中，双方同意，为了日本重整军备，最重要的是"助长能够增加日本国民防卫责任感的风气"，"为了培养日本自发的爱国心和自卫精神，日本政府需要首先通过教育、宣传来承担责任"，自此，日本政府开始正式介入重整军备和教育的事务。

舆论与日本反美的经过，阿里逊的报告指出"有必要制订更加积极的心理战计划，至今为止的心理战有其缺陷"，并说明"由于现在的共产主义者在加强对日本的和平攻势，所以心理战计划更为必要"（有马，p.67）。

"和平利用核能"是这一新的心理战计划的关键，而且对《读卖新闻》的正力松太郎——代号为"Potam"的 CIA 真正代理人——而言，"和平利用核能"是实现其政治野心的捷径。1955 年，在正力的推动下，以美国通用动力公司总经理约翰·霍普金斯为代表的核能和平使节团来到日本，《读卖新闻》展开了大规模的报纸宣传，并通过日本电视将这样的信息传至全国，席卷政界、商界，引起了"和平利用核能"的高潮。美国紧接其后，从当年 11 月起介入"和平利用核能博览会"，在东京的日比谷公园吸引了 350 万观众的目光，画下了日本社会迈向核能的形象。第二年，博览会在日本全国各地巡展，正如前文所提，广岛的原子弹资料馆也就理所应当地被鸠占鹊巢。

和平利用的幻想

森泷回想起在召开广岛博览会的 1956 年的同一年，长崎召开了第二次世界废核大会。这一大会尽管设置了"和平利用分会"，然而丝毫没有对"和平利用"加以否定，只是有很多警戒的声音，说"和平利用"必须是为了民众，而不能为垄断大资本所用。"比如意大利代表齐亚萨蒂说：'要使和平利用的核能不被用于增加巨额垄断利润，而是要成为社会的公共财产，让所有的劳动者能有更多的食物、更高的生活水平、更好的健康状况、更稳定的工作与更多的自由与幸福。'"

森泷带着自责与悔恨写下了如下的话：

在长崎召开的第二次世界大会中，新组织起来的日本受辐射者团结协会在成立大会的宣言中加上了"给世界的问候"这一副标题。虽是面向世界讲述受辐射者的心声，但在快结尾的地方，有这样一段话："我们今日在这里齐声向全世界高声诉说。人类不可重蹈我们所经历的牺牲与苦难。把通向灭亡与灭绝方向的危险的核能决定性地推向人类幸福与繁荣的方向，才是我们活着的唯一愿望。"写下这一草案的正是我本人。

森泷说广岛历史学家今堀诚二的《核弹时代》一书"最为鲜明地展现出"这一观点。他继续指出，贯穿其中的理念主要是"从核爆炸时代到核能时代"。"通过废除核弹，可以更早一日迎来和平利用核能的时代。这非但不是否定核能，而是把发现核能高度评价为人类从自然的制约中解放出来，它带来了人类历史上最大的转机。""重要的是所有人都站在被辐射者的立场设身处地地思考，这样人们就不得不意识到全人类都有可能陆续成为被辐射者。当'被辐射的人不能再增加'这样的说法成为每个人的说法之日，才是核时代结束之时。核能时代即将迎来光明包裹着的蔷薇色的黎明。"[《核弹时代》（上）·后记]

今堀在广岛废核运动里是行动知识分子的核心，也是一位受人敬重的知识分子活动家。我认为《核弹时代》是废核运动初期最优秀的分析作品之一。当森泷得知今堀对核能时代予以礼赞之时，他非常愕然——"竟然还有今堀！"我也在森泷的文字中体会到这种感觉。而今堀并不是例外。

毋宁说这种关于核能的想法植根于战后包括从左翼到自由主义在内的各类进步知识分子和社会运动中都有着顽强生命力的"常

识"：无条件肯定科学技术发展的近代主义。物理学家虽强烈反对军事利用，但有了被占领军破坏回旋加速器的屈辱经验后，他们期望再次进行研究。这些物理学者在 1951 年，请求尚在交涉中的媾和条约不要禁止核能研究（吉冈，1999，p.557）。在刚刚经历了广岛长崎之痛的 50 年代，日本学术会议也对"和平利用核能"有着强烈的抵抗。伏见康治提倡的和平利用提案遭到强烈抵抗，一度被撤回。然而，武谷原本用于防止军事利用、推进和平利用的"自主、民主、公开"三原则立即为学术会议所采纳。这中间缺少了对潜藏在"和平利用核能"核心中与军事所共通的部分予以警戒与批判。"核能已是现实问题"，"若不注意核能的和平利用，就要落后于世界了"。武谷的逻辑是，"打破大国独占核武器这一科学机密体制是小国的任务之一"，"日本这种被辐射的国家必须拥有主导权"，"为此，为了明确分开核武器与核能的和平利用，必须确立相应的原则"（武谷，pp.8-9）。

出发点——为了核武装能力，引入核反应堆

　　然而，众所周知，以核反应堆的形式将"和平利用核能"带入战后日本的主要势力并不是学者，而是前面所述的正力、中曾根康弘等政治家及其背后的势力。比基尼事件发生后的第二天，众议院中的保守三党突然共同提交提案，提出追加科学技术振兴预算 33500 万日元，以建造核反应堆，此预算迅速被通过。中曾根的这一突然动作使得尚在继续热烈讨论的科学家们为之惊愕，这一行为的背后究竟有着何种动机？然而不可思议的是，其中完全缺少"和平利用"这种观点。

　　3 月 4 日在众议院内部会议上对提案主旨进行说明的是改进党

的小山仓之助。据藤田祐幸回忆："主旨说明从当前的军事状况谈起，称有必要进行教育与训练，以使用最新的武器，并需要将核能预算提上议程，以了解核武器，并掌握使用它的能力。"小山甚至还说："为了避免美国在对日的MSA❺援助中提供旧式武器，就需要有一个先决条件，那就是了解新式武器和现在尚在制造过程中的核武器，并且具备使用它们的能力。"在这之前，我从不了解这提案主旨中有如此令人震惊的语句，直到我读到藤田的《战后日本核政策史》（槌田、藤田等，2007）时才得以了解。日本最初的核能预算就是在这一主旨说明之上被采用的。核反应堆不是为了"和平利用"，而是作为迈向日本核武装的第一步而被引入的。藤田说："在日本议会上这样赤裸裸地讨论核能与军事问题，这是空前的，（我希望）也是绝后的。"

中曾根在之后的采访中说道："自己对核能的关心起源于为缺少资源的日本解决能源问题。"他在自传中说，1945年8月6日，时任高松海军主要军官的他看到西边蓝色的天空中飘起了白色的烟云，了解到那是原子弹爆炸。"即使是现在，那种白色烟云的形象还留在眼底。那时的冲击是使我走向和平利用核能的动机之一。"然而，现实中的中曾根走向核能则是在1953年。他在美国谍报机关的安排下来到美国，参加了哈佛大学由基辛格主持的为期40天的研讨班。很明显，这是当时美国在全世界展开的亲美反共领导培养计划中的一环。研讨班中来自25国的45人聚在一起，连日讨论、学习。在这次美国之行中，中曾根访问了军校、大学、滞留美国的

---

❺ 指《相互安全保障法》。

日本专家等，积极收集核能的相关信息，并对小型核武器开发表现出了兴趣。不久后基辛格就提出了使用小型核武器的有限核战争这一概念，用于实施不致两相毁灭的核战争。这些动向实在是意味深长。毋庸置疑的是，中曾根的"和平利用核能"从最初就被置于改宪、重整军备、核武装的脉络之中。

1954 年之后的几年里，日美签订了核能协议（1955 年 11 月），《核能基本法》等核能三法公布（1955 年 12 月），由正力担任长官的原子能委员会成立（1956 年 1 月），随后又成立了由他作为首位长官的科学技术办公室（1956 年 3 月），并将东海村选定为核能研究所的地点（1956 年 4 月）。日本"和平利用核能"的体制迅速得到推进，60 年代最早的核能发电站才开始运作，然而到了 70 年代，就迎来了核能发电的高峰。这里暂不追究其过程，然而从上述过程中我们可以知道，"和平利用核能"的背后有三个不同性质的动因在起作用，而且可以确认的是，这些动因在深层持续规定了核能后来的发展。

这三个动因是：（1）作为美国霸权战略的"和平利用核能"，尤其是作为针对日本反核运动的心理战略而提出的"和平利用"；（2）战后保守政治势力企图改宪并实现核武装的野心；（3）包含科学家在内都信奉的战后的进步潮流——科学技术进步观念与现代化意识形态。

其中，第三个动因一方面与战后新宪法之下的和平——民主意识形态相连，另一方面，它的左侧则连接着对俄国革命以来的社会主义从亲近感到支持在内的各种肯定性态度。在这些原因的作用下，日本（1）相当大程度上处于整体上规定了战后日本氛围的"拥抱战败"（约翰·道尔语）的亲美环境之下；（2）无法走明确的反美自立路线；（3）一方面虽对美国在"冷战"中的霸权支配表现出强烈的批判姿态，但同时又对美国、苏联式的自然征服型开发模式抱有憧憬或是毫无批判。

处于"和平利用核能"背后的这三个动因与我所说的组成日本战后国家的三个相互矛盾的原则相呼应，即嵌入战后日本国家构成中的：（1）美国霸权支配世界的原理；（2）对战前日本帝国进行继承的原理；（3）宪法和平主义与民主主义的原理。我反复论述了日本战后国家这一历史性的存在其实就是这三个原理"绝对矛盾的自我同一"运动，而且这些自我矛盾的动因典型体现了战后日本的特征，并在"和平利用核能"计划的内部发挥着作用。

将日本纳入美国霸权战略中的主要杠杆并不是作为心理战的"和平利用核能"，而是根据《日美安保条约》所设定的军事同盟关系。它代表了在"冷战"的核对抗中将日本置于反共最前线的美国政策与战后日本社会的关系。而废核运动也在经历了1960年的"安保修订"之后采取了反对核武装的立场，进而与安保形成对决。❻

然而正如我们所知，围绕着当时社会主义国家的核试验、对核武装力的政治立场的决定，废核运动内部出现了分裂。1961年，

---

❻ 面向1958年的第三次世界大会，废核运动将"核武装"列为中心议题，该大会的宣言名为《禁止核武装宣言》。宣言开篇即指出："日本正在由核弹受害国变为加害国"，"将核武器带入冲绳和日本本土、自卫队核武装、设置核弹基地等动向，是与日、韩及中国台湾的军事同盟计划相关的，是以西德为首的世界性核武装政策的重要的一环"。这里还没有意识到核武装与已经开始引进的核反应堆之间的关系，"禁止核武器"也没有被置于禁止由本国的核反应堆生产核弹头的文脉中。"核武装"主要是作为冲绳基地的核装备、美军将核武器带入除冲绳之外的日本本土、自卫队的美国制核导弹装备等问题来把握的。他们意识中的世界性核武装政策的范例，是1957年西德总理阿登纳提出的西德军队核武装化的提议，与第二年西德议会通过的作为北约军队一环的西德核武装决议。对此，卡尔·弗里德里希·冯·魏茨泽克等著名物理科学家发表了《哥廷根宣言》，发起了波及全德的反对核弹致死运动。

苏联虽单方面停止了核试验，在此情况下召开的第七次废核世界大会通过了"最先开始核试验的政府是和平之敌"的决议，但1962年苏联又重启了核试验。共产党团体宣称苏联的核开发是为了抑制美帝国主义战争政策，是为了和平的核开发，并以此反对针对苏联的抗议，而在中苏对立进一步激化的直接影响下，围绕1963年部分核试验禁止条约形成了对立，终于在1965年，包含总评、社会党在内的势力在"反对任何国家的核试验"的口号之下召开了废核国民会议（原水爆禁止国民会议，简称原水禁），于是运动在组织上分裂为日本废核协议会与废核国民会议。

废核国民会议是从和平运动一方转向与核能发电相关的运动的。（池山）废核国民会议不仅站在反对所有国家核试验这一立场上，而且还调查遭受核试验辐射的太平洋群岛居民的受害状况，将视野扩展至核辐射导致的对人体与环境的总体破坏。其中，明确对核电采取批判态度的森泷提到"废核国民会议从'对核武器的绝对否定'到真正的'对核的绝对否定'，大约花了七八年的时间"，他写下了这些文字：

> 回来看我们对核的认识的变化，我想关键原因大概在于我们对"放射线危害"的认识切实且深刻。核弹爆炸27周年大会（1972年）时提出"反对建立引起最大的环境破坏、放射线污染的核电站与处理工厂"这一口号，一方面说明我们的核认识已经进展到了这一程度；而另一方面，也是由于日本国内在"高度经济增长"之下，环境破坏和污染的问题越来越严重，以及同年6月在斯德哥尔摩召开了"联合国人类环境会议"这些世界性的背景。

在国内，反对建立核电站的居民运动在各地展开，因此出现了召开横向的全国联络会议、成立"信息中心"的必要性，也切实看到了学者、专家合作、相互协助的需要。于是废核国民会议也从这一年前后开始，采取了回应这些需要的姿态。

伴随着对放射性能源危险性认识的深入，从废除核武器开始，废核国民会议最终将视野扩展至反对核电的先驱性和平运动。与此相对立的废核协议会则站在赞成"和平利用核能"的立场上，拒绝把核电作为问题。一般被理解为和平运动的反核运动的关心重点在核武器上，而核电则被认为是抵制破坏性开发的居民和环境运动的课题。

然而从整体上来说，20世纪60年代出现的分裂削弱了日本社会反核舆论与和平运动的力量。而且随着日本社会淡化了强烈反对"军事利用"＝核爆炸的情感，将"和平利用"与"军事利用"对立起来的必然性下降了，"和平利用核能"的说法也很少被提及了。除核电以外，在医疗等领域对核技术的"和平利用"以及围绕高能粒子加速器展开的研究等则被划归医学和物理学的工作领域，已不再能以"和平利用核能"一概而论了。

接着，替代它的"核电"作为主人公登场了。

核电体制的形成与国家安全保障

20世纪60年代是全球商业核电产业起步的时代。日本用于商业的核电从1966年东海村第一号反应堆启动开始，于20世纪70年代急速地扩张，并作为国家的一大支柱产业而起步。70年代20台机组、80年代16台机组、90年代15台机组、2000年后5台机组，多年来，核电产业几乎在以直线型、每年增长 150 万千瓦小时的幅度增加（吉冈，2011）。50 年代"军事利用还是和平利用"的问题已不复存在，核电似乎已完全被纳入了国家的能源政策。

然而，这意味着某种超越能源政策的事物诞生了。一个坚固的结构，出现在国家的核心部分。吉冈把这种围绕核电形成的结构称为"核能体制"。它的政策特征在于"为了维持国家安全保障的基础，在国内保持先进的核技术和核产业的方针"，并为其冠上"保障国家安全的核能"的公理之名。吉冈指出，在这个前提之下，"在承担开发利用核能职能的主管部委的指导下，以有着相关利益关系的各部委、电力部门、政治家和有实力的地方自治体四者为主要成员"，"再加上生产商及核能研究人员六方"构成了复合体。复合体是为了制定"以内部利害调整为基础的一致政策"。它与"军工复合体"或者政、官、财相勾结的"铁三角"有着同样的结构。最近的"核能村"这一称呼指向的正是这种结构。

吉冈将"保障国家安全的核能"的"公理"定义如下（吉冈，2011）。

"保障国家安全的核能"的公理，是日本暂不拥有核武器，但须奉行拥有足以实现核武装的技术与产业潜在能力的方针。这是日本国防安全政策中最主要的一部分。据此，以持有核武器作为安全保障政策基础的美日两国军事同盟的安全性就有了保障。"保障国家安全的核能"这句话所附带的意思是，拥有先进的核技术及核产业是国家威信的重大源泉，也就是"核能即国家"。另外，由于"二战"时期日本特有的历史背景，国家的安全保障这一词里也包含了能源安全保障的含义。面对一般国民，这一含义须常常强调。从这个公理的观点来看，核技术中尤其是敏感核技术被赋予了极高的价值。无论如何，由于和保障国家安全密切结合在一起，在日本，核能政策是国家基本政策的一部分。

被称作公理真是很绝妙。公理是不需要证明的真理，已经被抹杀了公众要求证明的权利。在其中，核能与军事在战后日本以独特方式结合的事实被抽取出来，那就是不以核武器形式出现而作为军事要素的核能发电。但在面向普通民众时它却是以能源政策的面目被呈现的。"3·11"以后的东电、政界、财界以及媒体之中的核电维护推动派的核电拥护论，基本上100%都以如果没有核电，电力需求能否被满足、能源是否够用等威胁论构成。这一手法仅仅打开了遮盖核能体制实质帘子的一部分，仅仅将能源的面目呈现给公众。从这个角度看，"国家安全保障"的本来面目就看不到了。

有意思的是，在这段时间里，有关核能利用、类似1954年核能预算宗旨说明那样露骨的军事意味消失了，取而代之的是核武装论被移植到看上去与核电无关的语境中并复活。那是在解释宪法的脉络之下进行的。开此先河的是岸信介。1957年，刚刚执政的岸信介就在参议院提出在自卫权的范围内可以拥有核能。他还在众议院提出："一叫作核武器，就被认定是违宪，这样的宪法解释是不正确的。"通过1960年的"安保修订"，岸信介使日本自发加入了美国的霸权战略。他虽将修改宪法作为自己的政治使命，但也成为第一位提出在现行宪法之下也可拥有用于自卫的核武器这种令人惊异的宪法解释的首相。这一立场被其后的历任自民党政府所继承，并被反复认定。这一立场被置于与核能产业相剥离的言论空间中。但其名与实虽被分开，却被放置在任何时候都能合为一体的位置上。

吉冈将核能体制作为"国家安全保障"的核心。这一视角对于从整体上把握"3·11"以后的事态也具有决定性的重要意义。

虽然最近媒体也公然将"核能村"作为批判的对象，但它们所做的仅是将从电力产业与官僚的沆瀣一气中获利的利益集团捉出来，仅仅将核能问题作为能源问题来论述，并没有触及"国家安全保障"这一核心问题。

对战后日本而言，国家的安全保障是在（1）依靠日美安保提供核保护伞，（2）拥有发动战争的能力，（3）在限定非武装的宪法第九条与宪法民主主义这三个要素的相互作用之下形成并且带有特定多元复杂性的领域。这三个要素与前文提及的战后日本国家的三原理分别相呼应，但在原理上却相互矛盾。日本的核能力建设是为了实现其中的（2）而定位的实体性要素，但又处在（2）与（1）的相关关系即与日美安保体制的微妙关系之中。在战后日本国家的三大原理中，由于美国的世界战略原理现在仍压倒性地发挥着作用，即便日本想实现核武装、根据自己的判断使用武力，也是美国所不愿看到的，因此违逆美国而选择（2），对日本的统治集团而言无异于毫无出路的冒险。况且为了修改宪法所做的中心突破也没有成功，（2）仍旧在（3）的宪法体制的一定制约下，因此，日本若是退出NPT，选择核武装的道路，则不可避免地会招致国际性的孤立。

我们接下来讨论这些矛盾的要素如何相互作用，并且核能在其间占了什么位置。

佐藤政权——"核武装牌"及其效果

首次将核武装的选项写入政策议案的是佐藤荣作首相。佐藤在任的1964年到1972年这八年时间是世界格局，特别是亚洲格局发生巨变的时期。这个巨变时期也是越南战争及中苏对立的时期，而"核"是左右这场巨变的暗中出场的角色。

让我们快速回顾一下。美国于 1965 年开始轰炸北越并向南越大量增派步兵，战争的逐渐升级引起了世界性的抗议侵略的反战运动。另外 20 世纪 50 年代末开始与苏联日渐不和的中国于 1964 年开始进行核试验，成了世界上第五个核国家。1966 年，"文化大革命"爆发，全中国都卷入其中。同时，NPT 出现，最初有 62 个国家于 1968 年签署了该条约。美国发起的越南侵略战争在 1968 年的新年攻势后失去了胜利的希望。同时，中苏关系发展到 1969 年时出现了珍宝岛武装冲突，中国切实感到了苏联核攻击的危险。根据中美双方的需要，1971 年基辛格秘密访问中国，1972 年尼克松总统实现了对华访问。中美关系破冰震惊了全世界，战后的国际关系发生了重大变化。

在这个时期，作为首相执政的佐藤在越南战争问题上明确表示支持美国。在日的美军基地成了战争基地，日本的军事和民间设施也都被动员起来为美军服务，ODA（政府开发援助）也在南越以及周边各个亲美国家展开。冲绳的美军基地成为 B52 轰炸机的出发基地。韩国不仅向越南增派陆军，还在美国的施压下不得不接受了屈辱的"日韩关系正常化"。1965 年，日本在日韩条约上签字，这成了日本支配韩国经济的开端。在这期间，佐藤也开始和美国交涉冲绳复归的相关事宜。

这个时期也是日本国内对抗国家权力和既成社会秩序的运动在全国蔓延的动荡时代。针对美国发起的侵略战争，反越战团体及新左翼等反战反安保运动、学生的"全共斗"运动、女性解放运动及新伤残人士运动、以三里塚及水俣为代表的地区民众运动相继出现，整个社会呈现出一片动荡局面。反对越战＝"反对美国战争"成了当时社会上最为普及的运动基础，也产生了对积极参与战争的佐藤政权以及支持这层关系的日美安保体制的批判及抗议意识。而且在直接全面卷入这场美国战争的冲绳，复归运动打起了"无核回归""反战复归"的旗帜，向在美国统治下遗弃了冲绳的日本政府施压。

在此期间，佐藤首相秘密下令对核武器制造和核武装化进行探讨。佐藤内阁打着"冲绳不复归，战后日本无从结束"的口号，与约翰逊政权及之后的尼克松政权开始交涉，终于在1972年根据冲绳协议实现了冲绳施政权的复归。

"日本的核武装"在这场交涉中作为暗中的角色登场。佐藤于1965年就任后马上赴美访问，与约翰逊总统进行了会谈。国务卿腊斯克单独询问佐藤日本要如何应对中国保有核能这一状况时，佐藤告诉他，日本人认为日本不应保有核能，但是自己作为个人则认为为了对抗中国的核能，日本也应该保有核武器。藤田祐幸指出，这是佐藤作为日本首相首次"将核武装问题作为外交牌来使用"。

从90年代中期起，佐藤内阁进行的日本核武装讨论的经过开始被"特别报道"出来。政权更替之后，由于多少已经开始对过去事实进行检验，所以内幕在现在得到了迅速的公开。我自己置身于反越战和冲绳复归问题的运动期间，对日本竟然也在进行核武装的过程毫不知情。当我意识到这一点时，深感愕然。不仅仅是我，当时的运动也没有将这令人恐惧的过程纳入运动范围之内。

NHK在2010年10月3日的NHK特别报道"追求核的日本"中，披露了当时的日本外务省与西德外交部之间如何从NPT蒙混过关、进行核武装对策的共同讨论，并在箱根举行秘密会谈的事情。节目采用了当时外务省当事人等人的证言，相当具有冲击性。由此而倍感压力的外务省于11月全部公开了佐藤所任命的"外交政策计划委员会"于1969年9月25日签发的绝密文件《我国外交政策大纲》及 NHK 报道的《关于所涉文件的外务省调查报告书》中提到的与核武装相关的一百多部文件。这些都是当年佐藤政权针对中国的拥核及加入 NPT 等，从正面对拥核这一选择进行探讨的证据。

藤田详细叙述了在此期间，根据佐藤的指示，内阁、外务省、防卫厅、海上自卫队干部是如何在正式、半正式和私下场合大力推进关于日本核武装的研究和探讨的。时任国防会议事务局局长的梅原治及防卫厅中坚干部组成的非正式集团"安全保障调查会"自《日本安全保障系列专题》（朝云新闻发行）开始，1967 年到 1970 年间陆续出台了探讨日本核武装在技术、战略、外交、政治方面可能性的研究报告与提案。《日本安全保障》1968 年版中收录的长篇论文《我国核武器生产的潜在能力》中针对日本的核能设施转型于核武器生产的可能性进行了详细的论述，说日本若进行核武装，不应该利用浓缩铀制作铀弹，更适合制作钚弹，并且由此得出不可避免要建设废料处理工厂这样的结论。当时针对核武装研究的多数结论都认为马上进行核武装会增加美国的猜疑，导致在与邻国的外交上被孤立，因而对此并不看好。但是这些研究却确认了只要有相关意志、以核能产业的能力为基础，就能切实拥有核武器，这就使得拥核问题从岸信介以来的抽象的法律讨论落实到了制造环节的具体层次上。

那么到目前为止的研究结果就核武装得出了怎样的结论呢？前文所提及的《我国外交政策大纲》将关于拥核的讨论过程以如下简短的公式进行了归纳：

关于核武器，无论是否参加 NPT，虽然目前采取了不拥有的政策，但在任何时候都具有制造核武器的经济、技术潜能的同时，也要考虑如何不受相关牵制。另外，核武器相关的基础政策是基于国际政治、经济方面利害得失的衡量而制定的，这一宗旨要向国民进行普及。

这就是保持任何时候都可将核能技术用于制造核武器的同时，不加入 NPT，或者即使加入 NPT 也能拿出摆脱 NPT 束缚方案这一立场的宣言。"不拥有核武器的政策"限定在"目前"，而且也在向国民灌输：拥有核武器与利害得失相关，绝不能说绝对不拥有核武器。在反复讨论了加入的利害之后，日本于 1970 年签字加入了NPT，但那时政府声明中却特意强调了退出权——"条约第十条中规定'当各缔约国认定与本条约的对象项目相关的异常事态危害了本国的至高利益时，作为主权的行使，拥有脱离本条约的权利'"，而对此的批准直到 1976 年才通过。

藤田所指的"核武装牌"是把这张牌公示以后，以目前不拥有核武器作为让步，并且以"非核三原则"为保证使美国承诺冲绳"无核复归"，进而利用放弃自主拥有核武装来换取美国对于日本的核保护伞交易的成立。然而实质上并没有这等好事。

正如到目前为止政府所正式承认的，冲绳交易中因为相互认可在紧急情况下可自由将核武器带入该区域的秘密约定，所以冲绳的"无核复归"和非核三原则从开始就只是说辞。最重要的施政权返还——将美国对冲绳的军事殖民地性质的管理权交付给日本，是为了让日本政府去面对冲绳民众的抵抗。而 1969 年佐藤、尼克松发表共同声明之时，日本被赋予了全面协助美国维持包括朝鲜半岛在内的远东地区的安全的义务，它对于美国战略更加忠诚。

但是，尽管日本对美国这样曲意奉承，尼克松和基辛格也置日本于不顾，开始开展新的亚洲外交。从1971年7月基辛格密访北京到1972年尼克松访华，中美和解进程加速。然而美国却没有告知为排除中国加入联合国而投了忠诚票的日本，这对于日本政府来说无异于迎面一掌。

日本并不仅是被漠视。在1971年的两次北京会谈中，美中双方把日本作为一个共同话题，在对日本的核武装和在亚洲的扩张保持警惕的问题上达成了一致。

我们截取有冲击性的部分内容来看一下（《周恩来与基辛格》，pp.197-198）。

基辛格：对周边而言，独力进行自我防卫的日本已经在客观上成为危险的存在了吧。……因此我坚信现在日本的对美关系实际上是一种对日本的抑制。……因此我们要对于日本达成互相理解，我们双方有必要对日本表现出一种抑制力。……我们反对日本的核武装。

周恩来：如果你方并不期待日本拥有核武器，那么是为了让日本威胁他国，才提供防御性的核保护伞吗？

基辛格：虽然很难就这种假设状况展开来谈，不过我对核保护伞适用于日本行为所致的军事冲突这一说法表示怀疑。……就如我方核武器是为了本国而使用一样，当然不会为了日本而用。……但是日本有能力极其迅速地制造核武器。

周恩来：那很可能。

基辛格：如果我方撤退，根据和平利用核能计划，日本有足够的钚，很容易就能做出核武器。因此取代我方撤退的绝不会是我们所不希望的日本核计划。我们反对这一点。

基辛格提出的就是所谓的"瓶盖论"。基辛格访华声明发表一个月以后，尼克松在没有对日本进行事前告知的情况下停止了美元与黄金的兑换。这是来自尼克松的双重打击。自此美国一直怀疑日本的野心，从没有完全放弃过"瓶盖论"。

由此，我们大概可以说日本打"核武装牌"的结果是适得其反。

两个战略性的掩饰——核能与安保

抛开"核武装牌"的效果不谈，核能体制恰恰诞生于这个时期的核武装大潮中。日本的核能力沿袭了《我国外交政策大纲》的主旨而生根发展。科学技术厅之下设立了反应堆核燃料开发事业团体，它作为未来制造高纯度钚的机构，旨在开发核废料处理工厂与高速增殖炉的技术。为了将作为核武器运载手段的火箭技术开发统合在国家战略之下，在科学技术厅下又设立了宇宙开发事业团体。为了"保持制造核武器的技术及经济潜力"不被识破，"核燃料循环"计划也在这个时期提出。藤田指出，这是为了把"钚开发""作为能源政策的一部分向国内外进行宣传"，而不使人以为这是在为制造核武器做准备。虽说如此，快中子增殖堆也是生产高纯度钚的设备，如果连这也要伪装的话，就有藏头藏不住尾的感觉。

如此这般，作为国家安全保障核心的核能体制，穿着能源政策的外衣现身，形成了坚固的利益集团，称霸于社会。然而这样的逻辑一旦成立，核电将不得不在现实中发挥给社会和产业供给商业能源的产业机能，为了"保持能够制造核武器的经济及技术潜能"的核能产业这一说法就不能成立了。就算是为打消"钚难道不是为了核弹头吗"这样的"疑惑",也不得不实现核燃料循环,所以在技术上无论多么勉强都需要建设、运营快中子增殖堆,所保持的核能力也不得不一直被作为能源政策来解释。但事实上,若必须切断核燃料循环这一"文殊菩萨"迟迟不动的话,燃料处理也无法顺利进行,也不会有处理废弃物的成形方案。核能就这样在作为民营产业都欠缺实现条件的情况下——在原本就没考虑善后这一点上暴露了与军事的共同点——不得不作为国策来推进。核能也不得不继续被曝光在各种回答不了,也不能回答的质问之下。

于是对公民社会进行洗脑就成了核能产业生存的条件。为了将这种不可能的事情做到底,就要让多数市民相信"核能清洁、安全、便宜,是不可或缺的能源"。必须提前把质疑封住,不能给异议留任何机会。为此就产生了依据电源三法,用补助金收买核电站所建地区的社团,不惜重金来收买媒体、专家、艺人、知识分子的必要性。作为地区垄断企业,本来没有必要做广告的电力公司却支付着天文数字的广告费用,这一事实自"3·11"后东电停止了广告费支出时才被媒体揭露出来。

这样的宣传不单掩饰了核能发电对环境、人体的危害,还掩饰了真正想掩饰的核能发电的存在理由这一秘密,换言之,核能发电并非单纯作为能源产业而存在这一事实。这是巨大的战略性掩饰。

这里还有必要关注一下另外一个战略性掩饰。自民党政权从20世纪60年代开始到70年代一直有意识地在政策上从日本本土政治中抹去"安保"这一争议点。

对于战后政治来说,"日美安保"是核心的政治议题。20世纪50年代,决定割让冲绳的"旧金山和谈"与决定了美军驻留的第一次《安保条约》被打包签署,将国家舆论强行一分为二。"旧金山和谈"意味着美国对日占领结束，那之后以砂川斗争❼为始，反基地斗争广泛开展，日本出现了判定安保违宪的伊达判决❽，由此美国甚至要直接介入日本最高法院的审判，企图推翻这一判决。进而在1954年，日本出现了多数草根民众行动起来的废核运动。1959—1960年，日本出现了反对岸信介政权缔结《新安保条约》的斗争，这也是战后最大的政治斗争，甚至激化到美国总统访日日程被迫取消。无论对美国还是对于把与美国的一体化作为政治支柱的自民党政府，将这一议题从全国政治中抹去是比什么都要好的上策。

为此，让民心远离安保政治是十分必要的。接替岸信介内阁的池田勇人内阁为此打出"收入倍增计划"，由"经济成长"带来的生活质量提高的美梦将民众意识中的"安保"淡化了。

但从国内政治中消除安保的最有效方法则是将安保实体——美军基地从本土转移到冲绳。新崎盛晖指出，在1960年的安保修订与1972年的冲绳返还时，日本本土的美军基地大幅缩小，而相应地，在冲绳的美军基地的绝对面积及比例却大幅扩大。在反抗运动蓬勃兴起、《新安保条约》被冲击的20世纪60年代，本土的美军基地减少到了原来面积的四分之一，但是在冲绳，美军基地的面积却增加了两倍。60年代日本本土和冲绳的美军基地面积基本相同，但从美军同意返还冲绳施政权以后的1969年开始，本土的美军基

---

❼ 指1955年到1977年，发生在东京都北多摩郡砂川町的一系列反对美军扩张立川基地的运动。尤指1957年7月8日，部分反对者与日本警察发生冲突，抗议者将警察赶回基地内部，并推倒基地围栏，进入基地数米。警察遂以"冲击美军基地"的名义逮捕了25人，其中7人以违反《刑事特别法》的罪名被起诉。

❽ 指1959年3月，东京地方法院对砂川斗争中提出的诉讼做出一审判决，判驻日美军违背宪法第九条，美军作为自卫力量间接违反了宪法和平主义的原则，而与此配套的法规（《日美安保条约》）也因此无效，被告无罪。此判决以主审法官伊达秋雄的名字命名为伊达判决。

地骤减。到 1974 年，本土美军基地与冲绳基地的比例达到了 1：3。今天，四分之三的美军基地集中在仅占日本全国面积 0.6% 的冲绳，这种局面是伴随着冲绳返还而造成的（新崎盛晖，2005）。

由此，从 60 年代中后期开始到 70 年代初，广义上的新左翼的政治斗争被镇压并且从内部崩溃后，"安保"在本土的政治斗争中不再是被关注的争议点，但运动和斗争并没有被消灭。80 年代，面对美苏"冷战"的激化，数量多且规模庞大的反核运动又广泛开展起来。反基地斗争也不屈不挠地持续着，组织起针对海湾战争时期向海外派兵、"新日美防卫指针"等让日本参与战争的政策的抗议行动。然而，在主流媒体那里，"安保"是不可触碰的禁忌，一旦触碰，则会被当作危险人物或过时人物遭到孤立。

"安保"被强行发配到冲绳，在日本本土几乎不存在了。但是相反在被强加了基地负担的冲绳，"安保"遭到了激烈而持续的抵抗。从 1995 年美军强奸少女案开始全岛出现的抗议行动，到今天冲绳所展开的抵抗运动，都具备了直逼美国与大和民族两重殖民地支配核心的性质。"安保"掩饰结构由此嵌入了深深的裂痕。

无论如何，这个时期在这两个战略性掩饰的守卫下，安保、冲绳、核能这三种要素在强势的美国霸权体制中被相互矛盾着统合到了国家安全保障的结构中，非核三原则（附加核密约）则起到了勉强整合这个危险结构与国内宪法体制的纽带作用。

这三要素的组合方法如下：美国依然将冲绳作为它可自由使用的军事殖民地，其管理全权委托给日本，因此免去了美国的统治责任；日本则将冲绳作为国内殖民地，负有冲绳（包含基地在内）的统治责任。这种组合的交换条件是，可以得到美国的战略体制（核保护伞）"保护"的保证。而且，在其保护下，日本在强化作为

福岛 ╱ **辐岛**

美军战略羽翼之一的自卫队的同时，在核能体制堡垒之下可以保持独立的核武装技术、经济基础，并且可以继续强化这方面的能力。这作为日本国家"安全保障"的结构，在冲绳复归时被确立下来。而让人吃惊的是，其中的主体内容持续到了今日。

"瓶盖论"，谁用于谁？

尽管如此，此后的40年间，日本自身的国际地位发生了巨大变化。围绕日本的"国际安全保障"环境也在"冷战"终结、苏联解体、美国反恐战争、中美关系趋于紧张等转折性事件后出现了巨大转变。现在我们没有时间详细回顾这40年，在这里，只围绕日美关系这一条主线来把问题整理一下。

那是跟"瓶盖论"有关的一条主线。换言之，是日本与美国在政治军事方面保持距离、开始走自己的路线时美国出现的反应，以及日本预测美国的反应并做出回应的相关问题领域，其中总是会出现"日本核武器"的问题。美国对日本哪怕脱离美国的轨道一步都极为敏感，要采取行动加以阻止，每当此时，美国都会重申其支配日本的重要性，强调如果日本脱离了美国的遏制，就会有进行核武装的危险。按照美国的说法，日本从美国的核保护伞下走出去就等同于日本进行核武装。但是现实情况是，日本政治的主流并没有完全脱离美国的核保护伞、有序推进独立的核武装；而且如前所述，即便佐藤政权积极追求核武装，也并没有最终走向废除安保体制和实施独立核武装计划。

《我国外交政策大纲》引用核武装一项前的文字如下。

1. 关于安保的应施政策

......

（3）可以预计，我国舆论基本上倾向于不希望我国国土上有美军的显著存在。因此我国应首先立足于避免现状急速变化，指引出领先于舆论动向的愿景，并逐渐建起立足于我国主体性的安全保障体制。

在该场合下，我国国土安全仅在核威慑力以及西太平洋地区的大规模机动的海空攻击力与补给力上依靠美国，除此之外，原则上以拥有自卫能力为目标。关于以朝鲜半岛为中心的远东安全，则需完备各项体制，为达成如下目标而服务：在平时作为抑制力，只为美军提供若干有限制的重要基地设施，紧急状态下有效协助美军使用基地和美军行动。

（4）从质与量两个方面扩充、完备我国的自我防卫能力，完善、改正国内法律体系并充实行政上的各种体制，采取各种措施以使紧急状态下自卫能力的实力可以充分发挥，同时逐渐缩小、整理在日美军基地，原则上自卫队在继承现状的同时，继续保留与日本及韩国国防生死攸关的若干美军基地，以发挥抑制力。

《我国外交政策大纲》所言也就是"紧急状况驻留论"，也可以说是"修正安保"。它意味着在美国的核保护伞之下维持日美安保关系、减少在日美军基地、增强自卫队、相对降低对美国依赖程度的同时，任何时候都保持制造核武器的能力，并借此增加在外交上的抑制力这一希望。尽管如此，因为在佐藤政权时期向获得、扩大拥有核武器的具体能力这一课题发出了直接挑战——不光是研究，也包括核能政策的展开——美中两国会谈时将日本核武装问题作为现实来讨论也并不奇怪，但是佐藤政权的"核武装牌"最终仅落在保持潜在的核武装能力上。

在佐藤内阁时期，美国对日本就核武装牌的回应越过日本，直接靠向中国，加上美中会谈所言的日本核武装警戒论，都反映了美国对日本如此程度修正日美关系的尝试极为敏感，而且反应过激。很难想象此时美国会真的以为日本要废弃安保、独立进行核武装。这个时候表明的中美共同对日进行压制的姿态是为了将当时作为经济竞争者抬头的日本紧紧压在美国的臂膀之下所施加的恫吓。

而且，对美国而言，放弃安保、对美自立的日本核武装牌并不是不痛不痒的无用之牌。基辛格反过来把它变成了让中国认可美军驻扎日本现实的一张牌。同时，那之后40年的2003年1月，布什总统明确在他的回忆录中提到："我对中国说，如果朝鲜继续开发核武器，那么也无法阻止日本开发核武器了。"(《读卖新闻》，2010年11月10日)日本的核武装牌反而被美国用来对付中国。"瓶盖论"可谓惊人地长命。

不管怎样，直到这个时期，可以判断存在着这样一个方程式。那就是，日本要离开美国的姿态越是明显，日本越是具备核武装的潜在能力，日本就越是在军事上、政治上进一步完全处于美国的支配之下。

与这个摇摆方程式相关的1980年里根与中曾根的关系也值得探讨。拉开开端的并不是中曾根，而是以"刺猬国防论"被熟知的"专守防卫论"❾论者铃木善幸首相。1981年，铃木访问美国。在

---

❾ 专守防卫（exclusively defensive security policy），是指日本只在本土及周围海域实行防御作战，不对他国领土采取攻势。

与里根总统会谈后，他因在新闻发布会上称《日美安保条约》并不是军事同盟而触怒了美国。尽管铃木已发誓要同美国在"海路"防卫上合作，但美国并未原谅铃木，美日关系也紧张起来。这种紧张彰显了修正后的宪法原理（专守防卫）与美国的霸权原理的冲突。

铃木的继任者中曾根康弘在美国也是被当作反美民族主义者而加以警惕的对象。相传中曾根在选举时将自己作词作曲的《修改宪法歌》拿给后援会的人传唱。这是一首豪壮的军歌。"呜呼／溃不成军／敌人的军队进驻／民主和平之名下／被强加的占领与宪法／策划着将国家解体／若此宪法仍存／只可无条件降服／守着美式宪法／做美元帅的下臣……"以我的分类，这一立场是继承大日本帝国原理的榜样。他虽然与铃木完全相反，但彰显了与美国在原理上不能合作的姿态。

但是，就任首相后的中曾根在1983年访美之际，却摇身一变成了一名亲美战士，但也许是不得不如此吧。在记者招待会上，当着里根的面，中曾根不但宣告"日美命运共同体"，而且称日本列岛是对苏最前线上可以不断射落苏联战斗机的永不沉落的航空母舰。一旦发生状况，日本将封锁宗谷、津轻、对马三个海峡，将苏联太平洋舰队围困在日本海内。当时，有着"新冷战"之称的美苏核对抗已经发展到一个危险的阶段，里根政权强烈要求日本从"海路"防卫开始，强化在对苏战略中的军事作用。通过积极响应、夸张示忠，中曾根一举消解了铃木"脱离美国"和其自身反美民族主义者的"传闻"。通过向美国极端尽忠建立起来的"罗（纳德）康（弘）关系"成了中曾根最大的政治资产。总之，中曾根的反美言论必须用极端忠于美国的表现予以补偿。

其后，这种制约日美关系的摇摆方程式一直存在。

20 世纪 90 年代初期，随着"冷战"结束和苏联解体，日美关系也面临着具有决定性意义的重要转折。当时作为反共"冷战"产物的日美安保体制，客观上已失去了存在的意义。但在日本，很少有借此良机根本性地重新认识日美安保体制的行动，相反却是在"国际贡献"的大义名分下，借助海湾战争中的自卫队派兵问题，打开了"海外派兵"的突破口。1993 年，非自民党的细川联合内阁成立后，细川护熙首相任命朝日啤酒会会长樋口广太郎为主席，组成防卫问题座谈会，重新检讨后"冷战"时代日本的安全保障政策。这一座谈会提交的报告中提出了构筑多边安全保障体系的建议。提案主张以日美安保体制为基轴，推进与亚洲的多角度安全保障体制，可以说改变并不彻底。但即便如此，美国方面也反应激烈，开始全面反扑。

其结果就是 1996 年《日美共同声明》做出的"日美安保再定义"，它是对 60 年安保体制的潜在性修改——变更了目的，却免去了手续。美国的新战略是，"冷战"后继续维持其在亚洲的军事存在，不允许任何对抗性力量出现，全面守住本国的优势地位。因此，美国要求日本再次效忠。具体结果是，1995 年冲绳全岛的反基地斗争在决定成败的紧要关头遭到抛弃，日美签订了决定建设边野古新基地的 SACO❿ 协议。"新日美共同防卫指针"规定，不但自卫队要参加美军的行动，日本基层的社会性、制度性资源也要被动员起来，加入该体制之中。以此为突破口，日本在"冷战"后一步步直接成为美国世界战略的同谋，"9·11"之后，日本参加了

---

❿ 指日美特别行动委员会。

布什的反恐战争，2005年的"美军再编"又将日本的军力直接统合到美军的直接指挥之下。

美国一直对日本脱离美国怀有戒心并反应过度。对于民主党2009年竞选公约中提出的"对等的日美关系"的主张、鸠山"将普天间基地移至冲绳县外、日本国外"的提案和鸠山、小泽的"东亚共同体"论调，美国都明确表示了警戒之意。鸠山、小泽路线的反弹，在地震、海啸、核电灾难的"友情作战"中得到了数倍的增强，钟摆在相当大的惯性作用下向右摇摆。本人并非小泽一郎、鸠山由纪夫的支持者，也不是阴谋史观论者，但我无论如何也不能相信，在赶走小泽、鸠山的过程中，日美的隐在势力没有被动员起来。

在"日美同盟"的格局下，美国要求日本效忠的水准之高，超于常识。可以明确地说，这种维持高要求、高水准的原因，一半在美国，一半在日本支配集团的主流——外务省、财界、政界、媒体。占领期之后，美国国家维持了与日本国家支配体制之间的有机结合，建立了一个不但可从外部施压，更可从日本内部确保忠诚的结构。美国根据占领期以来的经验知道，只要不是涉及日本财界利益的经济问题，大可通过恫吓手段——只需由"知日派"中级官僚（Japan hands）吓唬吓唬说"亮出底牌！"（show the flag）⑪、"军靴踏在地面上！"（boots on the ground）⑫，就可以无限地提高日本的忠诚度。日本方面对美国表现出对日警戒的姿态，抱有深深的恐惧，甚至认为只要是引起美国警戒的行为本身就值得追究。为了消除美国的警戒，甚至不惜过度服务。（奇怪的是很多日本的右翼，

――――――

⑪ 意为显示军事力量。——译者注
⑫ 实指部署兵力。——译者注

如"冷战"期反共、蔑视亚洲的右翼由于其出身背景就属于这种潮流。)正如我反复主张的那样,战后日本国家不是将美国作为外交对象的外部,而是作为自身的内部来对待的。

过去,日本国内存在着批判美国、批判宪法和平民主主义、批判亲社会主义的"革新阵营"这一有力的反对势力,与亲美、亲财界、修宪的"保守阵营"相对抗。20 世纪末东欧剧变后,这个革新阵营作为"阵营"消失了,有关国家前进道路的明确的对决战线也消失了。取而代之,丧失了以往政治基础的自民党被赶下台,以政权交替本身为目的的民主党抬头,并于 2009 年获取了政权。这个党并没有统一的政治理念或原则,只是为了有别于自民党,多少显示出偏左的姿态,但从整体上还是一个保守主导的政党,追随美国派、修宪派占据其多数。但目前保守支配集团还没有成功修宪,因此还没能摆脱宪法第九条的限制,获得自由。于是,主流统治者集团——追随美国派,就处处架空宪法第九条的制约,快速地推进着与美国战略的一体化。

在日本统治集团的内部,确实也存在着主张与美国保持距离的潮流,但是统治集团并没有明确地分裂为亲美派、反美派这样的对立政治阵营,而是形成了一种虽然在其内部包含着鹰派与鸽派,在倾向上有着靠近美国与靠近中国的差异,从整体上以美国统治为前提的政治与意识形态体制。这一追随美国的共识体制的存续使美国确定了其判断根据,即无论怎样要求抬高忠诚度水准,日本都会顺从。作为潜在的核武装的"为了保障国家安全的核能",就被编织在这种追随美国的共识体制之中,就像没有出场机会的二号演员一样藏身于舞台两侧。

那么,如果这个演员跳到舞台中央会怎样?不是潜在,而是现实地成为拥核国家又会怎样呢？如果那样，通过核电积蓄的力量将转化为现实。在理论上，日本确实也可能放弃《安保条约》、真心实意地脱离美国、自立、退出 NPT 体制、成为单枪匹马的核大国。具有这种意志的政治势力如果掌权，日本的核能设施和技术将被动员用于制造核武器、宇宙开发，电子技术也将被重新用于军事目的。日本已经持有了大量没有用武之地的钚（铃木，2006）。目前，日本有着包容这种可能性的气氛，这也使得现任东京都知事石原慎太郎之类的人物，可以肆无忌惮地称"日本如果没有核是不行的。只要没有核，就不会被平等对待""日本的生存之道是成立军事政权。如果不那样，日本就是别人的附属国。可以实行征兵制"（石原，2010 年 6 月 20 日，宪政会馆演讲，ANN 新闻 6 月 20 日）。当然，这种选择意味着日本将面临完完全全的国际孤立——美国、中国、俄罗斯、朝鲜、韩国、东南亚、欧洲都将孤立日本，这是一目了然的。无须赘言，这将是一条毫无所获的毁灭之途。而且，历史上日本有过选择孤立、导致毁灭的教训。

实际上，这个演员还有一种出场之道，就是日本得到美国认可，或在美国的祝福下进行核武装。2003 年朝鲜核武装的意图明确化之际，美国国内一部分右派政治家就直接提出了为对抗朝鲜的核武装，可以允许日本进行核武装的意见。随着朝鲜核问题愈加严重，美国国内的"日本核武装论"此起彼伏。《中日新闻》驻华盛顿特派员的报道称，2003 年 3 月 16 日美国共和党参议员麦凯恩在电视节目中说，根据朝鲜核开发的进展情况，日本有可能进行核武装（《中日新闻》，2003 年 2 月 18 日）。"麦凯恩议员在接受福克斯电视台的采访时说，他已对中国表示，如果中国不积极参与解决朝鲜核开发问题的话，那么就必须理解日本只有核武装一条路可以走。"

这是 2008 年总统选举中作为共和党总统候选人、奥巴马的竞争者的麦凯恩的话。美国对中国打出了日本核武装的牌。但换一种解读，美国的这一态度也包含着美国越过日本，替代日本做出日本需要核武装的判断，而且它的意思是，自己理所当然地处于可以下判断的立场。这就是一幅美国允许日本进行核武装的图景。

1960 年安保斗争之后，清水几太郎从反体制派意识形态跳到相反立场。1980 年他出版了《日本！成为国家！核的选择》一书，对"由于在日美军忙于朝鲜问题，我国自卫队该怎样从承担辅助作用的部队成为真正的国家军队"提出了建议。建议的核心就是核武装。当然，清水的核武装论中有一些选择的空间，如（1）成为像法国、中国这样独立的核武装国家，（2）日本持有核弹头运输手段，由美国提供核弹头（西德方式），（3）把持有核运输手段的美国陆军部队招致日本（费用由日本承担），（4）"由驻日本的美国海军、空军部队公开承认将核带入日本"等。清水主张："不管选择哪种手段都有可能"，但必须修改非核三原则（清水，pp.147–148）。这四个选项是否每一个都可作为日本核武装的方案而并列，我对此表示怀疑。选项（1）确实意味着核武装国家日本的出现。但是余下的三个选项跟清水希望日本通过进行核武装而"成为国家"的目标之间有关系吗？可以实现自卫队的国家军队化吗？只要得到允许碰触核，日本就可以"成为国家"吗？

我们再次确认一下吧。至此我们已经看到美国面对日本在美国支配下的"摇摆"，它如何神经质地应对。美国不但要阻止日本的"摇摆"，而且要以此为跳板，进一步要求日本比以前更效忠，在战略层面夯实对日本的支配。这样，如果日本进行核武装，而且是依靠自身的设备和技术制造、配备核武器，那么作为承认条件，美国将把对日本的效忠要求提高到怎样的水准？极为明显的是，美国是要把日本的核能力完全置于自己的支配之下，实行完全的统制。这就需要由美国来直接支配日本中枢的政治决定。还有谁会认为美国是将日本看作一个有权利独自判断是否拥有和使用核战能力的同盟国？历经战后 60 余年的体验，我们已经领教够了日本不是英国这一事实。日美的共同声明虽然高唱两国共有的价值观，但谁都明白，美国并没有信任日本到可由其自己判断是否使用核的程度。因此，对美国来说，不单在军事上，而且在政治上把日本完全置于自己的框架内，才有可能容许日本拥有核武装。

在经验层面，我们已经用事实说明了除上述路径外别无他途。以最近的事情举例说，战后日本右翼的宠儿安倍晋三，在成为首相后高举继承战前帝国的原理，对和平宪法发出挑战，对朝鲜提出对决路线，但结果却更进一步深陷美国的手掌之中。这一经过我们都记忆犹新。安倍高呼集体自卫权，投身到"导弹防卫"之中，但这种在日本上空击落从朝鲜半岛、中国飞向美国本土导弹的防卫，却和日本自身的防卫毫无关系。这预示着日本对核的冲动将在现实结果上使日本进一步加强对美国的从属地位。

改变去向——去核电与去安保

福岛第一核电站的失败使核能产业触礁了。作为国家安全保障核心的核能产业与作为能源产业的核能产业本来是一回事，它们都应该解体。目前，日本的核能产业正处于解体过程中，我们应该把解体推进到最后。这种解体并不应仅仅停留在作为利益集团的"核能村"解体的阶段。现实向我们昭示：战后日本以美国的核保护伞为依仗，将具有核武器生产能力的核能产业组装到"安全保障"体系中，现在这种体系已经彻底崩坏，不可能继续维持下去了。

对于作为"国家安全保障核心"的核能产业，除了极右翼的论客，主流的政治精英基本上都闭口不言。但是，自民党政调会长石破茂却在电视节目（朝日电视的"报道站"，2011 年 8 月 16 日播出）中做出了以下发言。他应该是"3·11"以后从这一角度公然拥护核电的第一位主流政治家吧。

> 核能发电本来就源于核潜艇。除日本之外，所有国家的核能政策都与核政策配套。不过我并不认为日本应该持有核。但同时，日本只要想制造随时都可造出，一年之内就可造出。这是一种抑止力。那么，是否应该放弃这种能力，有必要进行彻底的讨论。我认为不应该放弃。为什么这样说？因为日本周边有俄罗斯、中国、朝鲜，有美利坚合众国。撇开是否同盟国不谈，这些环绕着日本的国家全部都是拥核国家，而且都掌握弹道导弹技术。对此日本绝不应该忘记。

在福岛核电站的破败之后，石破茂纠缠不放的诉求听起来是如此空洞，甚至带有一些恋恋不舍的惜败的味道。作为"抑止力"的潜在拥核能力，究竟是在怎样的情况下，针对谁，能发挥什么功能的抑止力？自 20 世纪 60 年代后半期以来 40 年的实践已经证明这种抑止力是毫无作用的。从这个意义上讲，核能不过是石破茂代表的这类军事崇拜集团的护身符。正是这个护身符，可能使日本列岛社会面临灭顶之灾——并且近邻诸国乃至地球社会整体都有可能受其危害。继续维持核电群，这些说法是多么的荒诞无稽。

实际上，即使没有福岛核电站的破败，日本国家的"国家安全保障"体系也因愈演愈烈的内部矛盾而面临被撕裂的局面。在这一体系下，日本国家（1）依存于美国的核保护伞，却不断对核保护伞只保护美国的利益感到不安；（2）为此，日本的外交愈来愈为了符合美国的利益而效忠，特别是日本对亚洲的外交，沿着美国的亚洲外交路线展开，损害了与亚洲邻国应有的关系；（3）通过大和对冲绳的国内殖民，来支持美国对冲绳的事实上的军事殖民统治，并越来越与美国的世界／亚洲战略一体化；（4）在对美不安和"继承帝国原理"的深层心理下，受大国化冲动的驱使，执着于获得与维持潜在的核武装能力，不但使近邻诸国的不安与日俱增，也为美国的"瓶盖论"打下基础，致使美国不断要求日本提高对美忠诚度。（5）而且从一开始就一目了然的是，对这种潜在核能力的维持、强化非但对增强日本外交的抑止力毫无作用，（6）相反却是因在沿海建立核电站等核设施，使日本列岛处于对外部攻击极端脆弱的境地。

　　所以，首先必须明确承认：福岛的状况标志着日本发展潜在核能力的核能路线的破产。必须与包含这一路线的体系完全切断关系。

　　当然，推动核能的势力是不会轻易退出的。在各种力量关系的作用下，他们不得不在开发自然新能源或停建新的核电站项目上做出一定的让步，但是对于核能力的核心部分，他们还将严防死守。他们已经发出了威胁：难道可以停止必要的能源供给，使经济发展停滞吗？他们转移政治焦点，使摆脱核能不再成为中心议题，把福岛危机处理为局部的、个别性的灾害。为了使"国民安心"，搞一些诸如放射线污染处理、心理压力测试等表演（他们绝口不谈"为了国民的安全"），并强行重新开放已停止运行的核电站。对于这些动向，许多主流媒体不但不从正面提出质疑，反倒认为这一切理所当然，并按照这个方向努力塑造舆论。而且，他们当然要使已经确立的"核能村"的整体利益损失最小化。他们中最具政治性的成员，虽然会避开像石破茂那样的直白表述，但依然会用尽一切手段使作为"国家安全保障核心"的核能体制不解体。接下来，核电推进派大概会与国际上的核电推进势力共同合作，展开上述事业，并以此寻求合法性的根据。

民主党怎么样呢？我已指出，通过 2009 年的政权更替，民主党继承了战后国家的废墟。民主党仅以政权更替作为唯一的目的而结党，作为一个政党，非但不具备在废墟之上开展重建的视野、计划、能力，而且其党内就有很强的核电推进势力。只要党内的去核电势力没有明确作为政策主体发出声音，那么民主党整体就存在着被核电推进势力拉着走的可能。

但是，现实事态能姑息这样的收场吗？日本列岛的居民会愚蠢到可以被大本营发布的"情况看起来稳定些了"之类的消息所欺骗的程度吗？

当下，列岛居民只有以应对核电站残局的当事者身份，形成共同意志，彻底清除核电维持势力与其遗留下来的接受核电的社会惰性。所谓摆脱核电，是指完全地停止核能发电，处理福岛第一核电站危机，不再启动已经停止运行的核电站，将所有的核电站用最大限度安全的方法进行废堆处理，停止回收核燃料的计划，废弃掉核燃料处理计划，取消核电出口。而且还要具体明确导致今日事态发生的核能政策的推进者——政财界、大众传媒、专家及其组织的责任，令其承担相应的法律、政治和道义的责任。

同时，要完全分解日本核武装的"技术性及产业性潜在能力"，声明日本将来不会进行核武装。我们可以看到，核能产业实际上是将日美安保体制、冲绳等编制在内的多元立体结构中被掩盖住的核心问题，它的解体不但关系到能源及环境政策，而且将会唤起对日本对外关系、对内关系的大调整，使日本可以选择一条新的前进道路。

至今为止，安保体制通过向冲绳输出重负得以维持，现在这种隐性体制也与核电体制一道并行破产了。冲绳的抵抗拒绝了大和国内殖民统治，把日美安保关系的问题再次搠入中央政治，从地下揭示出安保／冲绳与核电这两个问题在深层的联系，这点有目共睹。一场有关日本社会整体状况的严峻的政治对决将不可避免。

这要求我们对日本列岛社会的未来有一个新的展望。

要确立这个新展望，必不可少的一步在于通过以对美独立为原则进行交涉。有必要抛弃是选择美国的核保护伞还是选择自立（等同于保有核武装）这样业已破产的思考方式。交涉的中心议题之一应该是冲绳美军基地的解体和美军的撤离。我们可以从普天间基地问题中看到，至今美日政府并坐在一方，试图通过强力，压迫坐在对面的冲绳。因此，首先要做到放弃这种方式，日本政府要和美国政府隔桌对坐，恢复应有的国家外交的方式。而且，冲绳民众作为握有决定权的当事者，也要参与到这场交涉之中。从整体上看，这一交涉与明治政府的修改条约相似，带有战略性质，因此进行起来绝非易事。这种关系在占领和战后期间被确立，已经经历了 60 年岁月。但是，这种关系已经不可能再维持下去，到了需要更新的时期。在此必不可少的是原则性的立场、政治智慧和执着，最重要的是列岛民众的支持。通过这样的交涉，将《日美安保条约》修改为《日美友好条约》的目标才可以实现。

目前，现实状况还是在按照破产的模式向前演进。眼下美国正处于通货紧缩的边缘，美元体制面临崩溃，在负债 14.3 万亿美元的压力下不得不巨幅缩减年度财政支出。今后，为了维护其全球霸权，特别是针对中国的崛起，美国将会进一步要求日本增加贡献（忠诚）。"3·11"之后，民主党政权隐身于政治的混乱与低迷之中，用冒险主义的动态防卫力取代以往的基础防卫；在"防卫岛屿"的名目下，站在美国一方，参与中美有关东海、南海的制海权之争，并希望借此之便谋取在钓鱼岛等上的利益。对于不断高涨的冲绳自立之声，民主党政权不但充耳不闻，甚至还图谋将冲绳作为美日面向南方的新的军事据点。政治军事的紧张将使今后的道路荆棘密布。

我们对未来的展望，是非核化、非军事化。我们希望未来亚洲的地区关系整体上是走向非军事化的方向，为此要以来自基层——民众层面——的非战争、非暴力的连带为基础，使日美关系实现非军事化——其关键就是将美军彻底从冲绳撤出——并构建东北亚地区的非核化与多边和平保障关系。为了实现这一目标，日本有必要明确自己的立场，即在中美角逐中不加入任何一方，通过和平的手段为解决领土问题找寻新的方式。

与战后日本双重的核依存彻底决裂，为摆脱核电、摆脱霸权、非军事化而前行，这才是日本走出"3·11"后国家破产局面的出路所在。

本文参考文献

1.　森滝市郎「核絶対否定への歩み」渓水社，1994
2.　藤原修「原水爆禁止運動の成立—日本平和運動の原像　1954—1955」，明治学院国際平和研究所，1991
3.　丸浜江里子「原水禁署名運動の誕生　東京·杉並の住民パワーと水脈」凱風社，2011

4. 今堀誠二「原水爆時代」(上)(下)三一新書，1959、1960

5. 加納美紀代「ヒロシマとフクシマの間」インパクション，180号，2011

6. 田中利幸「〈原子力平和利用〉と広島—宣伝工作のターゲットにされた被爆者たち」,「世界」2011・8月号

7. 繁沢敦子「原爆と検閲　アメリカ人記者たちが見た広島・長崎」,中公新書，2010

8. 髙橋博子「公文書で判明した米核戦略の深層」週刊朝日，2011・9・2号

9. 中曽根康弘「政治と人生　中曽根康弘回顧録」講談社，1992

10. 鈴木真奈美「核大国化する日本　平和利用と核武装論」平凡社新書，2006

11. 有馬哲夫「原発・正力・CIA　機密文書で読む昭和裏面史」新潮新書，2008

12. 吉岡斉「原発と日本の未来　原子力は温暖化対策の切り札か」岩波ブックレット，2011

13. 吉岡斉「原子力の社会史　その日本的展開」朝日選書，1999

14. 槌田敦、藤田祐幸「隠して核武装する日本」影書房，2007

15. 武谷三男編「原子力発電」岩波新書，1976

16. 周恩来キッシンジャー「機密会談録」岩波書店，2006

17. 日本平和委員会編「平和運動２０年資料集」大月書店，1959

18. 池山重朗「原爆・原発」現代の理論社，1978

19. 新崎盛暉「沖縄現代史　新版」岩波新書，2005

20. 高木仁三郎「原発事故はなぜくりかえすのか」岩波新書，2000

21. 高木仁三郎「原子力神話からの解放　日本を滅ぼす九つの呪縛」講談社，2011

22. 原子力資料情報室編「原子力市民年鑑」七つ森書館，2010

太阳之光还是炼狱之火 ❶

田　松

头悬利刃

一间大屋子，亮丽光鲜，卧室的屋梁下悬着一把刀。刀身沉重，刃口锋利。刀系在一根头发上，正如古语所说千钧一发。但是专家反复告诉屋子里的人：第一，这根发丝绝对结实，能抗七级地震；第二，这把刀是必要的，如果没有它，房子里的冰箱、彩电、抽水马桶、无线网络……都不能启动，大家就不会生活得这么舒服。

日本国民大概一直接受着这样的教育，核电是清洁的，核电是安全的，核电是必要的。就在 2011 年 3 月 11 日福岛核事件之后不久，一位在中国生活的著名日本青年还在电视上说："我们不会放弃核电。"日本政府与核电企业的宣传何其彻底，让一位自认为有反省精神的青年才俊，灾难之后仍痴情不改。很多日本青年从小就生活在核电站附近，每天看着头顶的悬刀，习以为常，不免产生幻觉，真的就相信它能永悬不落了。

也有人早就发出了警告，只是这个声音太弱了。从 20 世纪 90 年代开始，核电员工平井宪夫就致力于反核宣传，《核电员工的

---

❶ 本文是《核电员工的最后遗言》的书评，作者田松，北京师范大学哲学学院科技哲学研究所、价值与文化研究中心教授，哲学博士、理学（科学史）博士。

最后遗言》❷就是他反核演讲的合集，1995 年曾由一个 NGO 组织自费出版。福岛核事件之后，这本书在网络上广为传播，并且迅速被翻译成各种语言。虽然我知道核电必然会有问题，但是书中的细节仍让我震惊，没想到问题如此严重、如此荒谬。

平井宪夫生前是日本东京电力公司的一级技工，曾在包括福岛在内的很多核电站工作，负责监督配管工程的定期检查。平井宪夫于 1996 年 12 月因癌症去世，去世前几年致力于反核活动，留下了很多演讲记录。

2011 年 6 月，经刘黎儿等人的努力，此书在台北出版了中文繁体字版。11 月，中文简体字版又在北京出版，使得大陆读者在核电发展呼声甚高的情况下，能够听到另一种声音。中文版还收入了另外几篇相关文章：有前 GE 公司核反应堆设计师菊地洋一先生的反核演讲；有刘黎儿对前东芝核电设计、维修工程师小仓志郎的采访。这二位都参与过福岛核电站的设计和建造工作。福岛事件之初，小仓志郎就在 3 月 16 日举行记者会，揭露福岛核电站设计中的问题。

这些人无疑都是真正的核专家。虽然我一向强调，不需要科学依据，单从历史的、伦理的、哲学的角度，就足以对核电进行全面的否定。但是，在我们这个科学主义意识形态依然强烈的时代，他们对于核电的批判更有力度，更容易粉碎公众残存的幻想。

核电这个光鲜的大屋子，其内部早就柱斜梁歪、百孔千疮了。

---

❷ 《核电员工的最后遗言》，平井宪夫等，中文繁体字版，推守文化创意股份有限公司，2011 年版。本文括号内数字为此版本页码。

不只是邻居的问题，也是自己的问题

在国人以往的意识里，核危机远在天边，事不关己。三哩岛也好，切尔诺贝利也好，都是电视里的事儿。福岛核事件之初，也只是隔岸观火。不过，危机很快蔓延过来，很多人仓皇地抢盐。蓦然回首，才发现在我们自己的国土上，核电站已经四处开花了，除了7座已经运行的，还有11座正在建设，25座将要建设。它们分布在长城内外，大江南北。

更大的危险不是来自一衣带水的彼岸，而在我们身边。所以，对于今天的中国，这本书说的并不是别人的事情。

在福岛核事件进行的过程中，各方面的反应耐人寻味。中国的核专家反复强调核电的清洁、安全和必要。事态一天天恶化，他们的心态却始终乐观，他们永远告诉公众，已经发生的事情远远没有（无知的）公众想象的那样严重，并且不会再恶化了。但是在此期间，日本及国际社会对福岛事件严重程度的认定逐渐提高，最后认定它为七级，与切尔诺贝利事件相同。德国很快宣布全面放弃核电。而中国的核专家依然宣称，即使日本出了问题，中国也不会出问题。因为中国的技术更先进、更成熟。所以，中国要不为所动，继续发展核电。

相信什么，不相信什么，为什么相信这个而不是那个？我们常常会陷入这种无所适从的尴尬境地。在至今仍然普遍的科学主义意识形态下，人们相信科学，遵从科学，核电站这样的高科技常被默认为先进、高级的好东西。我们也曾把科学家视为纯粹知识的拥有者，相信他们有良知，说真话，爱国爱民，为人类造福，所以在遇到重大问题时相信他们的判断。但是，近些年来，在关于牛奶的三聚氰胺、食盐加碘、转基因主粮、瘦肉精等一系列与科学有关的事件中，不少专家的话语常让我们心生疑窦。我们发现，很多专家是有特殊立场的，是有利益关联。电视上的主流核电专家永远在说着同样的话：核电是绿色的，核电是安全的，核电是必要的。

平井宪夫的著作给我们提供了来自核电专家的不同声音。

核事故难以避免

有一利必有一弊，核能之弊远远超出了我们所能承受的地步。

现在人们普遍关注的核电问题都是突发性的核事故，简单猜想，其原因大致有三：（1）人为失误；（2）自然灾害；（3）军事打击。切尔诺贝利为其一，福岛为其二。第三种情况虽尚未发生，但其可能性是毋庸置疑的。在书中，小仓志郎就明确指出，"有核电设施、有燃料冷却池的国家根本没有什么国防可言"（p.182），"等于在自己的脖子上挂炸弹"（p.181）。

对于自然灾害，科学主义者常常宣称，他们所掌握的科学技术能够对抗并战胜天灾，即使现在不能，将来也必然能，所以要信赖现在的科学，并发展未来的科学。有位核专家说，福岛核电站按设计可抵抗七级地震，没想到来的是九级，所以出事了。而结论竟然是，福岛核电站的设计和建设没有问题，下次按照抵抗九级地震设计就好了。这意思是说，是地震来错了。然而，下次地震就不会来错吗？更何况，设计防范九级地震，就真的能扛过九级以下的地震吗？平井宪夫给了一个案例：

1993年，因四级地震，日本女川核电厂1号机组反应堆功率异常上升，机组自动停机。但是问题在于，1984年建厂时，原本的设计是在五级地震时才自动停机。平井宪夫说，就像在高速公路上开车，明明没有踩刹车，车子却自己紧急刹车一样。"这就意味着，

它在震度五级的时候可能不会停。"（p.38）

对于地震、海啸这样的天灾，人力是无法抵抗的。在地质力量面前，人类依靠科技制造的钢筋混凝土，像面团一样柔软。

即使我们侥幸躲过天灾，人为失误仍然难以避免。尤其是在当下以资本为核心的社会结构中。

只要是人，就会有失误。系统越复杂，失误的可能性就越高。核电站可能涉及的人为失误可以简单分这样几个层面：（1）科学层面，理论推导是否准确无误；（2）技术设计层面，是否根据准确的科学给出高效、可靠、少污染、少误差……的技术设计；（3）工程实施层面，设计完美的技术是否能够得到实施，造出完美的工程；（4）实际操作层面，任何完美的工程也要人来操作，那么，是否每一位员工都接受了充分的培训，是否能保证操作中不失误，失误后是否能得到及时调整；（5）在工程的长期运行中，设备维护是否充分……

在科学层面上，科学家似乎有足够的自信，也只有在这个层面上，我愿意有保留地相信他们的自信。其他层面的情况实际上是每况愈下，平井宪夫说："不管核电的设计有多完美，实际施工却无法做到与原设计一模一样。核电的蓝图，总是以技术顶尖的工人为绝对前提，做出不容一丝差错的完美设计，却从来没有人讨论过，我们的现场人员到底有没有这种能耐。"（p.29）

而即使在科学层面上，科学原理也不会永远正确。按照波普尔的说法，科学之所以为科学，是因为它可以被证伪，有可能被推翻。$E=mc^2$ 之类的核心原理能够有更长的寿命，而外围的部分，总是在变化着的。变化，就意味着以前有错误，或者不够好。

这本书给我们提供了丰富的例证，让我们看到，日本核电站的工程实施得何其粗糙，乃至于不同公司制作的管道，因为彼此采

取的小数点舍入标准不同，不能对接。（p.51）

施工失误导致的事故时常发生。1991 年，日本美滨核电站发生喉管断裂事故，反应堆内的冷却水大量外泄到海里，堆芯差点进入空烧状态，多重防卫系统逐一失效，只差 0.7 秒，就要发生第二个切尔诺贝利事件。（p.48）调查发现，"细仅 2 厘米，共计数千支的防震动金属零件，在事故发生时未能及时插入喉管，造成喉管断裂、冷却水外流"。平井宪夫说："这是施工上的失误，但是从来没有人发现。"（p.49）

为什么设计不能按计划实施？书中也给出了相应的答案。建造核电这种高技术装置，从根本上，是企业行为，电力公司致力于利益最大化，就想方设法降低成本。许多工程向外承包，导致大量培训不足的工人进入工地，不仅使他们自身的安全难以得到保证，他们也意识不到，自己微小的失误会导致怎样严重的后果。

如彭保罗所说："目前全球核能工业共同面对的危机是，为了获取更多的利润，都朝降低成本的资本主义商业逻辑走。为了节省成本，维修工作几乎都改由承包商承包。核电站每年至少维修一次，维修工人被曝晒、受辐射污染的情况最多，因此维修外包制度所带来的附加利益是，风险也跟着外包出去了，电力公司便可以不用负责。"（p.142）

所有这些，都让我们看到，核电站不发生事故是奇迹，而发生事故，则是再正常不过的了。按照平井宪夫的说法："日本一直持续发生着重大核安全事故。"

不出事也是大事——常规问题

常有人说，核电不出事则罢，一出事就是大事。这话只说对了一半。实际上，只要核电站运行起来，不出事也是大事。即使设计完美、施工完美、操作完美，前述各种可怕的局面都没有发生，核电运行所必然带来的常规问题，仍然同样严重。主要有四：

一、核电站运行中，核辐射对工作人员和周边居民的伤害；二、核电站运行所释放的放射性废水和废气会伤害工人和周边居民的身体健康及当地的生态环境；三、核废料至今没有找到妥善的处置办法，会在几万年乃至几百万年之内，成为人类的隐患；四、核电站自身在退役之后，变成了巨大的辐射源、污染源，同样是难以解决的隐患。

前两者是随时发生的，是当下的问题；而后两者则更多属于未来的问题，更加隐蔽。

平井宪夫用了很多篇幅讨论核辐射对员工和附近居民的直接伤害，他本人也是因为遭受辐射而身患癌症，58岁就去世了。关于辐射对人体的危害，我们现在的知识是非常模糊的。在福岛核事件之后，很多专家出来保证，说辐射随处都有，连吃火锅都有；又宣布了一个安全剂量值，比如正常人每年不超过多少毫希沃特就好。

这种说法完全没有考虑到核物质的特殊性。核辐射对人的伤害与其他物理伤害、化学伤害是完全不同的。对于有害物质，我们习惯的主要对策其实是稀释，似乎只要浓度足够低，有害物质就不再有害。但是辐射的伤害不仅取决于放射性物质的浓度，也取决于放射性物质本身的性质。一支利箭，可以穿膛而过，如果把它的力量分成一万份，让这支箭一万次蜗牛般地触碰你的身体，你会毫发无损。这是通常理解的稀释。但是，如果这支箭变成一万支小竹签，每支保持原来的速度，同样可能击穿身体，如果击中要害，依然致命。所以这种伤害是不能稀释的。而且，这种伤害是能够累积的。

想象一下，每天被一支高速飞行的小竹签击中，经年累月，造成的伤害跟原来那支穿胸利箭造成的恐怕没有差别。

平井宪夫说："核岛区内的一切东西都是放射性物质。每个物质都会释放伤害人体的放射能，当然连灰尘也不例外。"（p.43）而"放射能无论有多微量，都会长期累积"。（p.44）"辐射会累积在人体，五年、十年、二十年，体内的辐射不是每天早上爬起来就自动归零。住在核电站附近的人，每天都持续在体内累积辐射量。"（p.88）所以并不奇怪，核电员工和附近居民患白血病的概率远远高于其他地区。

在我看来，所谓的安全剂量本身都是值得怀疑的。而最为荒谬的是，福岛核事件发生后，当地核辐射量大幅度提高，日本政府竟然在3月14日提高安全剂量的数值，从五年累计不超过100毫希沃特（或每年20毫希沃特以下）提高到每年250毫希沃特（国际辐射防护委员会建议的最高剂量是每年20毫希沃特）（p.148）。这真是掩耳盗铃，自欺欺人。

核电站运行过程中，还时时向周边环境释放放射性污染物，比如反应堆的冷却水就定期排放到海里。平井宪夫还说了一个小细节："工人穿过的防护衣必须用水清洗，这些废水全数被排入大海。排水口的放射线值高得不像话，而渔民却在附近养鱼。"（p.42）这种持续释放到环境中的放射性污染物最终会导致什么后果，我们现在还不得而知。但是，根据以往的历史，我们可以断定，它必然会破坏本地生态的平衡，并且会逐渐波及整个食物链，人类最终也难以幸免。

核垃圾，永无葬身之地

影响更为深远的，也是更为隐秘的、更不为人关注的是，核废料与退役后的核电站。

核燃料用过之后，被称为乏燃料，乏燃料仍然具有高强度的放射性。如何处置乏燃料至今还是世界难题。小仓志郎说，日本各核电站都把乏燃料"临时"储放在反应堆上方的核燃料冷却池里。一开始是 30 组一束，后来是 60 组一束，再后来变成 90 组一束（p.171），越来越密。乏燃料如果密度过大，超过临界体积，也会发生核反应。小仓志郎说，乏燃料冷却池相当于毫无遮拦的反应堆（p.182）。甚至，乏燃料比反应堆的危险更大。燃料棒中的铀 -238 本身不参与核反应，吸收了核反应产生的中子后，就变成剧毒的钚 -239，而钚 -239 的半衰期长达 2.41 万年。要等待钚的毒性消失，需要一百万年。

美国在 1987 年曾经通过一项决议，在内华达州的尤卡山建造永久性的乏燃料坟墓，此举遭到内华达州的强烈抗议。2002 年，布什政府批准开工，但是在奥巴马上台后，尤卡山计划逐渐搁浅，最终于 2010 年终止。所以直到现在为止，美国的乏燃料仍然在核电站里"临时"贮存着。

具有讽刺意味的是，核电站自身在退役之后，也会变成难以处理的核垃圾。"核电站只要插入核燃料棒运转过一次，整座核电站就会变成一个大型放射性物体。"（p.59）平井宪夫说："当时我也加入了研究废堆方法的行列，每天绞尽脑汁思考，就是不知道该怎么拆掉这个充满辐射能的反应堆。拆除核电站不但要花上比建厂时多出数倍的金钱，也无法避免大量的辐射曝晒。反应堆下方的高污染区，每人一天只能待数十秒，这该怎么进行作业呢？"（p.58）

一方面，核电站在运行，在发展；另一方面，没有人知道，如何建造一个确保短则几万年、长则百万年安全的核废料储存库！

核垃圾是当下人类留给后代的最大麻烦，我们有权利把这个巨大的隐患给后代的子子孙孙吗？

平井宪夫说："管理核废料也需要电力跟石油，到时能源的总使用量必定超出核电所产生的能量。而且负责管理这些东西的不是我们，而是往后世世代代的子孙。这到底算哪门子的和平利用？"（p.70）

在平井宪夫的一次演讲中，一位小学生愤怒地谴责："今天晚上聚集在这里的大人们，全部都是装着好人面孔的伪善者！"（p.65）"你们说核电站很可怕，那为什么要等到核电站都盖好、运转了才在这里告诉我们这些事？为什么当初施工时不去拼命把它挡下来？"（p.66）

我们的后人也会这样问我们的。

核能低碳是个谎言

本书还戳破了核电减碳的神话。

核电被宣传为清洁能源，是因为发电时不产生二氧化碳。如前所述，核电必然产生各种难以处理的核垃圾，其"脏"甚于人类已经排放的各种污染物。而最可笑的是，核电不排放二氧化碳这个肥皂泡，也被菊地洋一戳破了。

菊地洋一说："核能从开采铀矿到浓缩处理及燃料加工、废液及废土处理，都需要消耗非常庞大的化石燃料。另外，涉及使用后的燃料及高放射性废弃物的常年放置，为求安全保管必须动用的化石燃料的数量，都是难以估计地庞大，我们等于在盖一座不管是建设或维护都需要花费巨资的产生二氧化碳的物体。"（p.123-124）

菊地洋一还说，核电厂的冷却液会排放到海里，使海水升温，使得海水中溶解的二氧化碳被释放出来。

所以综合而言，核电根本不减少二氧化碳的排放！只不过，这些被核电释放出来的二氧化碳没有列入考核而已。

核电的清洁、安全，都是欺人之谈，那么，为什么核电还会被发展起来？

科学家群体是一个利益同盟

几年前我提出，科学已经从昔日神学的婢女，堕落成今天资本的帮凶。只有那些能够满足资本增值的科学和技术才更容易被发明出来，也只有那样的技术更容易得到应用。那些具有哲学气质而无实际应用的科学则会被边缘化。中山大学的张华夏教授认为这个观点是马克思主义的，这让我感到安慰和安全。科学家群体是我们社会结构的一部分，他们已经不是自由思想者，他们的任务就是为社会提供有用的——使资本增值的——东西。同样，在这样的社会结构中，科学家群体自身也变成一个利益集团，也在寻求自身利益的最大化，为此，它必然与权力结盟，与资本结盟。

于是，在当下工业文明的社会结构中，任何科学和技术，会首先成为资本增值的工具。只要能使当下的资本增值，哪怕身后洪水滔天。

按照双刃剑的说法，科学总是存在负面效应。然而，这两个刃是不对称的。就核电站而言，发电带来的好处明显可见，受益者也明显可见，但是其坏处，则是分散的、隐蔽的，受害主体也是不明确的。核电员工和周边居民还有可能表示抗议，寻求赔偿，而当地的河流、海水、鱼虾，则根本发不出声音来。还有，那些将要承担核污染后果的我们的后代，后代的后代，他们根本还没有出生！

大科学时代，任何科学家都依附于其群体而存在，任何个体一旦发出与群体不同的声音，就意味着自身要被边缘化。所以我们看到，在三聚氰胺、瘦肉精、转基因等事件中，相关科学家或者集体失声，或者只有一个声音。

平井宪夫的著作提供了大量案例说明，电力公司与日本政府达成了利益同盟，而核电专家群体则附属于电力公司，为了保住饭碗，他们选择沉默。这就可以理解，为什么"在平井出现之前，一直没有具备丰富核电现场经验、知识的人愿意挺身而出"（p.19）。也可以理解，为什么他们都是在退休之后，才敢于"豁出去"。

小仓志郎说："我所以豁出去以真名现身，是有感于自己终生致力的核电工作，居然成为加害民众的机器，还造出永远不能居住的土地。"（p.184）

平井宪夫、菊地洋一、小仓志郎，他们的自我反省、他们的良知和直言值得我们敬佩。但是，他们并不是核电专家的主流。群体中个别人的道德觉醒，不足以挽救群体与资本和权力结盟的现实。所以，要警惕某些科学家。

核问题是工业文明的问题

关于核电开发最后的理由是："我们没有别的办法。"

这个理由道出了工业文明的无奈与尴尬，连一块遮羞布都算不上了。

"我们没有别的办法。"的确，如果要保留工业文明的框架，似乎真的没有别的办法。化石能源有限，很快就要枯竭了，并且会产生二氧化碳；水电开发接近饱和，且生态后果严重；太阳能总量有限，太阳能电池也存在污染问题；风能不稳定，有地域限制；潮汐能更不靠谱……数来数去，只有核电最好。

于是，我们主动地把一把沉重的利刃挂在了头顶！

仔细看看工业文明这个外表已经不十分光鲜的大屋子，就会看到，屋梁上已经悬着很多大大小小的刀了。其实，刀一直在往下掉，刀下冤魂不绝，但我们总是心存幻想，麻痹自己说，这是发展中必要的代价；我们安慰自己说，下一把刀会挂得更结实一点儿。最后闹得满头悬刀，刀身越来越重，刀刃越来越利。

当初，曾有物理学家形容，原子弹的爆炸比一千个太阳还亮。在地球本身的物理条件下，核裂变是不会发生的。只有万物生长所依靠的太阳，是通过核反应为地球源源不断地提供能量的。所以，掌握了可控核裂变，就好比掌握了太阳。和平利用核能，这个让人心潮澎湃的口号，当年充满了科学浪漫主义和科学英雄主义的豪情，在今天看，则是人类的野心和狂妄的一次膨胀。

自己造太阳，掌控核能；自己做上帝，创造物种。所有的野心和狂妄，都在资本的刺激下一次次地膨胀，反过来，又一次次地充当资本增值的工具，最终把人类推向灭亡。

而人类的灭亡，要用整个生物圈来殉葬。

工业文明之下，人类无法成为一个有道德的物种，而是不断犯下对其他的物种的罪恶，核电站则将使人类万劫不复。

最近听到一件事儿。一个小伙子，卖了自己的一个肾，只是为了买 iPhone。恐怕所有人都谴责这个小伙子的愚蠢，但是这个小伙子可能会说：我没有别的办法！

如果这个故事只是说明了核电的愚蠢，而没有说明核电的罪恶，我们可以想象一下，小伙子卖的首先不是自己的肾，而是他邻居的肾，他儿子、孙子的肾……

小仓志郎说：人类根本没有资格用核电，那是透支未来的做

法。(p.188)

能源神话是支撑工业文明的诸多神话之一。能源神话宣称，只要有足够的能源，人类当下的文明模式就可以继续下去。但是，这种神话只考虑了物质和能量转化链条的前半截，而没有考虑后半截——核垃圾问题。核电站自身的垃圾从根本上埋葬了能源神话。核电在本质上同样是剥夺其他人、剥夺其他物种、剥夺生物圈的未来。

核电的问题不是核电本身的问题，也不是能源问题，而是我们的生存模式问题。反思核电，归根结底，是要反思，人类要怎样活着？

如果大屋子必然有利刃悬顶，我们是否可以放弃大屋子，回到小屋子里去？

人类只有一个太阳。人类文明一直是在一个太阳的照耀下成长起来的。多出来的太阳，只会是人类的灾难。我们以为给自己带来了太阳之光，其实是点燃了地狱之火。

那个多出来的太阳，来自资本的贪婪，来自人类内心的贪婪。

平井宪夫的祈祷

只要有核电，
真正的和平就不可能降临世界
请把美丽的地球留给孩子们吧！

如果我们不能停下工业文明的步伐，人类文明将会灭亡。
让我们停下来，
唱一支歌儿吧！

参考文献

1. Adrian David: "Young woman leads revival of Fukushima's fishing industry", *New Straits Times*, 2020 年 2 月 9 日。

2. Chavin:《福岛核泄漏多年后的现在》, https://zhuanlan.zhihu.com/p/20259639。

3. Clayton Crockett, Jeffrey W. Robbins: *Religion, Politics, and the Earth*, Palgrave MacMillan.

4. Motoko Rich:《震后六年, 福岛的核废料困局仍然无解》, 纽约时报中文网, 2017 年 3 月 13 日。

5. "Japan revises Fukushima cleanup plan, delays key steps", 2019 年 12 月 27 日, https://apnews.com/d1b8322355f3f31109dd925900dff200。

6. Roger Cheng: "For Fukushima's nuclear disaster, robots offer a sliver of hope", CNET, 2019 年 3 月 9 日。

7. Rupert Wingfield-Hayes:"Why Japan's 'Fukushima 50' remain unknown", BBC 新闻。

8. 《八年过去了, 福岛"核禁区"如今变成了这样》,《参考消息》, 2019 年 2 月 26 日。

9. 《99% 核污染土将被再利用?》,《日经中文网》, https://cn.nikkei.com/politics-aeconomy/politicsasociety/35423-2019-05-06-05-01-00.html。

10. 陈弘美:《日本 311 默示》, 麦田出版社, 2012 年 5 月。

11. 福岛手册委员会编:《福岛十大教训——为守护民众远离核灾》, 2017 年。

12. 关本博:《图解核能 62 问》, 上海交通大学出版社, 2015 年。

13. 郭位:《核电 雾霾 你:从福岛核事故细说能源、环保与工业安全》, 北京大学出版社, 2014 年。

14. 刘健芝:《全球视野与在地实践》, 2017 年 8 月。

15. 门田隆将:《福岛核事故真相》, 上海人民出版社, 2015 年。

16. 平井宪夫：《核电员工的最后遗言》，推守文化创意股份有限公司，2011 年。

17. 《日本福岛核事故》，环境保护部核与辐射安全监管二司、环境保护部核与辐射安全中心编，中国原子能出版社，2014 年。

18. 王传珊：《核辐射离我们有多远》，上海大学出版社，2011 年。

19. 《在日港人 311 地震后感》，三联书店（香港），2012 年。

《白令海峡首次发现福岛核事故污染物》，新华网，2019 年 3 月 29 日，http://www.xinhuanet.com/world/2019-03/29/c_1210094415.htm。

《被原子弹炸过的国家，很想拥有原子弹：日本的核门槛有多低？》，《每日头条》，https://kknews.cc/military/mlrq5v2.html。

《不是不想回，而是无法回，看不到未来——福岛灾民七年忆》，新华国际，http://www.myzaker.com/article/5aa65d3dd1f149244e0001ad。

陈肖华，毛秉智：《日本东海村核转化工厂临界事故及应急医学处理》，《国际放射医学核医学杂志》，2003，27（1）：28-30。

《承认隐瞒"堆芯熔化"，福岛核事故还"藏"了什么？》，凤凰网，http://news.ifeng.com/a/20160602/48899447_0.shtml。

《筹备投入巨大，疫情二次来袭：延期的东京奥运还能顺利举行吗？》，《人民日报海外版》，2020 年 8 月 15 日，第 6 版：http://paper.people.com.cn/rmrbhwb/html/2020-08/15/content_2003482.htm。

《除了福岛核污水，日本还面临着一个人类未曾经历过的挑战……》，瞭望智库驻东京观察员，2020 年 11 月 2 日。

《闯入"鬼城"警戒线的日本人》，《国际先驱导报》，2012 年 3 月 12 日。

《东电称能取出福岛核电站 2 号机组燃料碎片》，《观察者网》，2019 年 2 月 14 日。

《东京奥运 2020：延期一年举办的经济影响是什么》，BBC 中文网站，https://www.bbc.com/zhongwen/simp/world-52037451。

《东京奥运延期，算不完的经济账》，新华网，http://www.xinhuanet.com/world/2020-05/24/c_1126025713.htm。

《东京电力被指"六宗罪" 篡改数据隐瞒事故》，《广州日报》，2011 年 4 月 10 日。

《东京电力承认低估福岛核事故反应堆"堆芯熔化"》，环球网，http://world.huanqiu.com/exclusive/2016-02/8601322.html。

《东京电力公司福岛核电站事故调查报告》，《国外核动力》，2012 年第五期，汪胜国译。

《东京举行大型反核集会》，《纽约时报》中文网，2012 年 7 月 18 日，https://
cn.nytimes.com/world/20120718/c18japan/zh-hant/。

《东日本大地震已过去 9 年　仍有 4 万多人在外避难　人口流失超 34 万人》，人民
网，http://japan.people.com.cn/n1/2020/03.11/c35421-31627717.html。

《防放射性物质飞散　福岛核电站推迟取出两个机组燃料棒》，https://baijiahao.baidu.
com/s?id=1653573397773351647&wfr=spider&for=pc。

《分析日本重视发展核能的深层原因及其面临的挑战》，http://www.china-nengyuan.
com/news/113187.html。

《辐射威胁未除，奥运圣火如何照亮核灾阴霾》，绿色和平组织，https://www.
greenpeace.org/hongkong/issues/climate/update/14474/ 辐射威胁未除 %e3%80
%80 奥運聖火如何照亮核災陰霾 %ef%bc%9f/。

《福岛 50 死士，员工悲惨代价》，《香港 01》，https://www.hk01.com/%E9%9B%BB%E
5%BD%B1/489985/%E7%A6%8F%E5%B3%B650%E6%AD%BB%E5%A3%AB-
%E5%93%A1%E5%B7%A5%E6%82%B2%E6%85%98%E4%BB%A3%E5%83
%B9-%E6%A0%B8%E9%9B%BB%E5%BB%A0%E6%9A%97%E7%A4%BA-
%E6%8F%AE%E4%BA%9B%E6%AD%BB%E4%BA%86%E4%B9%9F%E4%B8
%8D%E8%A6%81%E7%B7%8A%E7%9A%84%E4%BA%BA%E4%BE%86。

《福岛不会成为切尔诺贝利——地震塑造日本系列专题》，网易探索，http://discovery.
163.com/special/nuclearpowerplant/。

《福岛核电站堆芯熔化到底是多么严重的情况呢？》，知乎网，https://www.zhihu.
com/question/47772420。

《福岛核电站辐射量达预期 7 倍　机器人只能撑 2 小时》，网易科技，http://tech.
163.com/17/0204/19/CCF42URJ00097U81.html。

《福岛核电站事故 5 年后危机并未解除》，《科学美国人》中文版《环球科学》，
http://discovery.163.com/16/0427/11/BLLHE4UG000 125LI.html。

《福岛核事故：日本欠世界一个交代》，《瞭望》，2017 年第 8 期。

《福岛核事故后　日本在这种新能源上下重注》，新华国际，2018 年 5 月 17 日。

《福岛核污染土壤将用于建绿地公园》，http://news.eastday.com/eastday/13news/auto/
news/china/20170401/u7ai6652313.html。

《福岛核污染土壤难以处理，日本政府称 99％ 可二次利用》，《环球时报》，2019 年
2 月 26 日。

《福岛核泄漏：机器人研发缓慢　清理干净需几十年》，网易科技，2019 年 3 月 12 日。

《福岛记行：福岛第一核电站现状之我见》，知乎网，https://zhuanlan.zhihu.com/p/25555067。

《福岛降低学校核安全标准辐射容忍度为震前 20 倍》，http://roll.sohu.com/20110525/n308431775.shtml。

《福岛六周年："一切正常"只是白日梦》，《德国之声》。

《核电站：多安全才算安全？》，《中国新闻周刊》，2012 年 26 期，http://www.cnki.com.cn/Article/CJFDTotal-XWZK201226012.htm。

《核灾八年，福岛除污工人血汗蒙尘》，绿色和平组织，https://www.greenpeace.org/taiwan/update/1530/%E6%A0%B8%E7%81%BD%E5%85%AB%E5%B9%B4EF%BC%8C%E7%A6%8F%E5%B3%B6%E9%99%A4%E6%B1%A1%E5%B7%A5%E4%BA%BA%E8%A1%80%E6%B1%97%E8%92%99%E5%A1%B5/。

蓝原宽子：《核事故至今 8 年：福岛的现况及课题》，张怡松译。

王选、离原：《谎言与自负：日本核灾难真相》。

《联合国专家警告日本福岛"除染"工人受剥削》，新华网，2018 年 8 月 18 日，http://www.xinhuanet.com/world/2018-08/18/c_129935033.htm。

刘健芝、何志雄：《八年了　福岛核灾废炉　遥遥无期》，海螺社区，2019 年 3 月 11 日。https://mp.weixin.qq.com/s/anteZtXgAgm_27DQ2WdLvg。

刘健芝、何志雄：《福岛灾难九周年记：东京奥运与福岛"复苏"》，海螺社区，2020 年 3 月 11 日。https://mp.weixin.qq.com/s/LIxMcISih7ozOemU7BZE8g

《论核能的安全性问题》，安全管理网，http://www.safehoo.com/Item/1536857.aspx。

《绿色和平：福岛核灾除污效果不彰　勿排辐射污水入海》，国际环保在线，2019 年 1 月 24 日。

《绿色和平揭日本政府误导联合国　罔顾儿童与除核污工人安危》，绿色和平组织，https://www.huanbao-world.com/NGO/90216.html。

《没有核电的日本还能运转吗？》，《德国之声》，2012 年 3 月 7 日，https://www.dw.com/zh/%E6%B2%A1%E6%9C%89%E6%A0%B8%E7%94%B5%E7%9A%84%E6%97%A5%E6%9C%AC%E8%BF%98%E8%83%BD%E8%BF%90%E8%BD%AC%E5%90%97/a-15792737。

《美国撤离在日本外交官和军人家属》，环球网，2011 年 3 月 20 日。

《全民抗议！福岛核电站想把 100 万吨放射性废水排入太平洋？加拿大、中国均受影响！》，http://www.sohu.com/a/207387285_661705。

《让运动员睡"纸板床"、吃福岛米：东京奥运创造节俭神话》，《第一财经》2019-

11-27。https://www.yicai.com/news/100418111.html。

《人权专家：福岛核辐射威胁仍在　政府须停止回迁工作》，联合国新闻网站，2018 年 10 月 25 日。

《日本茨城县东海村 JCO 核燃料处理工厂临界事故总结报告》，Atomic Energy Council，2018 年。

《日本东北灾区重建路漫漫（第一现场）》，人民网，2019 年 3 月 20 日。

《日本东电拟对福岛一核 2 号机组燃料碎片展开接触调查》，环球网，2018 年 7 月 26 日。

《日本福岛第一核电站"冻土挡水墙"未能完全冻结》，凤凰网，http://finance.ifeng.com/a/20160603/14454898_0.shtml。

《日本福岛核电站 2、3 号机组可能发生堆芯熔化》，http://www.hi.chinanews.com/hnnew/2011-05-17/148794.html。

《日本福岛核电站后续工作面临困境》，《中国科学报》，2017 年 3 月 13 日。

《日本福岛核电站污水入海计划引发的担忧》，BBC 中文网站，2020 年 10 月 26 日，https://www.bbc.com/zhongwen/trad/world-54675012。

《日本福岛核辐射区饭馆村：大部分农田长满杂草》，《人民日报》，2015 年 7 月 23 日。

《日本福岛核事故的"蝴蝶"效应》，swissinfo.ch。

《日本福岛核事故疏散区野生动物大量增加　不利居民返乡》，http://world.huanqiu.com/exclusive/2016-09/9457195.html。

《日本福岛核污水排放计划引担忧》，《人民日报》，2020 年 10 月 23 日。

《日本公布福岛核残渣搬出计划　总量超千吨　仍无最终处理方案》，https://baijiahao.baidu.com/s?id=1651867216598471691&wfr=spider&for=pc。

《日本计划让福岛鬼城重获新生，可居民并不乐意》，《商业周刊》中文版，http://www.sohu.com/a/118584593_320672。

《日本留学那几年，我的公益行动一：福岛行》，Design Travel，https://zhuanlan.zhihu.com/p/162450250。

《日本拟循环再利用福岛核污染土》，生态环境部核与辐射安全中心，2019 年 3 月 6 日。

《日本前首相菅直人出席台湾反核运动》，BBC 中文网站，https://www.bbc.com/zhongwen/trad/china/2013/09/130913_japan。

《日本摄影师拍下福岛里的荒废土地》，http://www.awaker.cn/61632.html。

《日媒公开福岛核事故现场照片（组图）》，环球网，2013 年 2 月 5 日，http://roll.

sohu.com/20130205/n365602109.shtml。

《日拟移出福岛核电站 3 号机组燃料棒》,《中国科学报》,2019 年 2 月 28 日。

《日企承认雇外国"劳工"到福岛"除污"曾一度否认》,海外网,2018 年 5 月 3 日。

《如果福岛百万吨核污水入海,将污染环境或损害人类 DNA》,凤凰网,2020 年 10 月
　　26 日,https://m.us.sina.com/gb/international/phoenixtv/2020-10-26/detail-ihacfivy
　　3311289.shtml。

《生活在辐射中　福岛儿童最想到户外玩》,路透社,2014 年 3 月 10 日,https://
　　tw.news.yahoo.com/%E7%94%9F%E6%B4%BB%E5%9C%A8%E8%BC%BB%
　　E5%B0%84%E4%B8%AD-%E7%A6%8F%E5%B3%B6%E5%85%92%E7%
　　AB%A5%E6%9C%80%E6%83%B3%E5%88%B0%E6%88%B6%E5%A4%96
　　%E7%8E%A9-134603837.html。

《首个解禁的福岛核事故小镇》,《德国之声》。

《推迟 4 年多,日本今天开始取出福岛核电三号机核燃料棒》,https://www.guancha.
　　cn/internation/2019_04_15_497695.shtml。

《"脱原发"——日本反核运动回顾》,独立媒体,2011 年 11 月 30 日,https://www.
　　inmediahk.net/%E3%80%8C%E8%84%AB%E5%8E%9F%E7%99%BC%E3%8
　　0%8D%E2%94%80%E2%94%80%E6%97%A5%E6%9C%AC%E5%8F%8D%E
　　6%A0%B8%E9%81%8B%E5%8B%95%E5%9B%9E%E9%A1%A7-0。

《我们的岛:从广岛到福岛》,公视,2011 年 9 月 19 日。

《灾区重建仍面临困境　因疫情各地取消或缩小追悼仪式规模》,人民网,http://
　　japan.people.com.cn/n1/2020/03.11/c35421-31627729.html。

《震后八年还有辐射鱼! 日本福岛鳟鱼超标六倍》,国际环保在线,2019 年 3 月 15 日。

《东海村核临界事故》剧组:《日本核辐射死亡事件》,法律出版社,2008 年。

《福岛第一核电站事故总干事报告》,国际原子能机构,2015 年 8 月。

《联合国危险物质及废料的无害环境管理和处置对人权的影响问题特别报告》,
　　2018 年 10 月 25 日。

《日本东海村核临界事故——治疗核辐射 83 天记录》,日本广播协会。

《世界核废料报告 2019》,德国海因里西·伯尔基金会,郑永妍翻译。

岚舒(Lush)基金会网站:https://hk.lush.com/sc/article/who-youre-funding-japan-1。

澎湃新闻,2020 年 10 月 25 日,http://www.heneng.net.cn/index.php?mod=news&acti-
　　on=show&article_id=60692。

人马座 A:《百万吨福岛核污水要倒进太平洋,还能愉快地吃海鲜吗? 》,果壳

网，https://mp.weixin.qq.com/s?__biz=MTg1MjI3MzY2MQ==&mid=2651760
012&idx=1&sn=0a5bc478f28da11ac7b49403d8a0a214&chksm=5da2811e6a
d508089733a246d762215b1ee943e200580a41761acfe09d16d330efa5341bb4
1c&mpshare=1&scene=24&srcid=1023d4R6DmMCEUgzSSdVLHbd&sharer_
sharetime=1603464124013&sharer_shareid=27be58fbf8432b67ac17670ebc4dfac
4&ascene=14&devicetype=android-29&version=27001141&nettype=WIFI&abte-
st_cookie=AAACAA%3D%3D&lang=en&exportkey=AhgVH6CWmkJcY8tzYUCv-
geE%3D&pass_ticket=vktNT0Kw0Q9MVlNljGMt33PDAhz%2BTf%2FYIWJxtSG-
CChjze1Ld6HYFT576WHknDVIh&wx_header=1。

吴彤、张利华：《美国与印度进行核合作的动因》，《国际政治科学》，2009 年 4 月。

小出裕章专访，香港电台，2012 年 5 月 4 日。

张郁婕：《福岛第一核电厂事故处理费用》，日文新闻编译平台，https://
changyuchieh.com/2019/03/15/%e7%a6%8f%e5%b3%b6%e7%ac%ac%e4%b8
%80%e6%a0%b8%e9%9b%bb%e5%bb%a0%e4%ba%8b%e6%95%85%e8%99
%95%e7%90%86%e8%b2%bb%e7%94%a8by%e6%97%a5%e6%9c%ac%e7%
b6%93%e6%bf%9f%e7%a0%94%e7%a9%b6%e4%b8%ad%e5%bf%83/。

张郁婕：《福岛第一核电厂事故后，东电高层一审获判无罪：完全解说日本首件核
        电厂事故刑事诉讼》，日文新闻编译平台。

张郁婕：《福岛县楢叶町解除避难指示五周年现状简述》，日文新闻编译平台，
        https://changyuchieh.com/2020/09/05/naraha/。

张郁婕：《前进福岛第一核电厂（二）》，福岛取材日记网站，https://medium.com/
        kyosei-in-fukushima/fukushima-driver-103cecf03c9f。

张郁婕：《再访福岛（二）：富冈町钟表店的仲山小姐》，https://medium.com/
        kyosei-in-fukushima/nakayama-89bd02862603。

张郁婕：《再访福岛（三）：地方妈妈的担忧：福岛还是那个适合孩子成长的环境
        吗？》，日文新闻编译平台，https://www.ncbi.nlm.nih.gov/pmc/articles/PMC6210092/。

周琪：《东京电力只是一家企业吗？》，《观察者》，2013 年 3 月 29 日，https://www.
        dianuke.org/。